中等职业教育“十三五”规划教材
计算机网络技术专业创新型系列教材

ASP.NET 动态网页设计实例教程

蓝贞珍　主编
何乾龙　陈少燕　副主编

科学出版社
北京

内 容 简 介

本书由6个单元组成，除单元6“项目实训”外，其他5个单元中，每个单元以“情景故事”导入单元任务，以“案例说明”描述单元任务，明确能力目标；每个单元采取任务驱动式教学，在每个任务中呈现任务目标、任务说明、实现步骤及相关知识，理论结合实例介绍了Visual Studio 2015基础、基本控件应用、数据库标准操作实例及公司网站前后台制作等内容；每个单元任务后均有上机练习，最后的实训模块以整站的制作融合了全书的知识点。本书丰富的实例讲解和实操练习打破了传统单一的理论学习，图文并茂、通俗易懂，使学生能更好地掌握动态网页制作的技巧。

本书可作为中等职业技术学校计算机网络技术专业及相关专业教材。

图书在版编目(CIP)数据

ASP.NET动态网页设计实例教程/蓝贞珍主编．—北京：科学出版社，2016

（中等职业教育“十三五”规划教材·计算机网络技术专业创新型系列教材）

ISBN 978-7-03-048725-4

Ⅰ．①A… Ⅱ．①蓝… Ⅲ．①网页制作工具—程序设计—中等专业学校—教材 Ⅳ．①TP393.092

中国版本图书馆CIP数据核字(2016)第129184号

责任编辑：陈砺川 胡晓阳 / 责任校对：刘玉靖

责任印制：吕春珉 / 封面设计：东方人华设计部

科学出版社出版

北京东黄城根北街16号

邮政编码：100717

http://www.sciencep.com

北京中科印刷有限公司印刷

科学出版社发行 各地新华书店经销

*

2016年8月第 一 版 开本：787×1092 1/16

2020年1月第二次印刷 印张：17 1/2

字数：321 000

定价：43.00元

（如有印装质量问题，我社负责调换〈中科〉）

销售部电话 010-62136230 编辑部电话 010-62147541-1028

计算机网络技术专业创新型系列教材

编写委员会

计算机网络技术专业创新型系列教材

编审委员会

丛书序 FOREWORD

当今社会信息技术迅猛发展，互联网+、工业 4.0、3D 打印、VR（虚拟现实）、大数据、云计算等新理念、新技术层出不穷，信息技术的最新应用成果已渗透到人类活动的各个领域，不断改变着人类传统的生产和生活方式，信息技术应用能力已成为当今人们所必须掌握的基本必备能力之一。职业教育是国民教育体系和人力资源开发的重要组成部分，信息技术基础应用能力及其在各个专业领域应用能力的培养，始终是职业教育培养多样化人才、传承技术技能、促进就业创业的重要载体和主要内容。信息技术的不断更新迭代及在不同领域的普及和应用，直接影响着技术技能型人才信息技术能力的培养定位，引领着职业教育领域信息技术类专业课程教学内容与教学方法的改革，使之不断推陈出新、与时俱进。

2014 年，国务院出台《国务院关于加快发展现代职业教育的决定》，明确提出要"形成适应发展需求、产教深度融合、中职高职衔接、职业教育与普通教育相互沟通，体现终身教育理念，具有中国特色、世界水平的现代职业教育体系"，要实现"专业设置与产业需求对接，课程内容与职业标准对接，教学过程与生产过程对接，毕业证书与职业资格证书对接，职业教育与终身学习对接"。2014 年 6 月，全国职业教育工作会议在京召开，习近平主席就加快发展职业教育做出重要指示，提出职业教育要"坚持产教融合、校企合作；坚持工学结合、知行合一"。现代职业教育的发展将带来人才培养模式、教育教学方式和办学体制机制的巨大变革，这无疑给职业院校信息技术应用人才的培养提出了新的目标。信息技术类相关专业的教学必须要顺应改革，始终把握技术发展和人才培养的最新动向，推动教育教学改革与产业转型升级相衔接，突出"做中学、做中教"的职业教育特色，强化教育教学实践性和职业性，实现学以致用、用以促学、学用相长。

2009 年，教育部颁布了《中等职业学校计算机应用基础教学大纲》；2014 年，教育部在 2010 年新修订的专业目录基础上，相继颁布了计算机应用、数字媒体技术应用、计算机平面设计、计算机动漫与游戏制作、计算机网络技术、网站建设与管理、网络安防系统安装与维护、软件与信息服务、客户信息服务、计算机速录、计算机与数码产品维修等 11 个计算机类相关专业的教学标准，确定了专业教学方案及核心课程内容的指导意见。

为落实教育部深化职业教育教学改革的要求，使国内优秀中职学校积累的宝贵经验得以推广，"十三五"开局之年，科学出版社组织编写了这套中等职业教育信息技术类创新型规划教材，并将于"十三五"期间陆续出版发行。

本套教材是"以就业为导向，以能力为本位"的"任务引领"型教材，无论是教学体系的构建、课程标准的制定、典型工作任务或教学案例的筛选，还是教材内容、结构的设计与素材的配套，均得到了行业专家的大力支持和指导，他们为本套教材提出了十分有益的建议；

同时，本套教材也倾注了 30 多所国家示范学校和省级示范学校一线教师的心血，他们把多年的教学改革成果、经验收获转化到教材的编写内容及表现形式之中，为教材提供了丰富的素材和鲜活的教学案例，力求符合职业教育的规律和特点，力争为中国职业教学改革与教学实践提供高质量的教材。

本套教材在内容与形式上具有以下特色。

1．行动导向，任务引领。将职业岗位日常工作中典型的工作任务进行拆分，再整合课程专业知识与技能要求，是教材编写时工作任务设计的原则。以工作任务引领知识、技能及职业素养，通过完成典型的任务激发学生成就感，同时帮助学生获得对应岗位所需要的综合职业能力。

2．内容实用，突出能力培养。本套教材根据信息技术的最新发展应用，以任务描述、知识呈现、实施过程、任务评价以及总结与思考等内容作为教材的编写结构，并安排有拓展任务与关联知识点的学习。整个教学过程与任务评价等均突出职业能力的培养，以“做中学，做中教”“理论与实践一体化教学”作为体现教材辅学、辅教特征的基本形态。

3．教学资源多元化、富媒体化。教学信息化进程的快速推进深刻地改变着教学观念与教学方法。基于教材和配套教学资源对改变教学方式的重要意义，科学出版社开发了不同功能的网站，为此次出版的教材提供了丰富的数字资源，包括教学视频、音频、电子教案、教学课件、素材图片、动画效果、习题或实训操作过程等多媒体内容。读者可通过登录出版社提供的网站（www.abook.cn）下载、使用资源，或通过扫描书中提供的二维码，获取丰富的多媒体配套资源。多元化的教学资源不仅方便了传统教学活动的开展，还有助于探索新的教学形式，如自主学习、渗透式学习、翻转课堂等。

4．以学生为本。本套教材以培养学生的职业能力和可持续性发展为宗旨，教材的体例设计与内容的表现形式充分考虑到学生的身心发展规律，案例难易程度适中，重点突出，体例新颖，版式活泼，便于阅读。

当然，任何事物的发展都有一个过程，职业教育的改革与发展也是如此。本套教材的开发是我们探索职业教育教学改革的有益尝试，其中难免存在这样或那样的不足，敬请各位专家、老师和广大同学不吝指正。希望本系列创新型教材的出版助推优秀的教学成果呈现，为我国中等职业教育信息技术类专业人才的培养和现代职业教育教学改革的探索创新做出贡献。

工业和信息化职业教育教学指导委员会委员

计算机专业教学指导委员会副主任委员

前言 PREFACE

随着互联网电子商务的发展，网站建设需求日益增加，Web 技术的发展使得网站被赋予了更丰富的内涵，静态网页已无法满足网页多样化的需求。由于动态网页具有更好的交互性，可降低网站管理工作量，提高浏览效率等优点，越来越多的站点采取动态页面发布方式，动态网页制作甚至已成为一种基本技能，是许多中职、高职院校计算机应用、计算机网络技术等专业必修的一门技能型专业课程。

动态网页设计的技术有多种，如 ASP、PHP、JSP 和 ASP.NET 等。其中，ASP.NET 以其强大的适应性、高效易懂性、简单易学性成为当今主流的动态网页技术之一。ASP.NET 作为 Microsoft 公司创建 Web 应用程序的前沿技术，构建在.NET Framework 基础之上，与之相应的 Visual Studio 2015 也提供了强大的功能。本书根据编者多年来的教学经验和实践，从易学易用的角度，依托 Visual Studio 2015 开发平台，深入浅出地介绍了 ASP.NET 动态网页设计的开发方法与技巧。编者在编写本书时，充分考虑初学者的实际阅读需求，同时为了便于教师教学和学生学习，除了通过任务实例的方式由浅入深、循序渐进地贯穿全部知识点外，还提供所有案例、源码、电子教案等教学资源包，使读者迅速掌握 ASP.NET 动态网页设计的基本技巧。

本书共有 6 个单元，主要由以下内容组成。

单元 1：通过 3 个具体的操作任务，从制作空白页面到简单的交互页面，由浅入深地介绍了利用 Visual Studio 2015 制作基于 C#语言的动态网页的流程，同时对 Visual Studio 2015 的工作环境和基本操作进行了概括介绍。通过本单元的学习，读者将对 ASP.NET 动态网页制作有一个初步的印象。

单元 2：通过 5 个具体的操作任务，介绍基本控件的设置、控件常用事件与事件处理子程序的绑定和编写简单的逻辑代码。通过本单元的学习，读者可以利用控件创建简单的页面并掌握页面事件代码的编写基础。

单元 3：以“工资管理系统”贯穿整个单元的操作任务，介绍 ASP.NET 中访问数据库的方法、常用数据控件的使用方法，在技能准备中还简单介绍了 Access 数据库的基本操作。通过本单元的学习，读者可以掌握网页与数据库的交互技能。

单元 4：首先在技能准备中介绍了 DIV+CSS 基本知识，然后在操作任务中以强华集团公司网站实例进行讲解，通过搭建网站的首页、新闻列表页、新闻内容页、产品展示页操作任务，使读者掌握网站前端开发的技巧。

单元 5：在单元 4 的基础上，通过强华集团公司后台管理系统的搭建，深化数据控件和 ADO.NET 数据访问技术的实际运用。通过本单元的学习，读者能深刻地掌握 ASP.NET 的数据交换及对数据的增加、删除、修改等后台管理操作。

单元 6：通过 3 个实训项目，深化 ASP.NET 网站搭建的技巧。

除单元 6 外，每个单元都有具体的操作实例和配套上机练习，供读者查阅。

本书由蓝贞珍担任主编并统稿，何乾龙、陈少燕担任副主编，何万里为本书顾问。单元 1、单元 6 由蓝贞珍编写，单元 2、单元 3 由何乾龙编写，单元 4、单元 5 由陈少燕编写。在编写本书的过程中，得到了深圳市福田区华强职业技术学校源码工作室的大力支持，在此表示感谢。

由于编者水平与时间有限，书中难免存在疏漏之处，希望广大读者、专家批评指正。

编　者

2016 年 4 月

目　录

CONTENTS

单元 1

Visual Studio 2015 基础

情景故事

小华就读于某高职院校，今年刚上大三的他马上要面临毕业求职，凭着一直以来对计算机的浓厚兴趣和C#编程基础，想找一份IT行业的工作。于是他把目光瞄准了网站开发工程师。“工欲善其事，必先利其器”，小华在网上查阅了招聘岗位需求后，决定先从自学ASP.NET动态网页设计开始充实自己。他下载了开发工具——Visual Studio 2015，从最简单的基础页面开始学习动态网页设计。

案例说明

Visual Studio 2015是集程序设计、网页于一体的开发工具，可用于创建应用程序和进行网页设计，同时支持C++、C#、VB、J#等多种编程语言。本单元通过3个操作任务，介绍制作基于 C#语言的动态网站的流程，从空白页制作到简单的交互页制作逐层深入，在学习制作网页的同时熟悉Visual Studio 2015的开发环境。

能力目标

1. 能设置ASP.NET的运行环境。
2. 熟悉ASP.NET网站的创建流程。
3. 学会在指定位置创建简单交互的ASP.NET网页。

任务 1 创建第一个网页

任务目标

在指定位置创建以 C#为开发语言的 ASP.NET 网站，并在网站中添加 Web 窗体，运行时显示“这是我的第一个网页”，如图 1.1 所示。

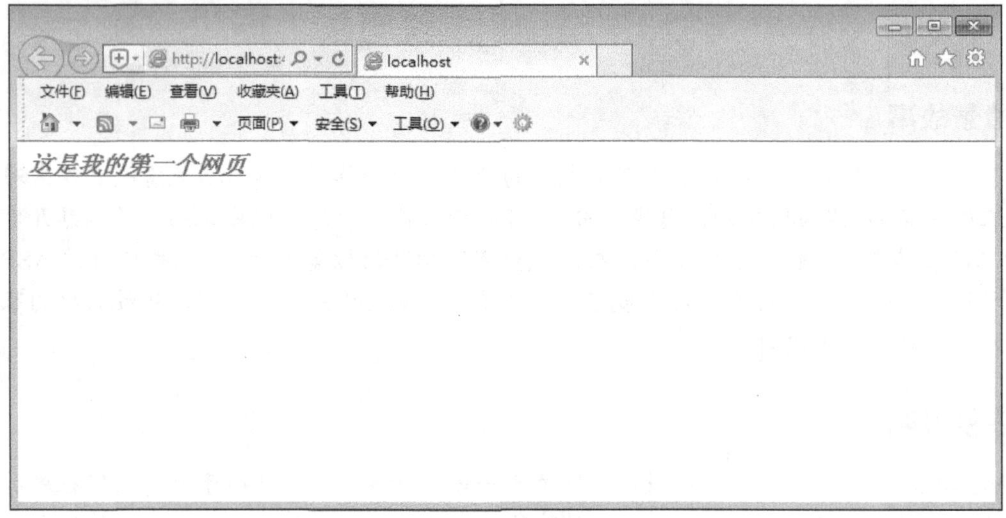

图 1.1 任务 1 效果

任务说明

在首次启动 Visual Studio 2015 时，将自动进入起始页，进行相关的初始化环境设定，进入启动界面后，才能开始创建网站等相关操作。本任务将在 D:\aspnet\task1-1 文件夹中创建网站，实现简单的文字网页。

实现步骤

01 选择“开始”→“所有程序”→“Visual Studio 2015”命令，启动 Visual Studio 2015。首次启动时，将显示默认环境设置页面，如图 1.2 所示。首先在“开发设置”下拉列表中选择“Visual C#”选项，然后根据个人喜好选择颜色主题，在本书中，使用默认的主题“浅色”，最后单击“启动 Visual Studio”按钮，启动 Visual Studio 2015，如图 1.3 所示。

02 选择“文件”→“新建”→“网站”命令，弹出“新建网站”对话框。

图 1.2　默认环境设置页面

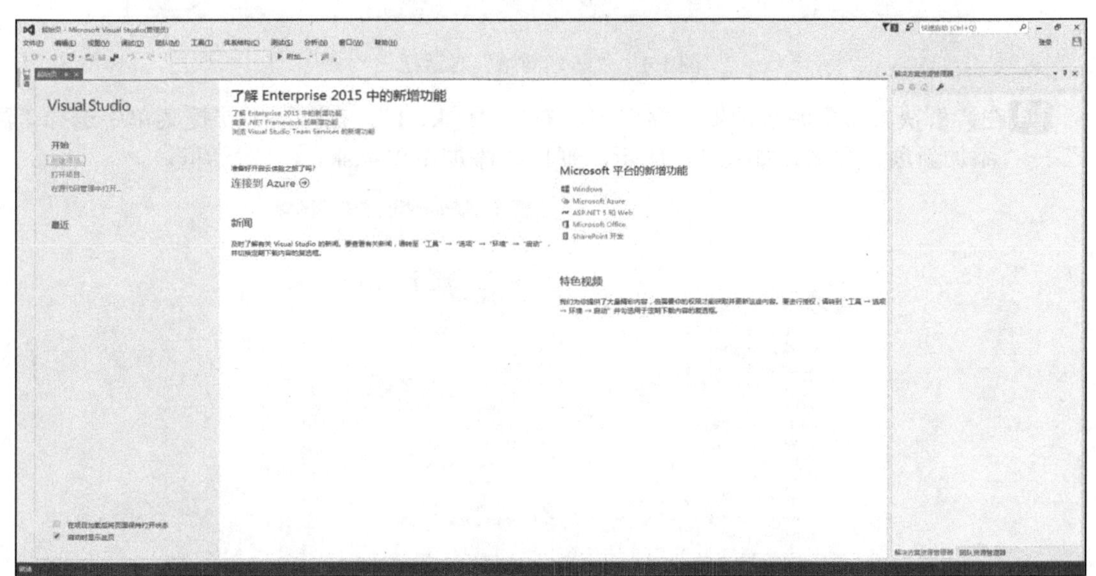

图 1.3　Visual Studio 2015 的启动界面

提示

选择工具栏中下拉列表中的“新建网站”选项，或使用 Shift+Alt+N 组合键也可打开“新建网站”对话框。

03 在“新建网站”对话框中，确认模板为“Visual C#”“ASP.NET 空网站”，并在“Web 位置”的“文件系统”选项中，单击“浏览”按钮选择网站文件的存放位置，如将本任务中的网站文件存放在 D:\aspnet\task1-1 文件夹中，如图 1.4 所示，单击“确定”按钮，完成新建网站步骤。

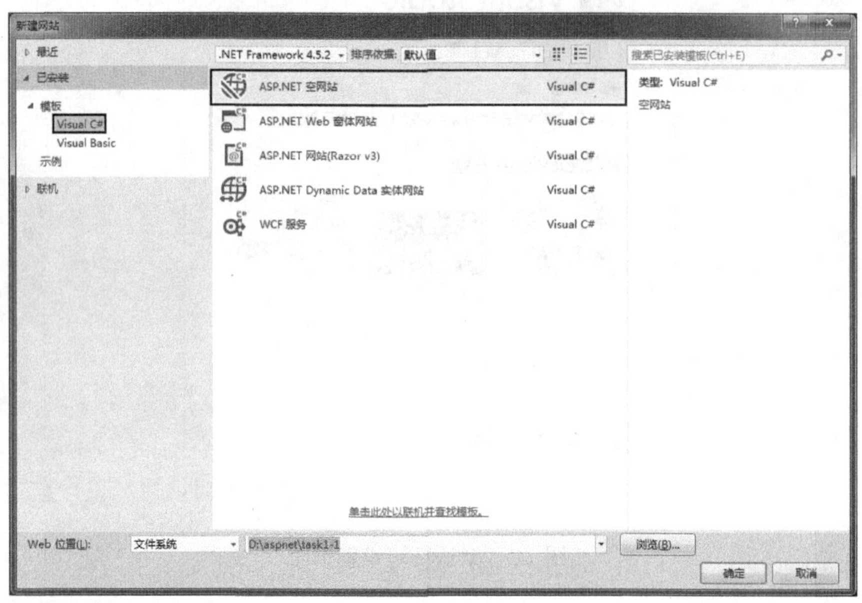

图 1.4 “新建网站”对话框

04 在“解决方案资源管理器”窗口中，右击“task1-1”，在弹出的快捷菜单中选择“添加”→“添加新项”命令，如图 1.5 所示，弹出“添加新项-task1-1”对话框。

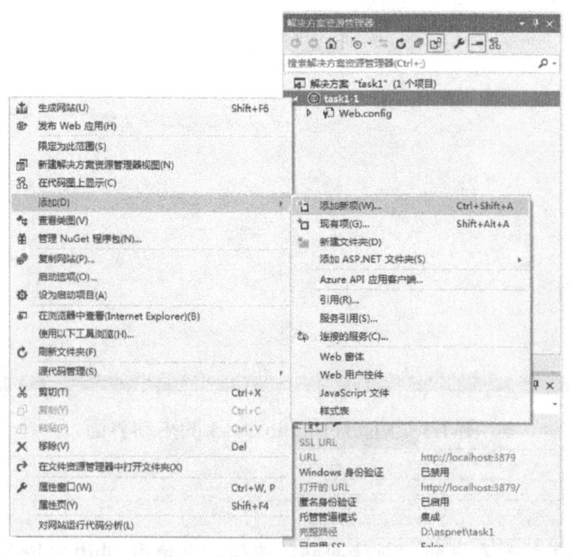

图 1.5 添加新项

05 在“添加新项-task1-1”对话框中，确认“已安装”下拉列表中选择的是“Visual C#”选项，并选择添加“Web 窗体”，在“名称”文本框中输入 Web 窗体文件名称“t1_my.aspx”，如图 1.6 所示，若不输入，默认名称为“Default.aspx”，单击“添加”按钮。

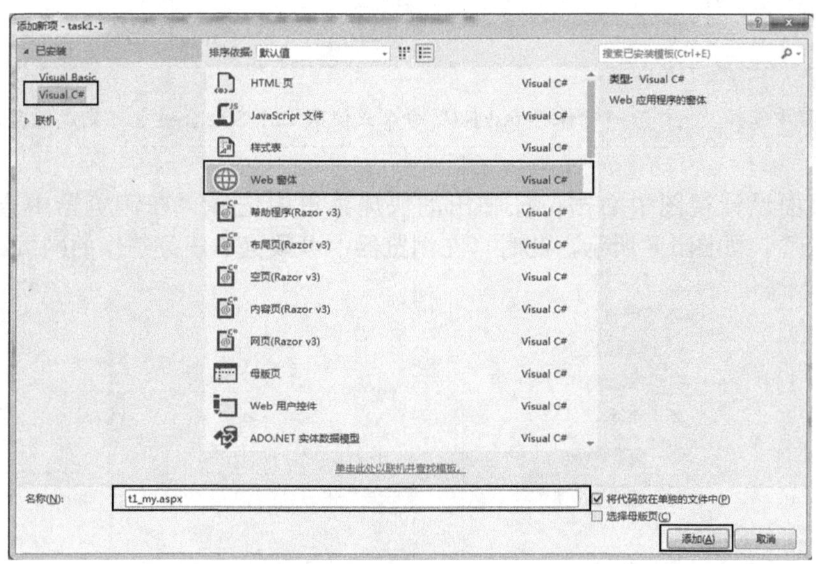

图 1.6 “添加新项”对话框

提示

在为 Web 窗体取名时，为了便于管理，最好使用有意义的英文作为文件名，如新闻页可取名为“news.aspx”，网站首页或网站默认入口页面可使用默认的“Default.aspx”。

06 在“解决方案资源管理器”窗口中，双击“t1_my.aspx”打开该窗体，默认进入窗体的源视图编辑状态。单击底部的“设计”按钮，进入窗体的设计视图，在视图中 DIV 虚线框中输入“这是我的第一个网页”，并在工具栏中设置字体的颜色、字号等，如图 1.7 所示，单击“保存”按钮保存文件。

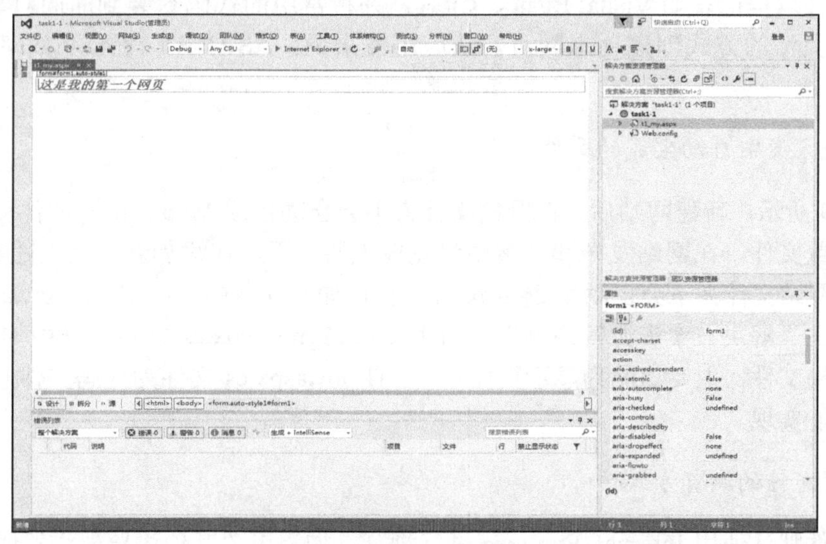

图 1.7 窗体设计视图

提示

在菜单栏中选择“文件”→“保存 task1-1”命令或使用 Ctrl+S 组合键也可完成保存文件操作。

07 在页面设计视图中右击，在弹出的快捷菜单中选择“在浏览器中查看（Internet Explorer）”命令，如图 1.8 所示，此时，在浏览器中可预览本任务制作的网页。

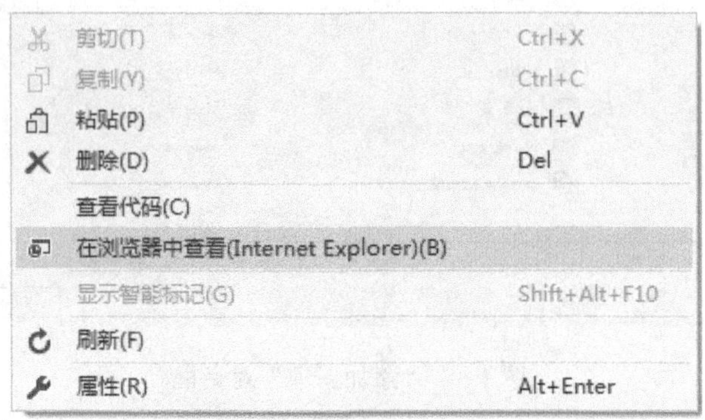

图 1.8　使用快捷菜单浏览网页

相关知识

1. ASP 与 ASP.NET

ASP 与 ASP.NET 虽然名称相似且同为动态网页开发技术，但实现方式截然不同。ASP 全称为 Active Service Pages，即活动服务器页面，主要使用 Visual Basic Script、Java Script 为前台脚本集成在 HTML 中。ASP.NET 是 Microsoft 公司推出的新一代动态网页开发系统，可以使用多种编程语言如 Visual Basic、C#等，并将常用的代码封装到面向对象的组件中，以一种非常灵活的方式创建动态网页。从应用性来说，ASP.NET 较 ASP 效率更高，功能更强。

2. 解决方案中自动生成的文件

如图 1.9 所示，新建网站后，在网站文件夹下会自动生成 Web.config 文件，此文件为重要的网站配置文件，在网站发布和部署中将发挥重要作用。在添加新项后，随着.aspx 文件的添加，在网站文件夹下会自动生成.aspx.cs 文件，如本任务中，单击“t1_my.aspx”左边的下拉按钮可在“解决方案资源管理器”窗口中显示 t1_my.aspx.cs 文件，其中 t1_my.aspx 文件为界面布局文件，主要功能为显示页面布局，t1_my.aspx.cs 文件为代码文件，主要功能为控制程序功能实现。

3. 网页文件的浏览方式

网页文件默认使用 Internet Explorer 进行浏览，如需更改其他浏览器浏览网页，可选中

“解决方案资源管理器”窗口的网站根目录后右击，在弹出的快捷菜单中选择“使用以下工具浏览”命令，如图 1.10 所示，此时将弹出“浏览方式”对话框，如图 1.11 所示。在对话框中选择需要更改的浏览器，单击“设为默认值”按钮即可。

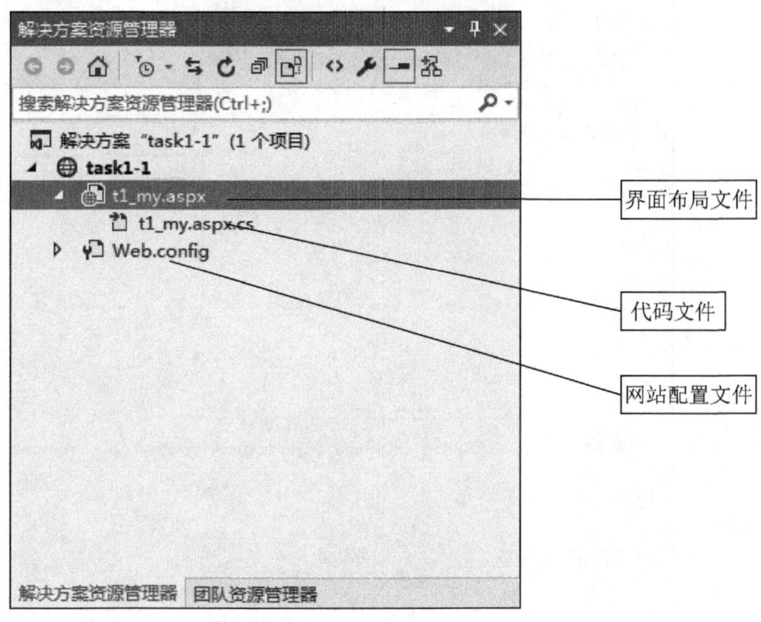

图 1.9　解决方案中自动生成的文件

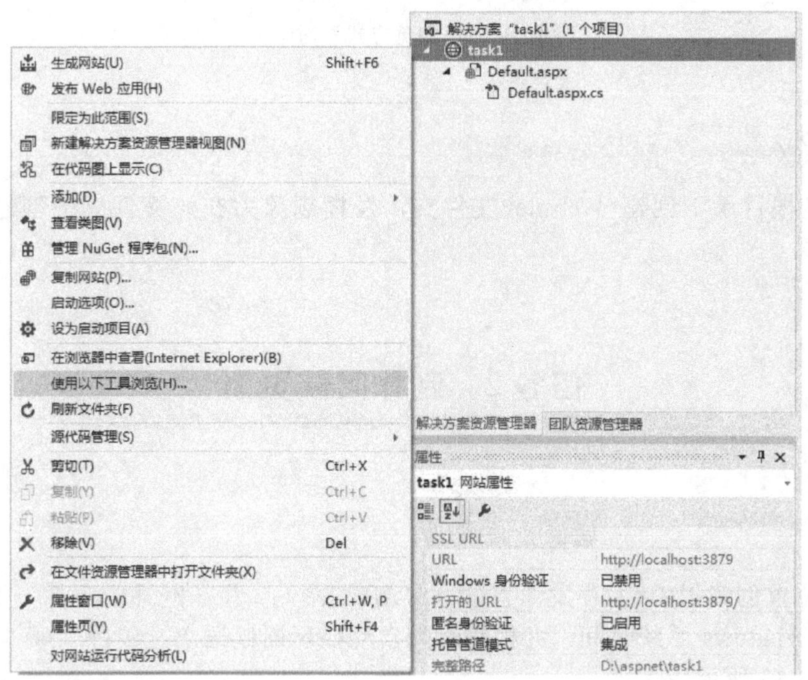

图 1.10　使用解决方案项目快捷菜单更改浏览方式

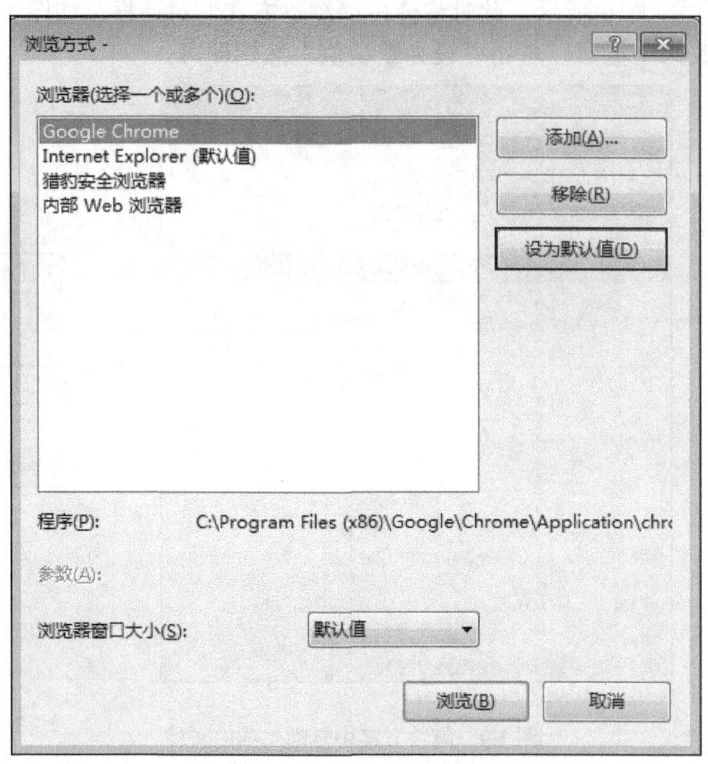

图 1.11 “浏览方式”对话框

上机练习

在 D 盘根目录下创建 Website 文件夹，发挥想象力在该文件夹中创建简单交互的 ASP.NET 网页。

任务 2 制作问候页面

任务目标

在指定位置创建以 C#为开发语言的 ASP.NET 网站，并在网站中添加一个 Web 窗体，运行时显示 Windows 系统时间，并根据时间自动显示问候语“上午好”或“下午好”，如图 1.12 和图 1.13 所示。

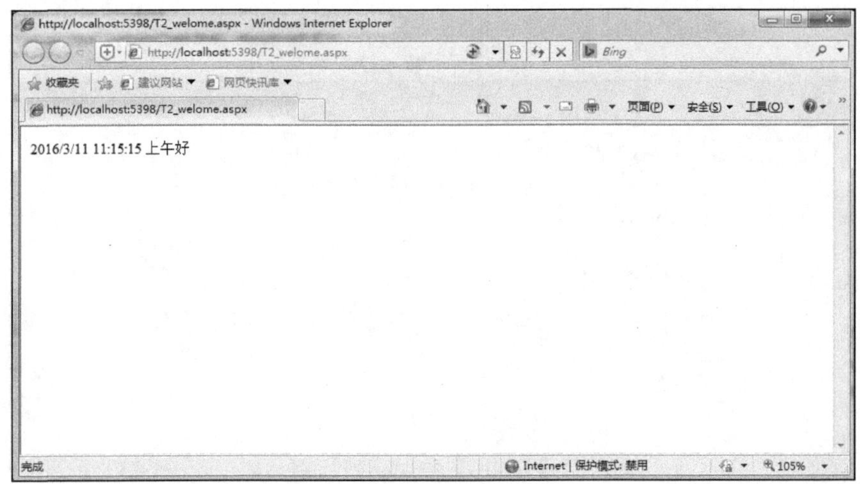

图 1.12　问候页面显示效果（一）

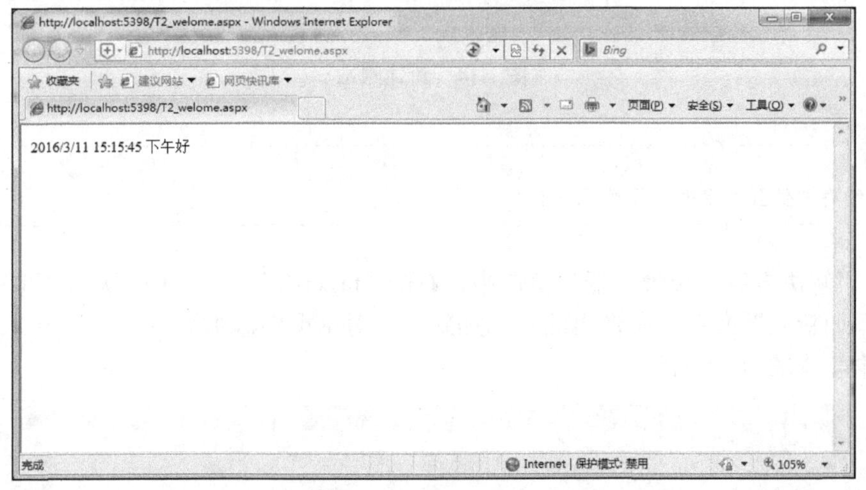

图 1.13　问候页面显示效果（二）

任务说明

在本任务中，当 Windows 系统时间在 12 点以前时，问候页面显示当前时间及问候语“上午好”；当 Windows 系统时间在 12 点以后时，显示当前时间及问候语“下午好”。用户可通过更改 Windows 显示时间后运行网页来进行调试。

实现步骤

01 启动 Visual Studio 2015，选择“文件”→“新建”→“网站”命令或使用 Shift+Alt+N 组合键新建一个 Visual C#类型的 ASP.NET 空网站，并在“Web 位置”的“文件系统”选项中，将网站文件的存放位置设置为 D:\aspnet\task1-2 文件夹，如图 1.14 所示。

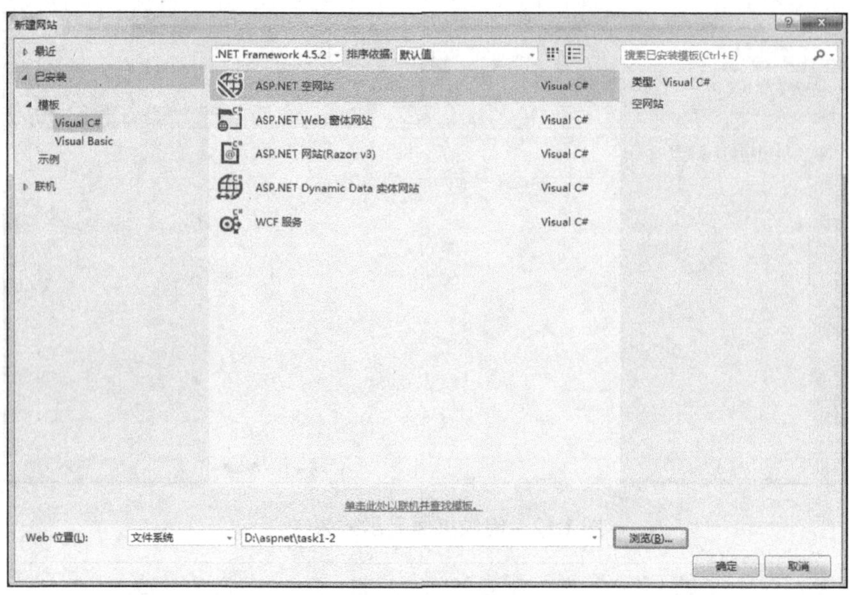

图 1.14　新建网站

提示

文件的存放位置可根据实际情况设置。

02 在“解决方案资源管理器”窗口中，右击“task1-2”，在弹出的快捷菜单中选择“添加”→“添加新项”命令，在弹出的“添加新项”对话框中添加名称为“t2_welcome.aspx”的 Web 窗体，如图 1.15 所示。

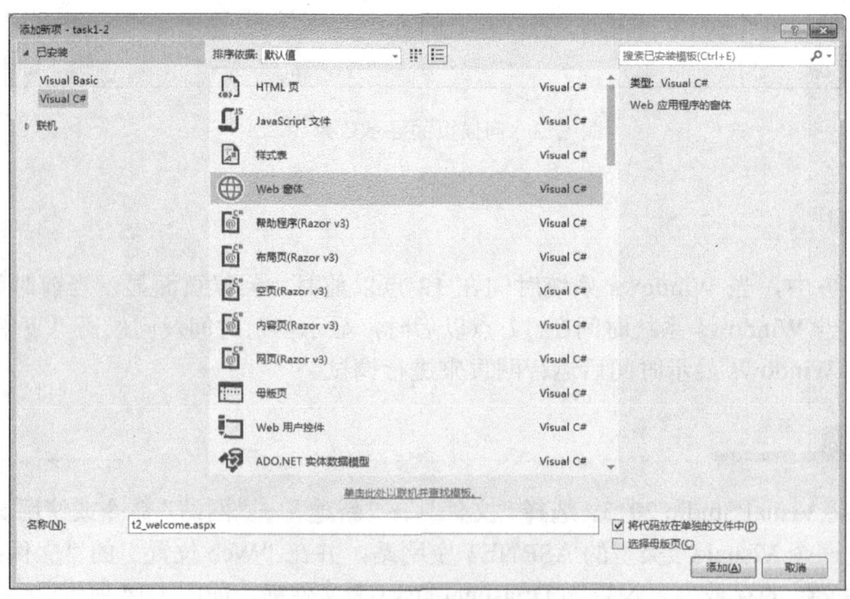

图 1.15　添加新项

03 在“解决方案资源管理器”窗口中，单击“t2_welcome.aspx”左侧的下拉按钮 ▷，显示 t2_welcome.aspx.cs 代码文件，双击“t2_welcome.aspx.cs”，进入代码文件编辑视图，如图 1.16 所示。

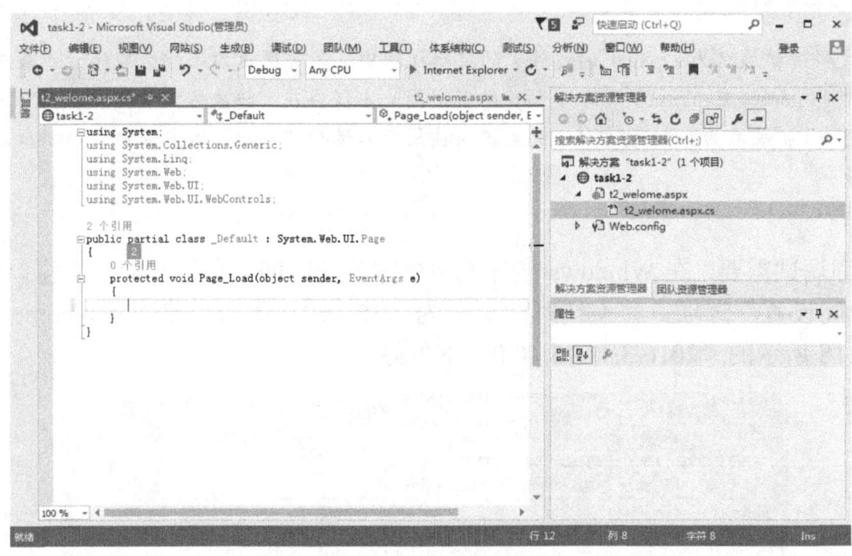

图 1.16 代码文件编辑视图

04 在 t2_welcome.aspx.cs 文件的代码编辑视图中，在“protected void Page_Load (object sender, EventArgs e)”下面的大括号“{}”内填入如下代码：

```
protected void Page_Load(object sender, EventArgs e)  //在页面装载时
{
    Response.Write(DateTime.Now);                      //输出当前日期时间
    if (DateTime.Now.Hour < 12)  //判断时间是否小于 12，即是否在 12 点前
    {
        Response.Write("上午好");
    }
    else
    {
        Response.Write("下午好");
    }
}
```

提示

① //后是注释的内容，对程序的功能、语句进行解释，方便阅读，注释的内容并不被程序执行。

② Visual Studio 提供了智能提示功能，在编写代码，输入控件对象的属性时，输入前几个字母将有智能提示，为避免输入错误，应尽量使用智能提示功能。

05 单击“保存”按钮保存文件后，在“解决方案资源管理器”窗口中右击“t2_welcome.aspx”，在弹出的快捷菜单中选择“在浏览器中查看（Internet Explorer）”命令，

即可在浏览器中预览本任务制作的网页，如当前时间为 2016 年 3 月 11 日 11:39:40，则在网页中显示“2016/3/11 11:39:40 上午好”，如图 1.17 所示。

提示

代码文件（扩展名为.aspx.cs 的文件）的编辑视图中，不可通过右击空白处的方式来选择“在浏览器中查看（Internet Explorer）”命令预览网页，因此本任务在“解决方案资源管理器”窗口中通过网页界面文件（扩展名为.aspx 的文件）的右键快捷菜单来选择“在浏览器中查看（Internet Explorer）”命令。

06 为了调试需要，在 Windows 任务栏中单击系统时间，在打开的时间窗口中选择“更改日期和时间设置”选项，将系统时间更改为“15:40”，重新预览 t2_welcome.aspx 网页，则显示图 1.18 所示的“2016/3/11 15:40:03 下午好”。

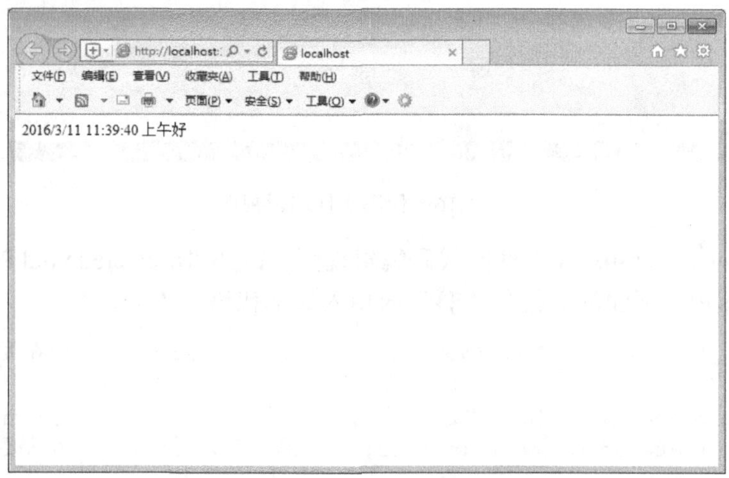

图 1.17 问候页面显示效果（一）

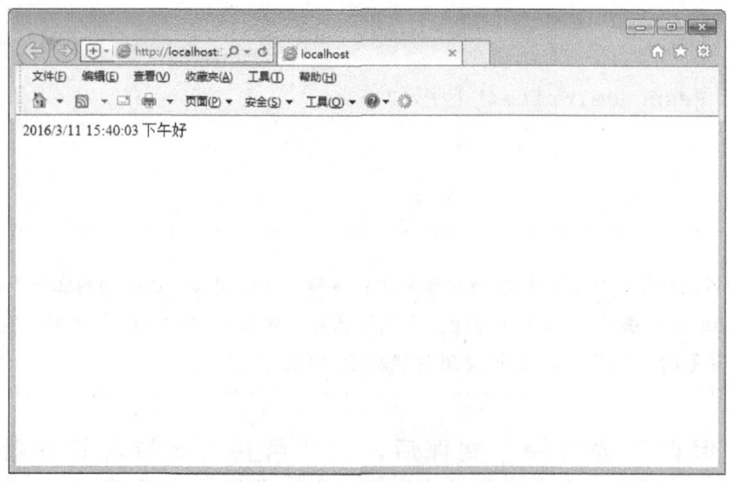

图 1.18 问候页面显示效果（一）

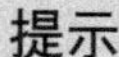

提示

本任务中显示的日期和时间根据当前系统实际日期时间变化，若修改系统时间后网页显示的当前时间未更新，可按 F5 键或在浏览器中使用右键快捷菜单中的“刷新”命令进行页面刷新即可。

相关知识

1. Response 对象

ASP.NET 的工作原理是客户端向 Web 服务器发送请求，Web 服务器接受请求后，识别解析请求的页面并发送给客户端。在这一过程中仅仅使用控件不能解决这些复杂的问题，因此 ASP.NET 提供了一些内置对象。

Response 对象作为 ASP.NET 内置对象之一，功能主要是提供对当前页输出流的访问，就像一般程序语言中的 OutPut（输出）命令，将请求的信息传递给客户端。它可以向客户端发送信息、重定向浏览器、传递页面参数、设置 Cookie 信息等。

Response 对象常用的属性及方法分别如表 1.1 和表 1.2 所示。

表 1.1　Response 对象常用的属性

属性	描述
Buffer	是否缓冲页面输出
Cache	获取缓存信息
Charset	设置输出流的 HTTP 字符集
ContentType	设置输出流 HTTP 内容类型
Expires	设置浏览器缓存超时时间（分钟）
IsClientConnected	获取客户端是否和服务器连接
Status	设置由服务器返回给客户端的状态

表 1.2　Response 对象常用的方法

方法	描述
AddHeader	添加新的 HTTP 头信息
AppendToLog	向服务器日志添加信息
AppendCookie	添加 Cookie
Clear	清除已缓存的输出
End	停止处理 ASP.NET 应用程序
Flush	发送已缓存的页面到客户端
Redirect	重新定向到另一个 URL
Write	输出信息到页面

在本任务中使用的是 Response 对象的 Write()方法，通过 Response.Write(变量、数据或字符串)可将变量、数量或字符串在页面中输出，且支持 HTML 及 Java Script 语言的嵌入，如 Response.Write("<h2> Hello world!</h2>");可使在浏览器中输出的“Hello world!”字符串应用 HTML 的 h2 标题标签。

2. DateTime.Now 函数

DateTime.Now 函数，从字面上可以理解，指的是获取当前系统的日期和时间，通过调用 DateTime 类中的各种方法，可设置不同的日期或时间的格式，如日期可显示为 2016-3-3，也可显示为 2016 年 3 月 3 日。具体用法如下：

```
//获取日期和时间
DateTime.Now.ToString ();                          // 2016-3-3 20:02:10
DateTime.Now.ToLocalTime ().ToString();            // 2016-3-3 11:12:12
//获取日期
DateTime.Now.ToLongDateString().ToString();        // 2016年3月3日
DateTime.Now.ToShortDateString().ToString();       // 2016-3-3
DateTime.Now.ToString ("yyyy-MM-dd");              // 2016-03-03
DateTime.Now.Date.ToString();                      // 2016-3-3 0:00:00
DateTime.Now.ToString("yyyy年MM月dd日 ddd")         //2016年3月3日 周四
//获取时间
DateTime.Now.ToLongTimeString ().ToString();       //11:16:16
DateTime.Now.ToShortTimeString().ToString();       // 11:16
DateTime.Now.ToString("hh:mm:ss");                 //11:05:57
DateTime.Now.TimeOfDay.ToString();                 //11:33:50.7187500
//其他
DateTime.ToFileTime().ToString();                  //128650040212500000
DateTime.Now.ToFileTimeUtc().ToString();           //128650040772968750
DateTime.Now.ToOADate().ToString();                // 39695.8461709606
DateTime.Now.ToUniversalTime().ToString();         // 2012-9-4 12:19:14
DateTime.Now.Year.ToString();                      //获取年份 2016
DateTime.Now.Month.ToString();                     //获取月份 3
DateTime.Now.DayOfWeek.ToString();                 //获取星期 Thursday
DateTime.Now.DayOfYear.ToString();                 //获取第几天 248
DateTime.Now.Hour.ToString();                      //获取小时 20
DateTime.Now.Minute.ToString();                    //获取分钟 31
DateTime.Now.Second.ToString();                    //获取秒数 45
```

3. If 判断语句

作用：根据所指定的条件是否满足决定其操作。

格式：

（1）简化格式

```
if(i>1) //括号内为指定的条件表达式,如条件为 i>1
{
 …        //若能满足条件表达式 i>1,则执行此大括号中的程序


}
```

（2）一般格式

```
if(i>1) //括号内为指定的条件表达式，如条件为 i>1
{
 …         //若能满足条件表达式 i>1，则执行此大括号中的程序
}
else       //若不能满足条件表达式，即 i≤1，则执行 else 后面大括号中的程序
{
…
}
```

（3）嵌套格式

```
if(i>100)      //括号内为指定的条件表达式，如条件为 i>100
{
 …             //若能满足条件表达式 i>100，则执行此大括号中的程序
}
else if(i<10)
{
…      //若不满足 i>100，但满足括号中的条件表达式 i<10，则执行此大括号中的程序
}
else
{
…      //若如上两个条件表达式都不满足，即 i≤100 且 i≥10，则执行此大括号中的程序
}
```

上机练习

创建一个 Web 窗体，使用 Label 控件显示当前日期，在日期的下面根据早上（0～6 时）、上午（7～12 时）、下午（13～18 时）、晚上（19 时以后）分别显示问候语，如时间段为上午时，如图 1.19 所示。

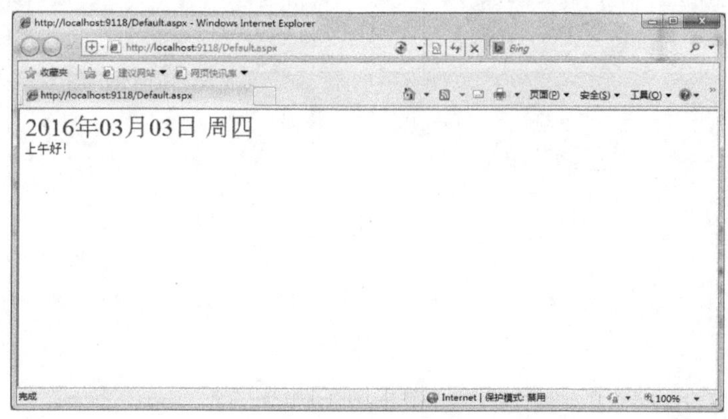

图 1.19　任务 2 上机练习

任务 3　制作欢迎来访者页面

任务目标

在指定位置创建以 C#为开发语言的 ASP.NET 网站，并在网站中添加一个图 1.20 所示的 Web 窗体，运行时在文本框中输入姓名，单击“提交”按钮，在网页及其标题栏显示相应的欢迎信息，且将文本框输入的姓名显示在欢迎信息中，如图 1.21 所示；单击“清除”按钮，将弹出提示对话框，如图 1.22 所示，单击“确认”按钮关闭该提示对话框并将文本框中的信息清除。

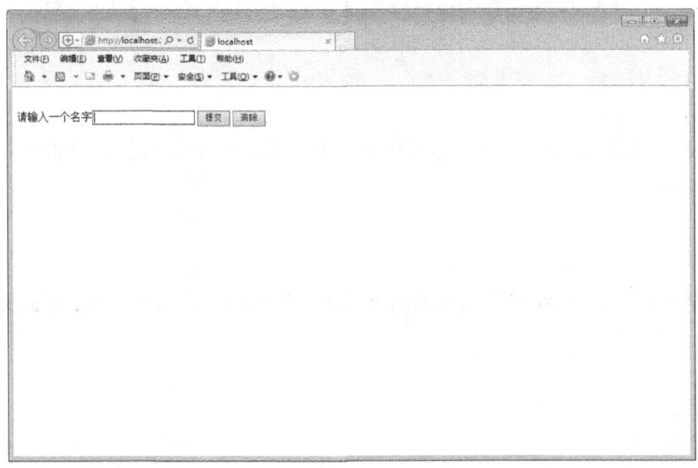

图 1.20　欢迎来访者初始页面

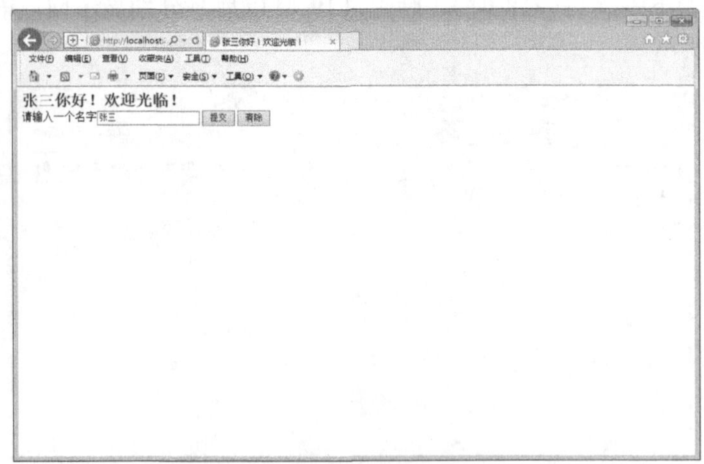

图 1.21　欢迎来访者提交后效果

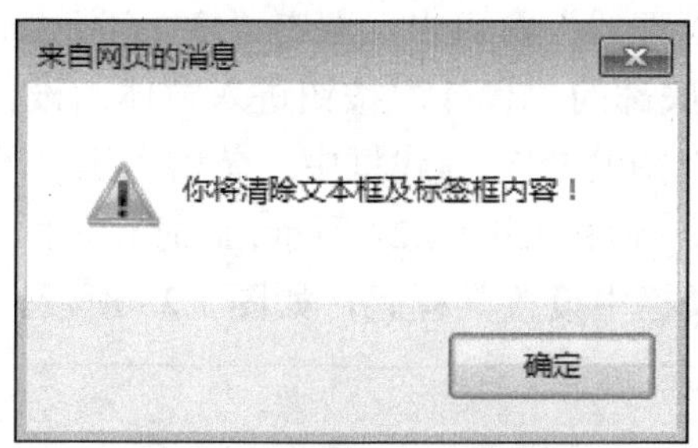

图 1.22 提示对话框

任务说明

在本任务中，使用了文本框、标签框、按钮 3 种基本控件，通过“提交”按钮的单击事件读入文本框中输入的信息并在标签及页面的标题栏显示出来，而通过“清除”按钮的单击事件实现清除文本框的信息并弹出提示对话框。

实现步骤

01 按照任务 2 中步骤 01、步骤 02 的方法新建空网站，并添加新的 Web 窗体“t3_laifang.aspx”，如图 1.23 所示。

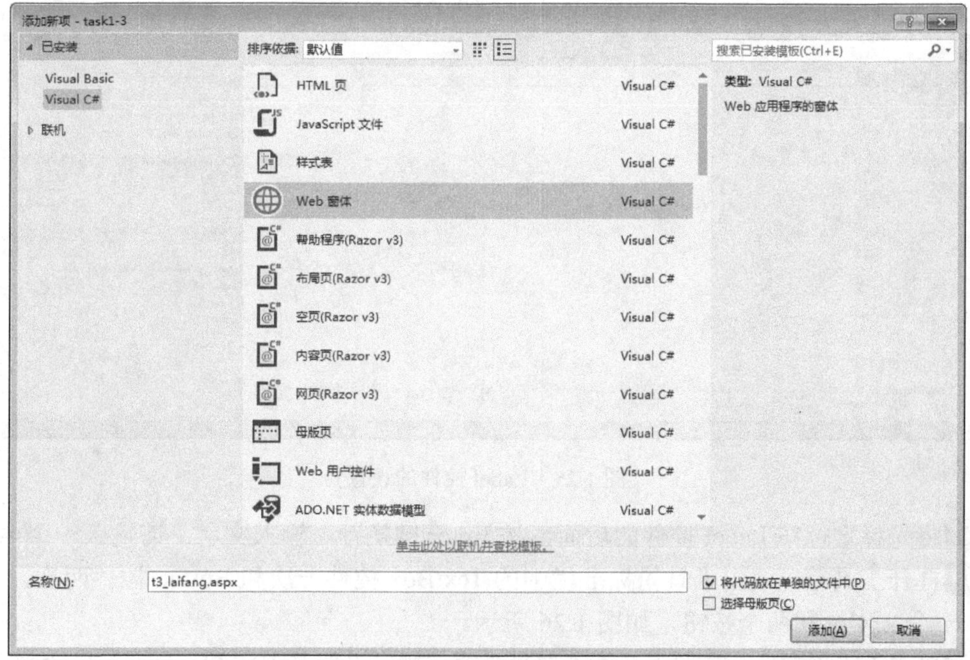

图 1.23 添加“t3_laifang.aspx”窗体

02在“解决方案资源管理器”窗口中，双击“t3_laifang.aspx”打开该窗体，进入窗体的源视图编辑状态后，单击底部的“设计”按钮进入窗体的设计视图。

03将光标定位在设计视图的 DIV 虚线框中，单击“工具箱”选项卡，打开工具箱后，双击工具箱标准栏中的 Label 控件，如图 1.24 所示，此时在页面中增加了一个 Label 控件（标签框），选中该控件，在工具栏中设置其样式，如图 1.25 所示。

图 1.24　Label 控件的添加

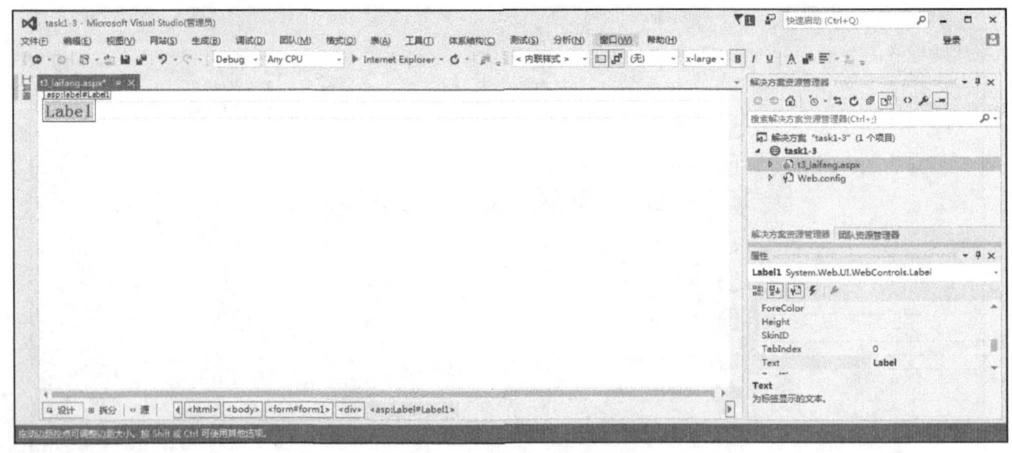

图 1.25　Label 控件的设置

04将光标定位在 Label 控件的后面，按 Enter 键换行，输入文字“请输入一个名字”。

05打开工具箱，双击工具箱标准栏中的 TextBox 控件一次和 Button 控件两次，在页面中增加一个文本框和两个按钮，如图 1.26 所示。

06单击 Label 控件，在右下角的“属性”窗口中，设置其 ID 属性为“hy”，并将其 Text 属性中的“Label”删除，如图 1.27 所示。

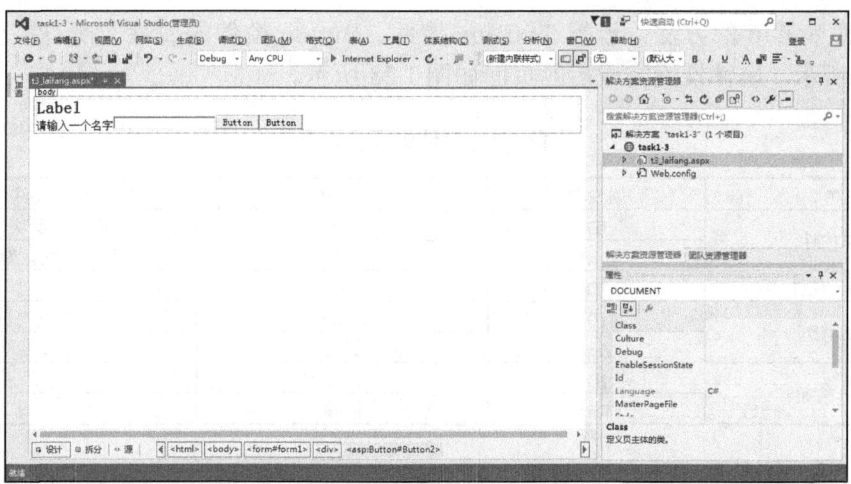

图 1.26　增加 TextBox 控件和 Button 控件

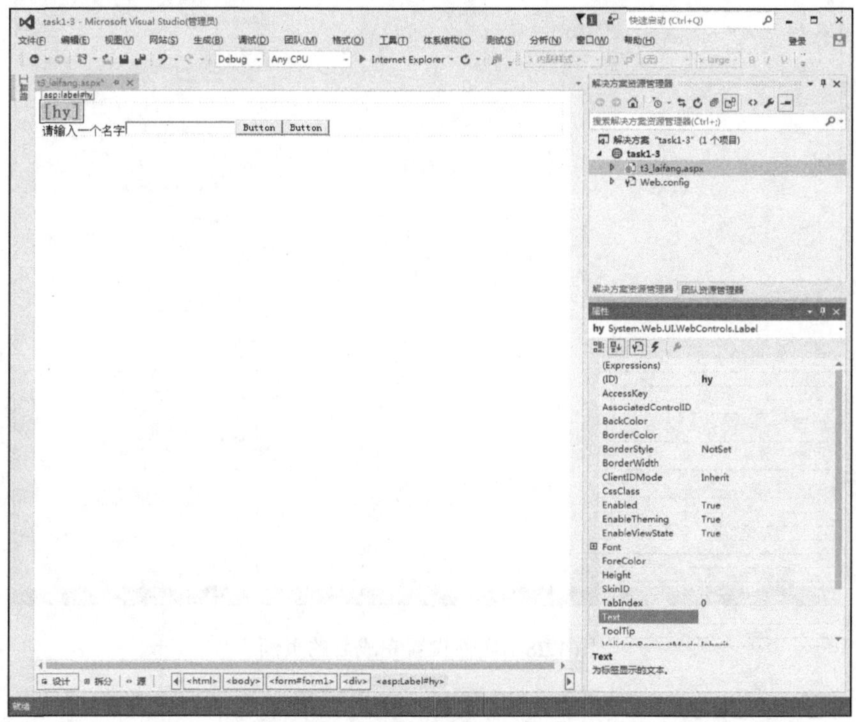

图 1.27　设置 Label 控件的属性

提示

不同的控件对应不同的“属性”窗口，选中控件后，窗体布局右下角中无“属性”窗口或不慎将“属性”窗口关闭，可通过在控件上右击，在弹出的快捷菜单中选择“属性”命令，或按 F4 键打开“属性”窗口。

07 按照步骤 6 的方法，设置 TextBox 控件、Button 控件的属性，所有控件的属性设置如表 1.3 所示。属性设置完成后的页面如图 1.28 所示。

表 1.3　控件的属性设置

控件	属性名	属性值	备注
Label 控件	ID	hy	用于显示欢迎信息
	Text	""	设置为空，默认为无信息显示
TextBox 控件	ID	mz	
Button 按钮	ID	submit	“提交”按钮
	Text	提交	
Button 按钮	ID	clear	“清除”按钮
	Text	清除	

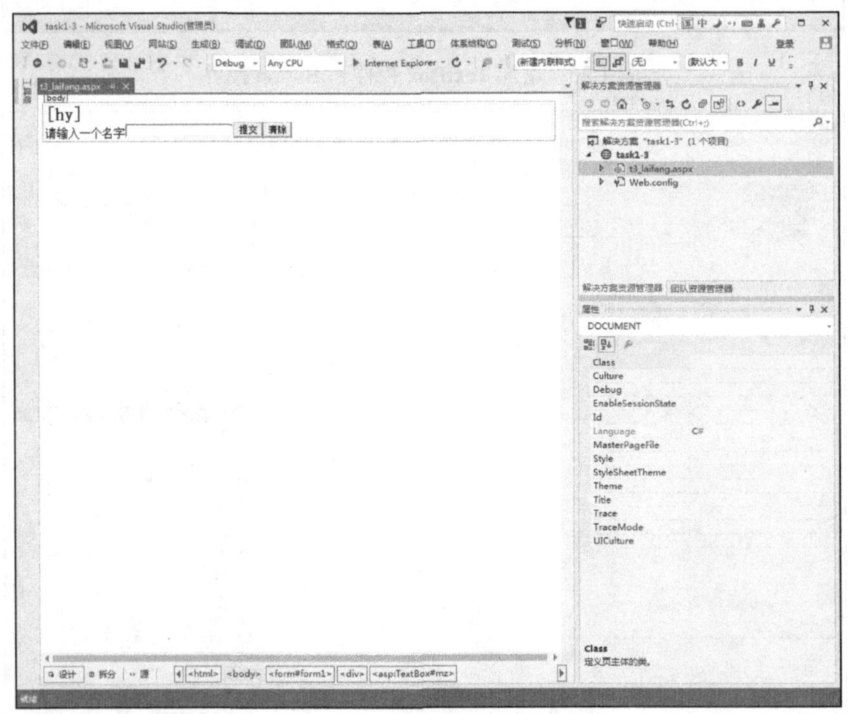

图 1.28　属性设置完成后的页面

08 在 t3_laifang.aspx 文件的设计视图下，双击“提交”按钮，进入按钮的单击事件代码编辑视图，将光标定位在事件代码的大括号中，如图 1.29 所示，输入如下代码：

```
protected void submit_Click(object sender, EventArgs e)
    {
        hy.Text = mz.Text + "你好！欢迎光临！"; //取得用户在文本框中输入的文本，
//后面连接上"你好!欢迎光临!",再将其在标签框中显示出来
        Page.Title = mz.Text + "你好!欢迎光临!"; //取得用户在文本框中输入的文本
//后面连接上"你好!欢迎光临!",再将其在页面的标题栏中显示出来
    }
```

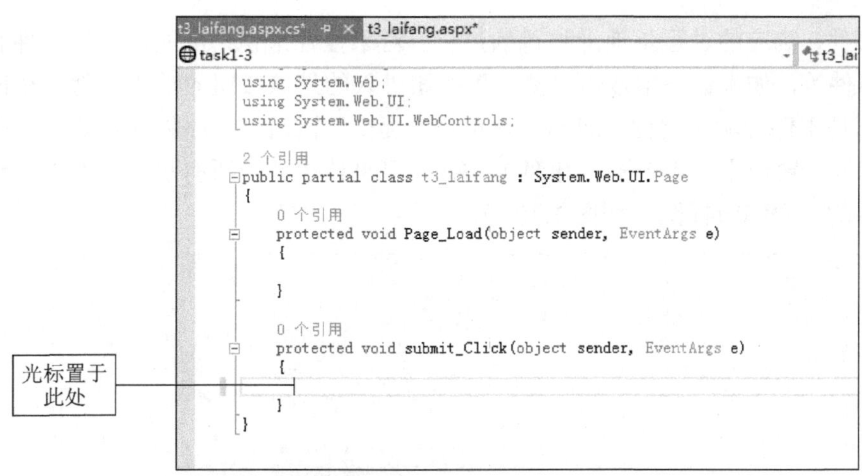

图 1.29　“提交”按钮单击事件代码编辑视图

09 在 t3_laifang.aspx 文件的设计视图下，双击“清除”按钮，进入按钮的单击事件代码编辑视图，在事件代码中输入如下代码：

```
protected void clear_Click(object sender, EventArgs e)
  {
     hy.Text = "";//清除标签框内容
     mz.Text = "";//清除文本框内容
     Response.Write("<script>alert('你将清除文本框及标签框内容!')</script>");
     //弹出提示对话框显示"你将清除文本框及标签框内容"
     }
```

10 保存文件，并在“解决方案资源管理器”窗口中，右击“t3_laifang.aspx”，在弹出的快捷菜单中选择“在浏览器中查看（Internet Explorer)”命令，即可在浏览器中预览本任务制作的网页。

相关知识

1. 属性、事件、方法的概念

属性、事件、方法是面向对象编程的三大要素。属性指的是对象的性质，如篮球，它的大小、颜色、质地等，这些性质是属于对象的属性。在 Visual Studio 2015 中，工具箱中的每个控件都是对象，都有各自的属性，可通过“属性”窗口进行设置，如本任务中设置的 TextBox 控件的 ID 属性，除此之外还可以设置它的 Height、Width 等属性对其进行高度、宽度或其他方面的调整。除了在设计视图中利用“属性”窗口来设置属性外，在运行时，还可以使用“控件 ID.属性名”来读取或动态设置某控件的具体属性，如 Label1.Text=“欢迎光临” 表示将控件 ID 为 Label1 的标签框控件的 Text 属性设置为“欢迎光临”，String a=Label1.Text 则表示读取控件 ID 为 Label1 的标签框控件的 Text 属性并赋值给变量 a。

事件指的是对象的响应，如拍打篮球时，篮球会在地上弹跳，在这个过程中的事件是篮球的拍打事件，响应的过程是地上弹跳的过程。对于控件来说，可能产生的事件有单击、双击、键盘事件等，如本任务中双击“提交”按钮进入的是该按钮的单击事件，在该事件中编写的程序则是事件的响应过程，即当用户单击“提交”按钮时程序将如何响应这个事件。在控件的“属性”窗口中，单击⚡（事件）按钮，可见该控件的所有事件，双击事件名称，可进入该事件的代码编辑视图，如图 1.30 所示。

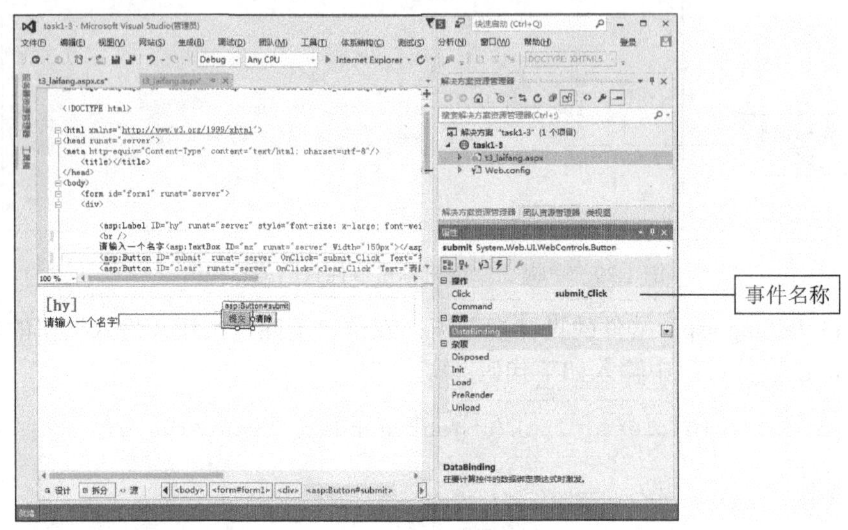

图 1.30　控件的事件

方法指的是对象的动作或功能，如篮球可以滚动，滚动就是篮球的方法。每个控件有不同的方法，又如 TextBox 控件常用的方法有 Focus()方法（为控件设置输入焦点）。在使用控件的方法时，使用“控件名.方法名”可调用该方法，如 TextBox1.Focus()表示的是调用 ID 为 TextBox1 的文本框控件的 Focus 方法，功能是将输入焦点置于 TextBox1 文本框中。

2. 网页标题栏的内容设置

设置网页标题栏的内容，常用的方法有以下两种。

（1）方法一

1）双击网页界面布局文件（扩展名为.aspx 的文件），在视图中单击“拆分”或“源”按钮。

2）在.aspx 文件的 HTML 代码中，<title></title>标签内输入网页标题栏的显示文字，如<title>我的网页</title>，则在网页的标题栏中显示网页标题“我的网页”。

以上步骤如图 1.31 所示。

（2）方法二

通过 Page 类的 Title 属性进行设置，如在本任务中，Page.Title = mz.Text + "你好！欢迎光临！"，可将用户在 mz 文本框中输入的文本，后面连接上“你好！欢迎光临！”字符串，在页面的标题栏中显示。

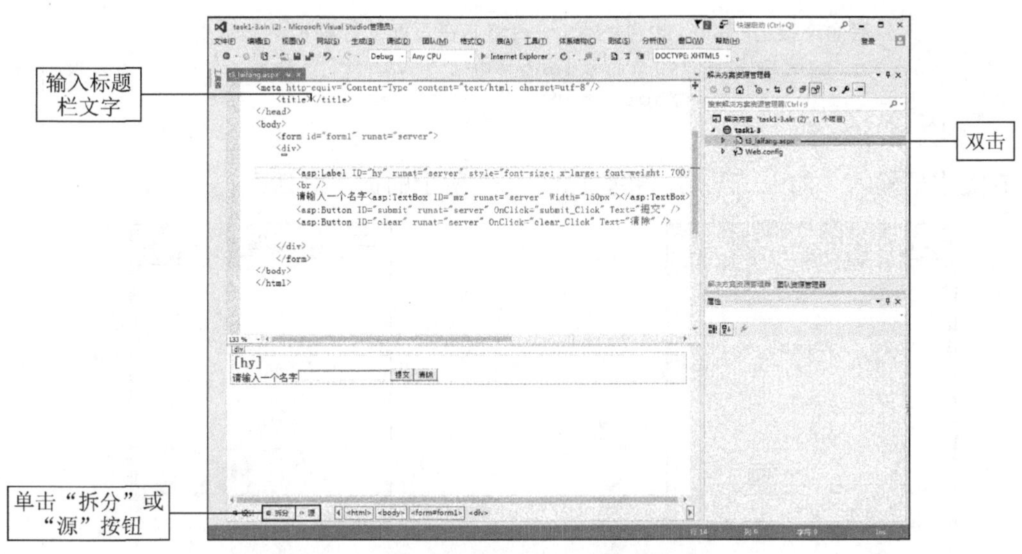

图 1.31 网页标题栏内容设置方法一

方法一和方法二相比较而言，方法二可通过代码对网页标题栏的内容进行动态设置。

3. ASP.NET 弹出提示对话框常用方法

为了减轻服务器的压力，ASP.NET 本身并不直接支持弹出提示对话框，而是使用了如 Java Script 脚本的客户端脚本来使客户端弹出提示对话框。常用的弹出提示对话框方法有以下两种。

方法一：使用 Response.Write 调用 Java Script 脚本，代码为

```
Response.Write("<script language='javascript'>alert('Message');
             </script>");
```

由于默认客户端脚本为 Java Script 语句，因此以上代码可缩写为

```
Response.Write("<script >alert('Message');</script>");
```

弹出提示对话框效果如图 1.32 所示。其中，alert('Message')是 Java Script 脚本中弹出提示对话框的语句，小括号中的内容表示的是弹出提示对话框的内容，方法一利用 Response 对象的 Write 方法，将 Java Script 客户端弹出窗口的脚本添加到 Web 页面的页首，从而达到弹出提示对话框的目的。

当弹出提示对话框需要读取文本框输入或变量的值时，可使用字符串连接方法，即用“+”号连接变量或文本框的 Text 属性，如将本任务“提交”按钮的单击事件加上弹出提示对话框的代码如下：

```
protected void submit_Click(object sender, EventArgs e)
  {
      hy.Text = mz.Text + "你好!欢迎光临!"; //取得用户在文本框中输入的文本,后面
      //连接上"你好!欢迎光临!",再将其在标签框中显示出来
      Page.Title = mz.Text + "你好!欢迎光临!"; //取得用户在文本框中输入的文本,
```

```
    //后面连接上"你好！欢迎光临！",再将其在页面的标题栏中显示出来
    Response.Write("<script language='javascript'>alert('" + mz.Text + "');
                    </script>");
}
```

在文本框输入（如张三）后，将弹出图 1.33 所示的提示对话框。

图 1.32 弹出提示对话框效果

图 1.33 读取文本框后弹出提示对话框效果

方法二：使用 ClientScript.RegisterStartupScript 方法注册页面执行客户端脚本，代码为

```
ClientScript.RegisterStartupScript(this.GetType(),"js", "<script>alert
                                   ('Message');</script>");
```

以上代码也可弹如图 1.32 所示的提示对话框。

在此代码中，参数 this.GetType()是对当前页面的类型描述，参数"js"是要执行的客户端脚本注册的 key，可理解为该客户端脚本的名称，因此此参数可以留空，但应注意，当页面中有两个弹出提示对话框时，应将此参数设置为不同的值，否则将只运行第一个提示对话框。

4. Web 窗体设计步骤

在设计 Web 窗体时，通常按照以下步骤进行。

1）界面设计。界面设计除了文字、图片等网页界面元素的布局，还包括窗体控件的设计，如控件摆放位置、大小等。需要注意的是，一些控件在运行时并不显示，如在本任务中，ID 为“hy”的 Label 控件由于 Text 属性设置为空，该 Label 控件在设计视图中可见，但在运行网页时，该控件并不显示，如图 1.34 所示。在设计视图中看到的界面并不完全和运行时的界面相同。

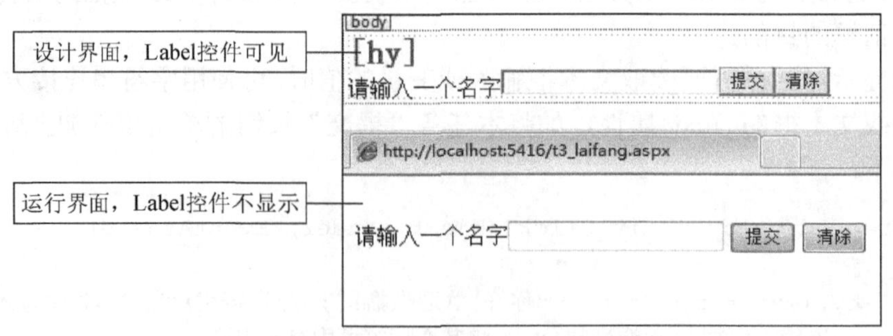

图 1.34 设计界面和运行界面比较

2）设置控件属性。界面设计完成后，若 Web 窗体中有设计控件，应对控件的属性进行设置，如在本任务中的 7），根据表 1.3 的控件属性进行了控件相关的属性设置。

3）编写后台事件代码。一般来说，双击控件可进入该控件的常用事件代码编辑界面，若要编写该控件其他事件，可在该控件的“属性”窗口中，单击⚡按钮后，双击事件名称，可进入该事件的代码编辑视图。

4）运行和调试窗体。运行程序的方法主要有以下 3 种：

① 在“解决方案资源管理器”窗口中选择要浏览的网页界面文件（扩展名为.aspx）或在网页界面文件（扩展名为.aspx）的设计视图中右击，在弹出的快捷菜单中选择“在浏览器中查看（Internet Explorer）”命令，即可在浏览器中预览该网页。

提示

“在浏览器中查看（Internet Explorer）”命令中 Internet Explorer 为默认的浏览器，若更改默认浏览器，选项也会相应作出改变，如将默认浏览器设置为 Google Chrome 浏览器时，此命令将显示“在浏览器中查看（Google Chrome）”。

② 选择“调试”→“开始执行（不调试）”命令，或按 Shift+F5 组合键。

③ 选择“调试”→“开始调试”命令，或按 F5 键。

其中方法①、②只运行程序，不对后台程序代码进行调试，其优点是运行速度相对较快，适合在需要查看运行效果时使用；方法③可以在运行时对程序进行调试，当有错误时，列出如图 1.35 所示的错误列表，并可通过设置断点等方式来逐块运行程序进行调试，但其运行速度较方法①、②慢。

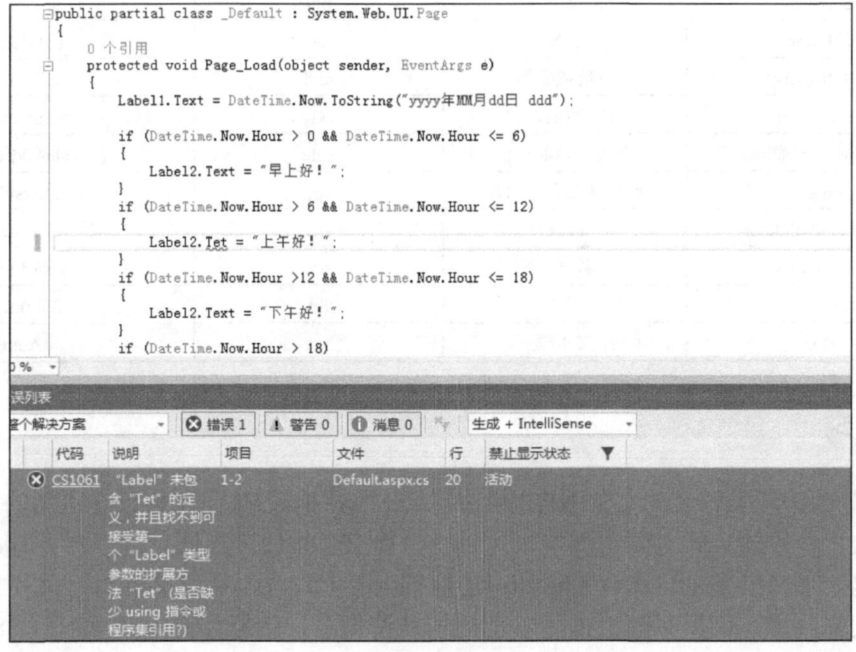

图 1.35 错误列表

5. 控件命名规则

控件的 ID 属性是控件在页面中引用对象控件的关键属性，一般取有意义的名称以提高维护时程序的可读性。ASP.NET 的常用控件命名规则如表 1.4 所示。

表 1.4 ASP.NET 的常用控件命名规则

数据类型	说明	数据类型简写	标准命名举例
Button	按钮	btn	btnSubmit
Calendar	日历控件	cal	calDates
CheckBox	复选框	chk	chkColors
CheckBoxList	复选框组	chkl	chklFavor
CompareValidator	比较验证控件	valc	valcLarge
CustomValidator	自定义验证控件	valx	valxDBCheck
DataList	数据绑定列表	dlst	dlstContents
DropDownList	下拉列表	drop	dropTop
GridView	数据网格控件	gvw	gvwAdmin
HyperLink	超链接控件	lnk	lnNews
Image	图像控件	img	imgPic
ImageButton	图片按钮控件	ibtn	ibtnSubmit
Label	标签框	lbl	lblResult
LinkButton	超链接样式按钮	lbtn	lbtnSubmit
ListBox	列表框	lst	lstColors
Panel	面板容器	pnl	pnlIndex
PlaceHolder	占位容器	plh	plhPic
RadioButton	单选按钮	rad	radMale
RadioButtonList	单选按钮组	radl	radlMale
RangeValidator	范围验证控件	valg	valgNum
RegularExpressionValidator	表达式验证控件	vale	valeAddress
Repeater	数据绑定容器控件	rpt	rptResult
RequiredFieldValidator	非空验证控件	valr	valrName
SqlDataSource	SQL 数据源控件	sds	sdsAdmin
Table	表格	tbl	tblForm
TextBox	文本框	txt	txtAdmi

上机练习

创建以 C#为开发语言的 ASP.NET 网站，并在网站中添加一个图 1.36 所示的 Web 窗体，运行时在文本框中输入姓名并选择性别，单击“提交”按钮，当性别为“男”时，弹出提示对话框并显示“××先生！欢迎光临!”，当性别为“女”时，弹出提示对话框并显示“××女士！欢迎光临!”，网页标题栏也显示相应的欢迎信息，效果如图 1.37 和图 1.38 所示。

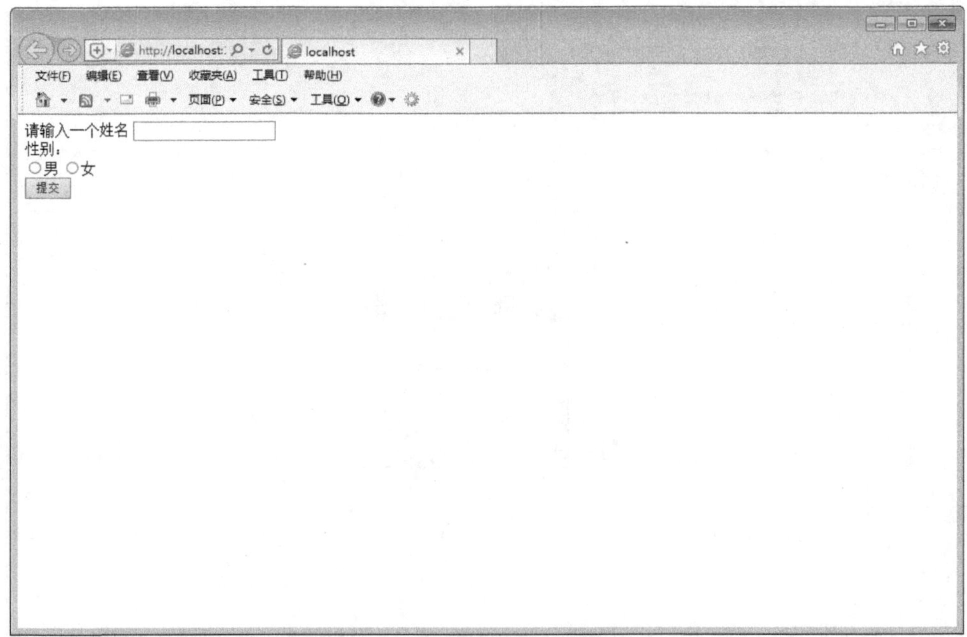

图 1.36　上机练习 Web 窗体

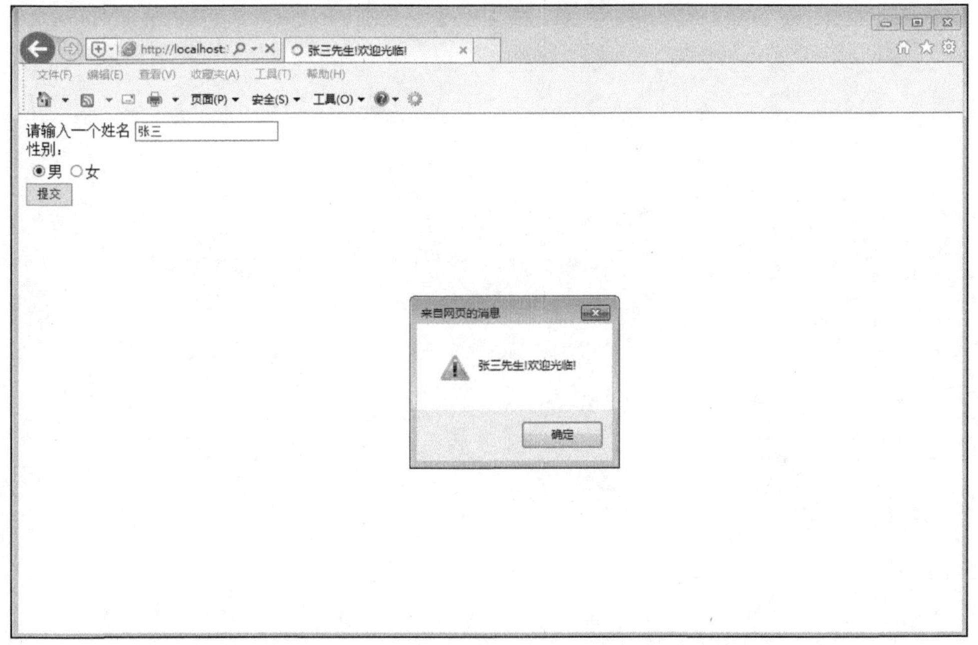

图 1.37　性别选择“男”时的提交效果

图 1.38 性别选择“女”时的提交效果

单元 2

基本控件应用

情景故事

小华向在网络科技公司从事网页设计工作的小明请教接下来的学习方向，小明告诉他可以通过实现一些简单网页模块来掌握 Web 页面开发的基本操作，进行模块搭建最快捷的方法是使用 ASP.NET 提供的众多控件，只要几步操作就可以创建 Web 页面所需要的元素并掌握页面事件代码的编写基础。

案例说明

在 Visual Studio 2015 开发环境中，开发人员可以通过工具箱简单、快捷地添加控件，对其进行属性设置、添加事件绑定编写相应的逻辑代码等。这些控件包括标准服务器控件、数据控件、验证控件、导航控件、登录控件等。本单元将通过实用性模块任务详细介绍其中部分常用基本控件的属性、事件处理、使用方法。

能力目标

1. 掌握标准服务器控件属性的设置方法和获取方法。
2. 掌握标准控件常用事件与事件处理子程序的绑定方法，并全编写简单的逻辑代码。
3. 掌握验证控件的使用方法。

任务1　制作网页运算器

任务目标

在 Web 页面里实现简单的网页运算器，通过单击“=”按钮实现对文本框输入的数字进行加、减、乘、除四则运算并显示，如图 2.1 所示。当在文本框的输入内容为非数字时或被除数为 0 时，显示图 2.2 所示的错误提示。

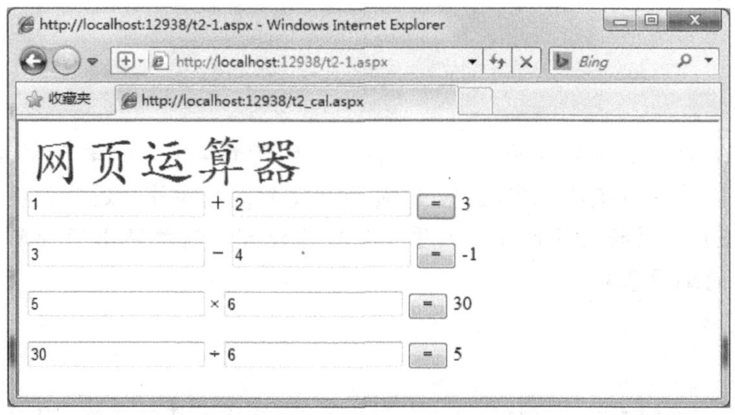

图 2.1　网页运算器

图 2.2　错误输入的提示

任务说明

在本任务中，将添加基本服务器控件中最常使用的 3 种标准控件——文本框、按钮、标签框控件。对它们进行属性设置后，在按钮的单击事件中编写程序以获取输入文本框中的数值，进行相关运算并返回结果到标签框控件；当输入的内容为非数字或除数为 0 时，由程序进行判断并提示。

实现步骤

01 在 D:\aspnet\task2-1 文件夹中新建空网站，并添加新的 Web 窗体“t2_cal.aspx”，进入窗体的设计视图编辑状态，如图 2.3 所示。

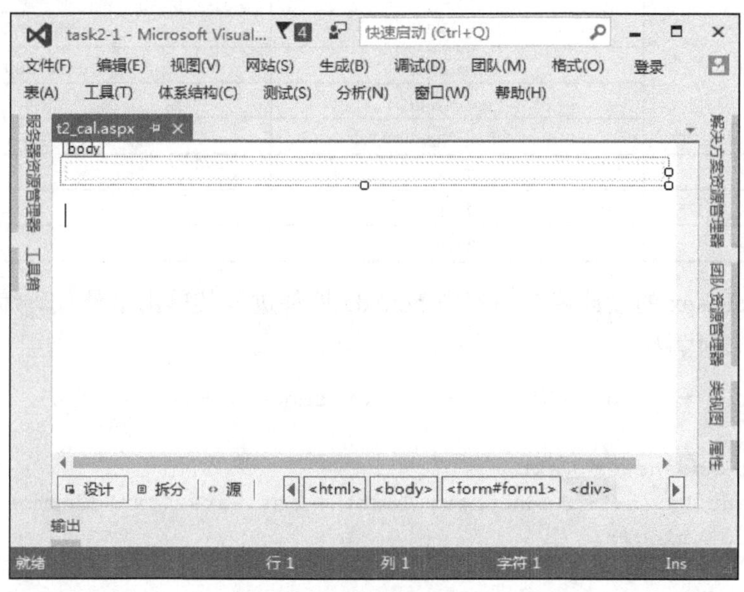

图 2.3　进入设计视图

02 打开工具箱，在页面中按图 2.4 所示的位置添加 3 个 Label（标签框）控件，即两个 TextBox（文本框）控件、一个 Button（按钮）控件。在“属性”窗口中，将这些控件的 ID 分别设置为 lblTitle、lblOperator、lblAddanswer、txtAddnumber1、txtAddnumber2、btnAdd。

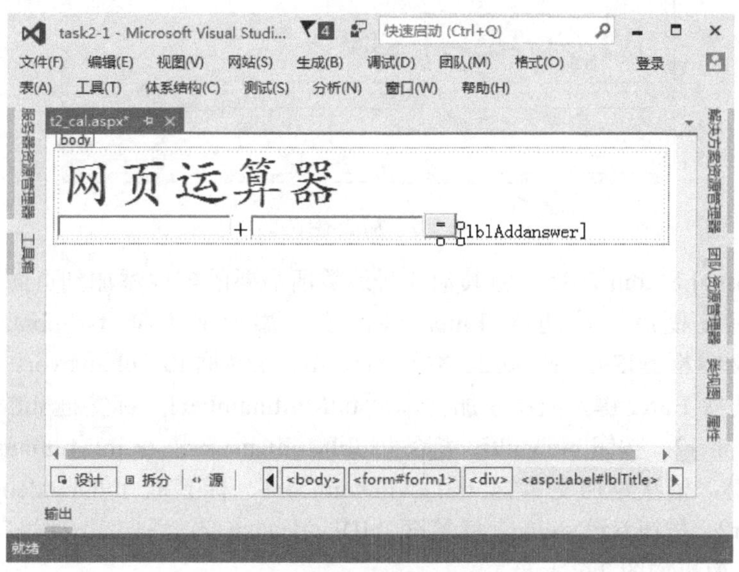

图 2.4　加法器属性设置效果

03 在控件“属性”窗口中，为添加的控件设置属性值，如表 2.1 所示。设置完成结果如图 2.4 所示。

表 2.1　加法器属性设置

ID	属性	设置值
lblTitle	Text	网页运算器
	ForeColor	#003300
	Font-Name	楷体
	Font-Size	36
lblOperator	Text	+
btnAdd	Text	=
lblAddanswer	Text	

04 在 t2_cal.aspx 的设计视图中双击 btnAdd 控件进入其单击事件代码编辑视图，在光标默认位置输入以下代码：

```
protected void btnAdd_Click(object sender, EventArgs e)
   {
      lblAddanswer.Text =
      (int.Parse(txtAddnumber1.Text) + int.Parse(txtAddnumber2.Text))
      .ToString();
   }
```

05 在浏览器中预览页面，分别在两个文本框中输入数字，并单击“=”按钮测试以上操作的正确性。加法器结果如图 2.5 所示。

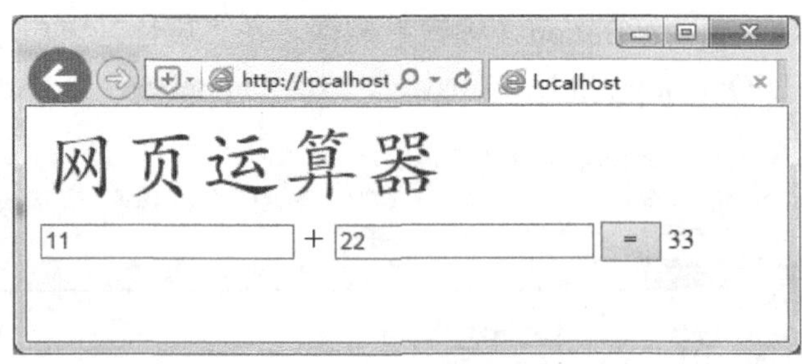

图 2.5　加法器结果

06 返回 Visual Studio 2015，将其他 3 种运算所需要的控件添加到页面中：光标定位到 lblAddanswer 标签框后，按两次 Enter 键，依次添加文本框 txtSubnumber1、标签框 lblSubopertor、文本框 txtSubnumber2、按钮 btnSub、标签框 lblSubanswer；在 lblSubanswer 标签框后，按两次 Enter 键，依次添加文本框 txtMultinumber1、标签框 lblMultioperator、文本框 txtMultinumber2、按钮 btnMulti、标签框 lblMultianswer；在 lblMultianswer 标签框后，按两次 Enter 键，依次添加文本框 txtDevidenumber1、标签框 lblDevideoperator、文本框 txtDevidenumber2、按钮 btnDevide、标签框 lblDevideanswer。添加完成后参考步骤 3 对控件进行属性设置，效果如图 2.6 所示。

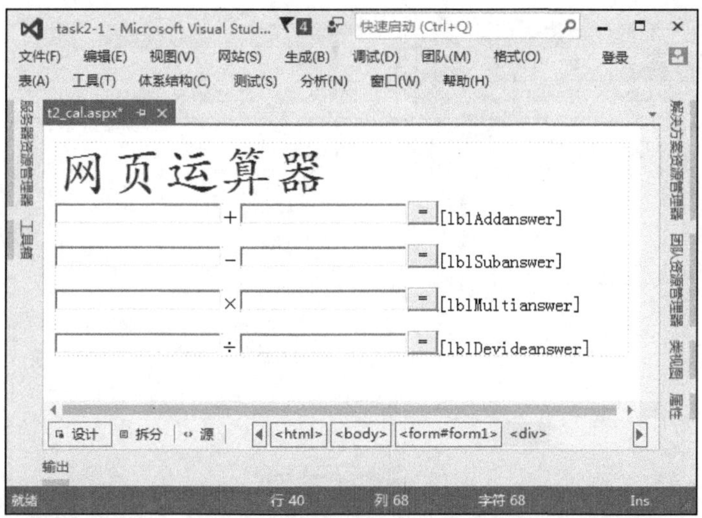

图 2.6　添加其他控件效果

07 分别双击 btnSub、btnMulti、btnDevide 按钮控件并在按钮单击事件代码中分别添加 3 个按钮，单击事件逻辑代码如下：

```
protected void btnSub_Click(object sender, EventArgs e)
    {
        lblSubanswer.Text =
        (int.Parse(txtSubnumber1.Text)-int.Parse(txtSubnumber2.Text))
        .ToString();
    }
    protected void btnMulti_Click(object sender, EventArgs e)
        {
            lblMultianswer.Text =
            (int.Parse(txtMultinumber1.Text) * int.Parse(txtMultinumber2
            .Text)).ToString();
        }
    protected void btnDevide_Click(object sender, EventArgs e)
        {
            lblDevideanswer.Text =
            (int.Parse(txtDevidenumber1.Text) / int.Parse(txtDevidenumber2
            .Text)).ToString();
    }
```

08 在浏览器中预览页面，并测试代码的正确性。当输入数字时运行正确，效果如图 2.7 所示。在文本框中输入非数字的字符串或除数为 0 时，如在加法器其中一个文本框中输入“abcd”，并单击“=”按钮，会出现输入字符格式错误的提示，如图 2.8 所示。

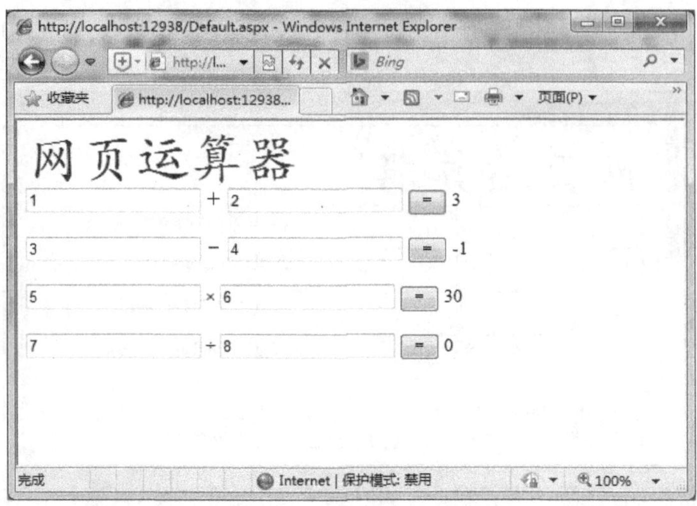

图 2.7 输入数字效果

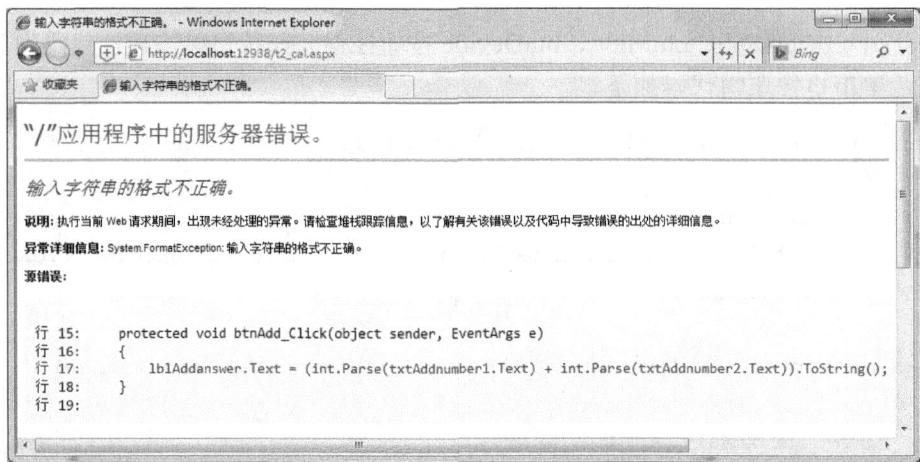

图 2.8 输入非数字效果

09 为解决以上问题，需要加入异常处理，将代码修改如下：

```
protected void btnAdd_Click(object sender, EventArgs e)
  {
      try
      {
        lblAddanswer.Text =
        (int.Parse(txtAddnumber1.Text) + int.Parse(txtAddnumber2.Text))
        .ToString();
      }
      catch
      {
```

```
            lblSubanswer.Text = "您输入的不是数字";
        }
    }
protected void btnSub_Click(object sender, EventArgs e)
    {
        try
        {
          lblSubanswer.Text =
          (int.Parse(txtSubnumber1.Text) - int.Parse(txtSubnumber2.Text))
          .ToString();
        }
        catch
        {
            lblSubanswer.Text = "您输入的不是数字";
        }
    }
protected void btnMulti_Click(object sender, EventArgs e)
    {
        try
        {
          lblMultianswer.Text =
          (int.Parse(txtMultinumber1.Text) * int.Parse(txtMultinumber2.Text))
          .ToString();
        }
        catch
        {
          lblMultianswer.Text = "您输入的不是数字";
        }
    }
protected void btnDevide_Click(object sender, EventArgs e)
    {
        try
        {
            lblDevideanswer.Text =
            (int.Parse(txtDevidenumber1.Text)/int.Parse(txtDevidenumber2
            .Text)).ToString();
        }
        catch
        {
            lblDevideanswer.Text = "您输入的不是数字或除数为 0";
        }
    }
```

10 预览 t2_cal.aspx 页面，此时输入非数字的字符串或除数为 0 时，效果如图 2.2 所示，本任务完成。

相关知识

1. 数据类型

C#语言中数据类型分为两种：值类型和引用类型。值类型直接存储值，引用类型存储对值的引用。数据类型如图 2.9 所示，常用的数据类型说明如表 2.2 所示。

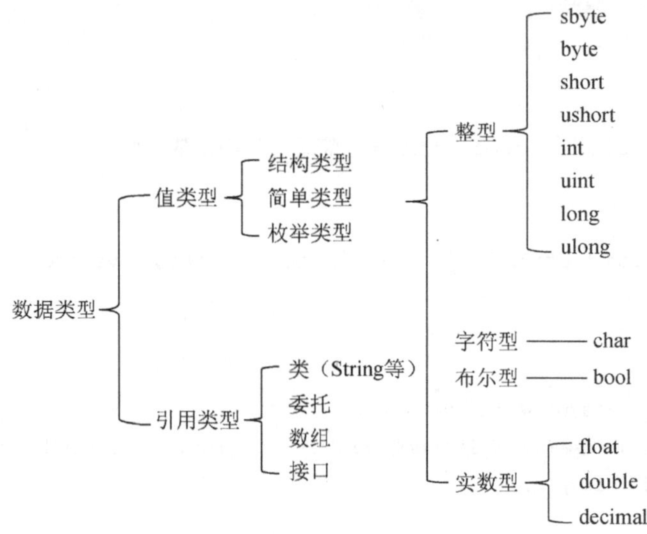

图 2.9 数据类型

表 2.2 常用的数据类型说明

名称	说明	所占字节	取值范围
sbyte	有符号 8 位整数	1	−128 ~ +127
byte	无符号 8 位整数	1	0 ~ 255
short	有符号 16 位整数	2	−32768 ~ +32767
ushort	无符号 16 位整数	2	0 ~ 65535
int	有符号 32 位整数	4	−2147483648 ~ +2147483647
uint	无符号 32 位整数	4	0 ~ 4294967295
long	有符号 64 位整数	8	−9223372036854775808 ~ +9223372036854775807
ulong	无符号 64 位整数	8	0 ~ 18446744073709551615
float	单精度浮点数	4	$1.5 \times 10^{-45} \sim 3.4 \times 10^{38}$
double	双精度浮点数	8	$5.0 \times 10^{-324} \sim 1.7 \times 10^{308}$
decimal	精确到小数点后 28 位	16	$1.0 \times 10^{-28} \sim 7.9 \times 10^{28}$
char	无符号 16 位整数	2	0 ~ 65535
bool	包含逻辑值	2	True 或 False

2. 类型转换

控件的 Text、ID 属性属于类类型中的 String，如本任务中 txtAddnumber1.Text、lblTitle.Text 都属于 String，而进行加、减、乘、除运算时操作数的数据类型必须是值类型，这种情况下就需要对数据类型进行 C#语言允许的类型转换。

（1）自动类型转换

自动类型转换又称隐式类型转换，指系统占位少的类型转换为占位多的类型。字符型、整型、浮点型可以参与自动转换。例如，以下语句可以将 byte 型变量 a 的值自动转换为 int 型，再将变量 a 赋值给 b。

```
byte a = 5;
int b = a;
```

类型间自动转换顺序如图 2.10 所示。

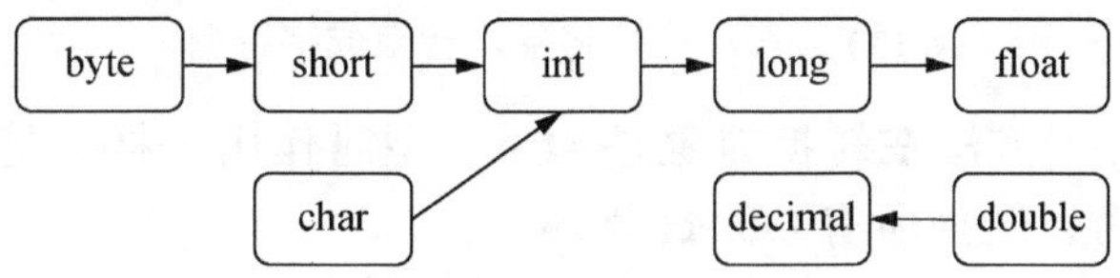

图 2.10　类型间自动转换顺序

（2）强制类型转换

强制类型转换又称显式类型转换，指将占位多的类型转换为占位少的类型。强制类型转换主要有以下几种方式。

1）直接强制转换。格式：

```
数据类型 1 变量=（数据类型 1）（数据类型 2 的值）
```

例如，以下语句会将 float 型转换为 int 型。

```
int i = (int)(1.618f);
```

强制类型转换会导致数据精度降低，甚至会造成数据失真，如本例中程序执行结果 i 的值为 1。

2）利用 Convert 类进行类型转换。Convert 类用于将一种数据类型转换成另一种数据类型，它可以在程序中直接使用。例如：

```
int i =20;
char c = Convert.ToChar(i);        //将整型转换成字符型

float b = 3.14f;
int i = Convert.ToInt32(b);        //将浮点型转换成整型

string s = "123";
int i = Convert.ToInt32(s);        //string 类型转换成整数类型
```

3）ToString()方法。ToString()方法可以将.NET 中所有对象及数据类型返回字符串表示。例如：

```
int i = 10;
string s = i.ToString();            //将整型转换成字符型

float b = 3.14f;
string s = b.ToString();        //将浮点型转换成字符型
```

4）Parse()方法。Parse()方法可以分析一个 string 型对象，将其转换成数字、字符等类型。所有预定义值类型都支持 Parse()方法。例如：

```
string s = "123";
int i = int.Parse(s);           //将字符串转换成整型

string a = "6";
char c = char.Parse(a);         //将整型转换成字符型
```

Convert 类和 Parse()方法在转换对象是 string 型时作用一样，但 Parse()方法只能转换 string 型，Convert 类可以转换所有 Object 类。

3. 异常处理机制

异常是指在程序运行过程中，出现打断正常程序流程的情况。例如，本任务中步骤 4 和步骤 7 完成的逻辑代码在编译时不会出现问题，但在文本框输入不能转换成数值类型的字符串或除数为 0 时会出现异常错误。造成程序异常的原因很多，如用户输入一个无效的数值、找不到要加载的类、数组越界、对象为空、除零错误、类型不匹配、试图打开一个不存在的文件等。

C#语言给程序员提供了处理发生错误的机制——异常处理。使用 try…catch 语句进行异常处理，可以保证正常程序的顺利运行。

try…catch 语句的作用：当 try 中的语句发生异常时，程序会在 catch 子句中查找是否有异常对象类型相同，如果找到则执行该子句中的语句处理异常。

格式：

```
try
{
    测试语句;
}
catch(异常对象声明 1)
{
    异常处理语句;
}
catch(异常对象声明 2)
{
```

```
    异常处理语句;
}
```

例如，在网站中添加新窗体 t2-trycatch.aspx，并在该窗体的 Page_Load 事件中运行以下除以零的程序异常。

```
protected void Page_Load(object sender, EventArgs e)
 {
    try
    {
       int x = 10;
       int y = 0;
       int z = x / y;
       Response.Write(z.ToString());
    }
    catch (Exception ee)                 //声明一个异常对象
    {
       Response.Write(ee.Message);       //输出异常信息
    }
 }
```

其中，Exception 类是所有异常的基类，作用是当发生错误时，程序通过引发包含关于该错误信息的异常来报告错误。以上程序的输出结果如图 2.11 所示。当有多个异常信息时，应多次声明 Exception 异常对象。

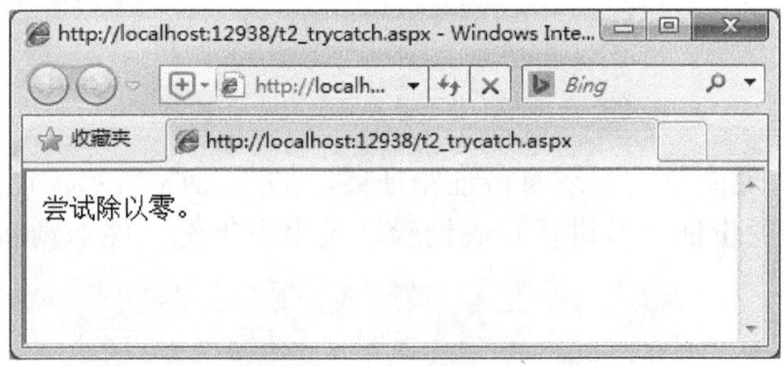

图 2.11　输出结果

Exception 类可以捕获所有以 Exception 类派生的异常，当不考虑错误对象类型和具体的错误信息时，可以将 try…catch 语句直接写成以下形式，以对所有异常都进行 catch 子句中的处理。

```
try
{
 测试语句;
}
 catch
{
 异常处理语句;
}
```

上机练习

制作整除与余数判断器，效果如图 2.12 所示，注意对程序进行容错处理。

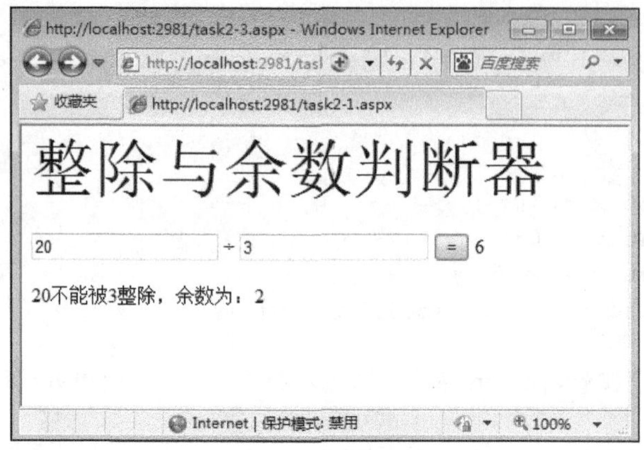

图 2.12 上机练习效果

任务 2 制作在线身份证验证器

任务目标

在 Web 页面里实现简单的在线身份证验证器，如图 2.13 所示，通过单击“验证”按钮实现对文本框输入的身份证字符进行正确性验证及出生年份、性别判断。

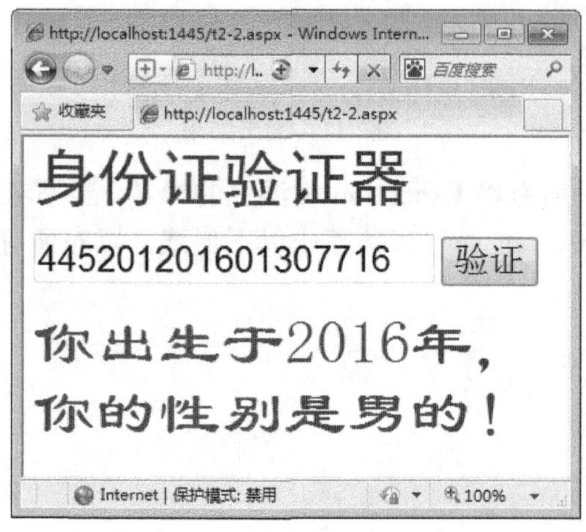

图 2.13 身份证验证器

任务说明

本任务需要在 Web 页面中添加标签框、文本框、按钮 3 种标准控件。在按钮的单击事件逻辑代码中对输入在文本框中的身份信息进行验证，验证条件包括正确身份证号字符位数应为 18 位，所有输入字符都必须是数字，输入字符串第 7～10 位是出生年份，若输入字符串第 17 位字符是单数则身份证主人性别为男，是双数则性别为女。

实现步骤

01 在 D:\aspnet\task2-2 文件夹中新建空网站，并添加新的 Web 窗体“t2_IDvalidator.aspx”，进入窗体的设计视图编辑状态。

02 如图 2.14 所示，从上往下依次添加 Label 控件、TextBox 控件、Button 控件、Label 控件，并按图设置它们的 ID 为 lblTitle、txtNum、btnSubmit、lblTip。

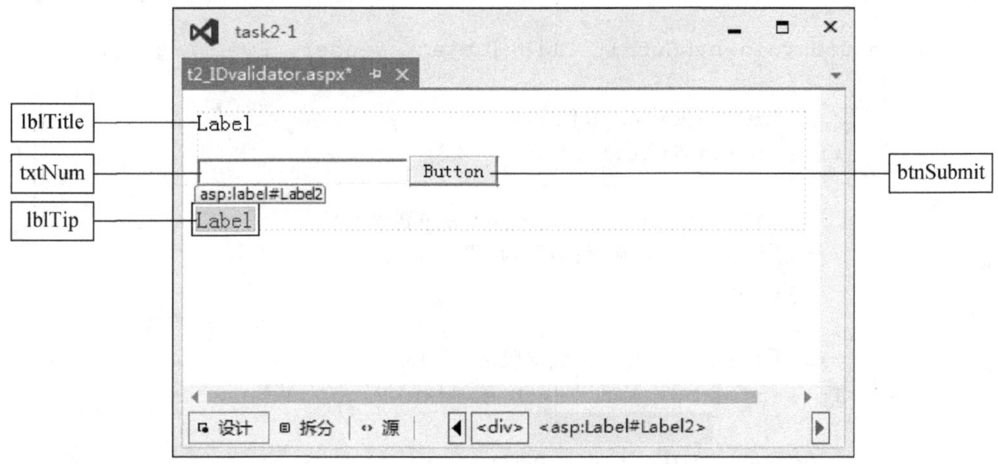

图 2.14　按顺序添加控件

03 设置步骤 **02** 中添加控件的属性，如表 2.3 所示。设置完成后效果如图 2.15 所示。

表 2.3　设置控件属性

ID	属性	设置值
lblTitle	Text	身份证验证器
	ForeColor	#003300
	Font	36pt，黑体
txtNum	Font-size	20pt
btnSubmit	Text	验证
	Font	20pt
lblTip	Text	
	Font	隶书, 35pt
	ForeColor	Red

图 2.15　设置属性效果

04 在设计视图中双击“验证”按钮控件，进入该按钮的单击事件代码编辑视图，输入如下代码：

```
protected void btnSubmit_Click(object sender, EventArgs e)
    {
        //文本框中需要输入 18 位字符
        if (txtNum.Text.Length != 18)
        {
            lblTip.Text = "你应输入 18 位数字！";
        //退出程序,不运行后面的逻辑代码
            return;
        }
        //对所有字符进行是否是数字验证
        foreach (char x in txtNum.Text)
        {
          if (x < '0' || x > '9')
          {
              lblTip.Text = "你输入了非法字符!";
              return;
          }
          //对字符串进行年份截取和性别识别
          string y;
          y = "你出生于" + txtNum.Text.Substring(6, 4) + "年";
          if (int.Parse(txtNum.Text.Substring(16, 1)) % 2 == 0)
          {
              y += ",你的性别是女的!";

          }
          else
          {
            y += ",你的性别是男的!";
          }
```

```
                lblTip.Text = y;
            }
        }
```

05 在浏览器中预览页面，效果如图 2.13 所示。

相关知识

1. 常用字符串函数及属性

（1）Length 属性

所有 String 类型对象都可以使用 Length 属性获取字符串中字符的个数。例如：

```
string s = "123456789";
int i = s.Length;
```

以上程序运行结果为 i 被赋值为字符串 s 的字符个数 9。

（2）Substring()方法

格式：

```
Substring(int startIndex, int length)
```

Substring()方法用于获取源字符串指定起始位置 startIndex，指定长度 length 的字符串。参数 startIndex 索引从 0 开始，且最大值必须小于源字符串的长度，否则会编译异常；参数 length 的值必须不大于源字符串索引指定位置开始之后的字符串字符总长度，否则会出现异常。例如：

```
string s = "asp.net";
string b = s.Substring(2,4);
```

以上程序中，Substring(2,4)表示从“asp.net”字符串中的第 3 位字符开始截取 4 位长度的字符串，所以程序中字符串 b 被赋值为“p.ne”。

提示

由于 Substring(int startIndex, int length)中，startIndex 索引从 0 开始计算，因此此参数数字表示的位置应是 startIndex+1，如 startIndex 为 0，表示第 1 位。

（3）Replace()方法

格式：

```
Replace(string oldString, string newString)
```

Replace()方法用于替换原字符串中的特定字符串，oldString 为原字符串的需要被替换的字符串，newString 为替换的字符串。例如：

```
string s = "Asp.Net";
s.Replace("sp","SP");
```

执行以上程序后字符串 s 的值为“ASP.Net”。

（4）Split()方法

格式：

```
Split('分隔符')
```

Split()方法用于将一个字符串根据分隔符拆分为数个子字符串。例如：

```
string site = "www.aspnet.com";
string[] s = site.Split('.');
```

以上程序以“.”为分隔符将 site 字符串拆分为“www”“aspnet”“com”3 个字符串，并赋值在字符串数组 s 中。

（5）Trim()方法

Trim()方法用于将当前字符串中的前导空格和尾部空格移除。例如：

```
string s = "  abc   ";
s.Trim();
```

以上程序将 " abc " 字符串中 abc 前和后的空格都移除了。

（6）ToLower()和 ToUpper()方法

ToLower()方法可以将字符串所有字符转换成小写英文字母，ToUpper()方法只可以将字符串所有字符转换为大写英文字母。例如：

```
string s = "ABCDEF";
string lower = s.ToLower();
```

以上程序将 string 类型变量 s 全部字符转换成小写英文字母“abcdef”后赋值给 string 类型变量 lower。

2. 循环语句

循环语句的作用是重复执行一些语句来达成一定目的，只要设定好参数，同样的代码可以执行成千上万次。C#语言中的循环方法有 for 循环、while 循环、do…while 循环、foreach 循环 4 种。

（1）for 循环

格式：

```
for(<参数初始化>; <条件表达式>; <增量表达式>)
  {
      循环体;
  }
```

参数初始化总是一个赋值语句，它用来给循环控制变量赋初值；条件表达式是一个关系表达式，决定什么时候退出循环；增量表达式定义循环控制变量每循环一次后按什么方式变化。这三个部分之间用“;”分开。例如：

```
int total = 0;
```

```
for(i=1; i<=5; i++)
{
    total += i;        //循环体
}
```

上例中先给参数 i 赋初值 1，条件表达式判断 i 是否小于等于 5。执行循环过程如下。

第 1 次循环：i=1，条件表达式为 True，执行循环体 total+=i，此时 total 值为 1。

第 2 次循环：i++增量后 i 的值为 2，条件表达式为 True，执行 total+=i，结果 total 值为 3。

……

第 5 次循环：i++增量后 i 的值为 5，条件表达式为 True，执行 total+=i，结果 total 值为 15。

第 6 次条件判断时 i=6，条件表达式为 False，结束循环。

（2）while 循环

格式：

```
while(计数参数表达式)
{
  循环体;
  计数参数变化;
}
```

例如：

```
int count = 1;
while(count<5)
{ //{}内为循环体
  Response.Write(count.ToString());
  count++;          //计数参数向条件判断为假逻辑方向变化
}
```

上例中，count 初始赋值为 1，进入 while 循环条件判断 count < 5，第 1 次执行循环体时，输出 count.ToString()后，count 值加 1。在使用 while 循环时应注意，循环体必须有计数参数向着条件判断为假的逻辑方向变化的表达式，否则将进入无限循环。例如：

```
int count = 1;
while(count>0)
{
   Response.Write(count.ToString());
}
```

上例在 while 的循环体中没有计数参数的变化，理论上程序将会在页面中无限输出 1，实际会引起 System.OutOfMemoryException 内存溢出异常，即无限循环。

（3）do…while 循环

格式：

```
do
{
  需要循环执行的语句;
  计数参数变化;
}while(计数参数表达式);
```

do…while 语句与 while 功能相似，唯一区别是 do…while 会先执行一次循环体再判断计数参数表达式是否成立，而 while 循环是先判断计数参数表达式是否成立，若成立则执行循环，否则循环结束，因此计数参数的变化和初始化很重要。当计数参数表达式成立时，while 和 do…while 语句的功能相同；当计数参数表达式不成立时，得到不同的结果，如表 2.4 所示。

表 2.4　while 和 do…while 的区别

两种语句运行结果	while 语句	do…while 语句

不同	`int count = 0`
	`while(count>1)`
	`{`
	`Response.Write(count.ToString());`
	`count++;`
	`}`
		`int count = 0;`
		`do`
		`{`
		`Response.Write(count.ToString());`
		`count++`
		`}while(count>1);`

	计数参数表达式判断不成立，不执行循环体	执行一次循环后，根据参数表达式跳出循环，运行结果输出 count 的值为 0

相同	`int count = 5;`
	`while(count>1)`
	`{`
	`Response.Write(count.ToString());`
	`count--;`
	`}`
		`int count = 5;`
		`do`
		`{`
		`Response.Write(count.ToString());`
		`count--;`
		`}while(count>1);`

	计数参数表达式判断成立，执行循环体，将在页面中输出 5432	计数参数表达式判断成立，执行循环体，将在页面中输出 5432

（4）foreach 语句

格式：

```
foreach (type objName in collection/array)
  {
    循环体;
  }
```

foreach 语句会遍历 collection 集合中 type 类型对象数量，每次循环将集合中的 type 类型对象取出一个，直到所有对象都遍历，终止循环。例如：

```
int[] array = { 1, 2, 3, 4, 5 };//定义一个整型数组
foreach (int i in array)          //遍历此数组中所有对象
```

```
    {
        Response.Write(i.ToString() +"<br/>");
    }
```

上例中 foreach 会从数组下标 0 开始遍历 array 所有 int 对象，直到所有数组对象都被访问，最后在网页中的输出结果如下：

```
1
2
3
4
5
```

上机练习

制作在线身份证验证器升级版，将本任务中的身份证验证器升级，添加以下更详细的验证：

1）前 17 位为数字，最后一位可以为数字、“X”或“x”。

2）年份数在 1900～2016，月份数在 1～12，日期数在 1～31 有效，否则提示出生年份、月份或日期有误。

3）若输入的身份证号码正确，则显示身份证号码对应的出生年月及性别信息，如图 2.16 所示。

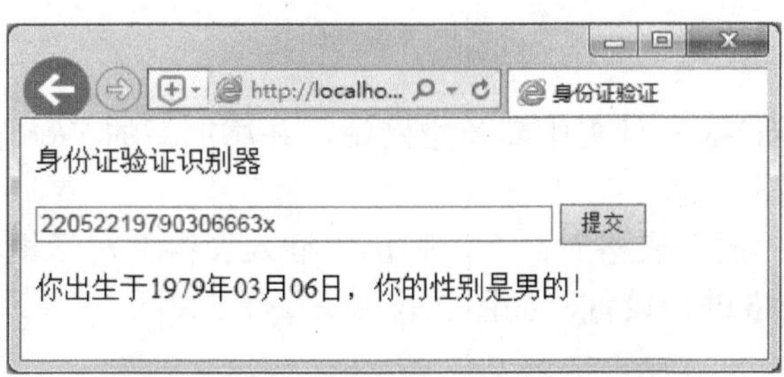

图 2.16　身份证验证器升级版

任务 3　制作学生基本信息登记表

任务目标

在 Visual Studio 2015 环境中使用表格和多种 Web 标准控件制作学生信息登记表，并通过逻辑代码编写，获取用户在 Web 页面中通过各种控件输入的信息并显示在页面下方，如图 2.17 所示。

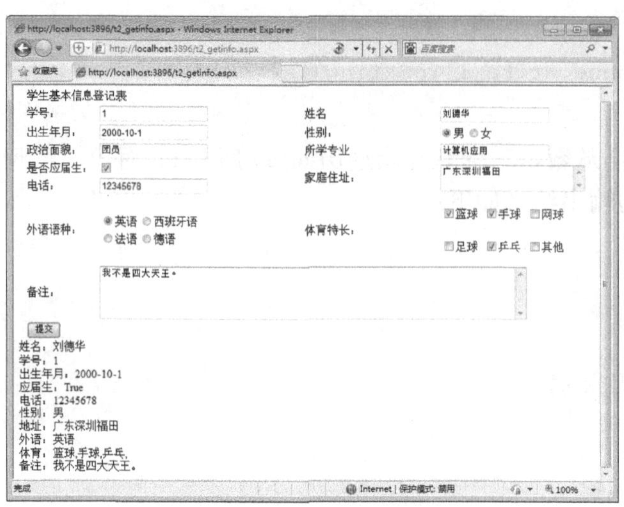

图 2.17　学生基本信息登记表

任务说明

在此任务中，根据不同需要添加 Label、TextBox、Button、RadioButton、CheckBox、RadioButtonList、CheckBoxList 等标准控件，通过代码获取用户输入信息，并显示在页面中。由于使用的控件较多，为了页面的效果，使用表格进行简单的排版。

实现步骤

01 在 D:\aspnet\task2-3 文件夹中新建空网站，并添加新的 Web 窗体“t2_getinfo.aspx”，进入窗体的设计视图编辑状态。

02 选择“表”→“插入表格”命令，弹出“插入表格”对话框，在页面中插入一个 9 行 4 列的表格，并对类格进行设置，如图 2.18 所示。

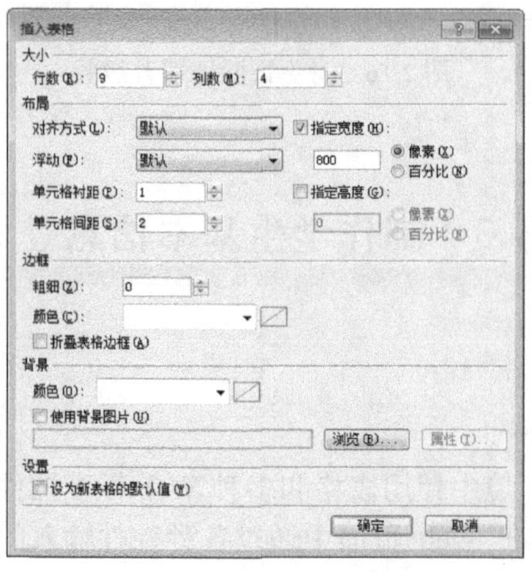

图 2.18　“插入表格”对话框

03 在设计视图中，选中第 1 行的 4 列单元格后右击，在弹出的快捷菜单中选择“修改”→“合并单元格”命令，如图 2.19 所示，将第 1 行的 4 列单元格合并。重复以上步骤，分别合并第 3 列 5、6 行单元格，第 4 列 5、6 行单元格和第 8 行 2～4 列单元格，并在相应单元格中输入图 2.20 所示文本信息。

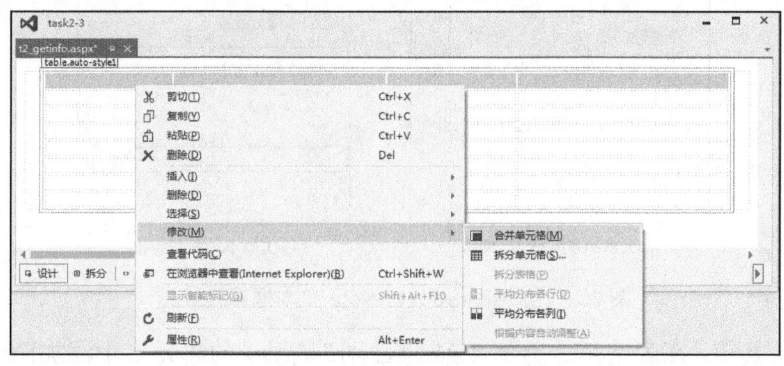

图 2.19　合并单元格

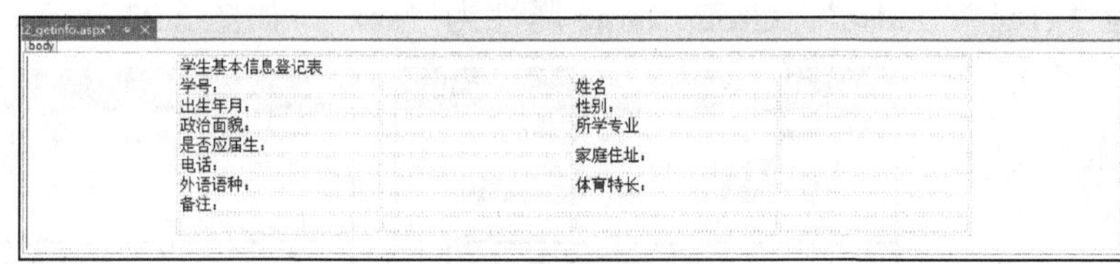

图 2.20　添加文本信息

提示

合并单元格操作也可在选中需要合并的单元格后，选择“表”→“修改”→“合并单元格”命令完成。

04 打开工具箱，在页面中图 2.21 所示的位置添加文本框和按钮控件，分别命名为 txtXh、txtName、txtBirthday、txtZZ、txtZy、txtTel、txtAddress、txtNote。将 txtAddress、txtNote 文本框的 Width 属性分别设置为“200px”“600px”，TextMode 属性设置为“MultiLine”，属性设置如图 2.22 所示。

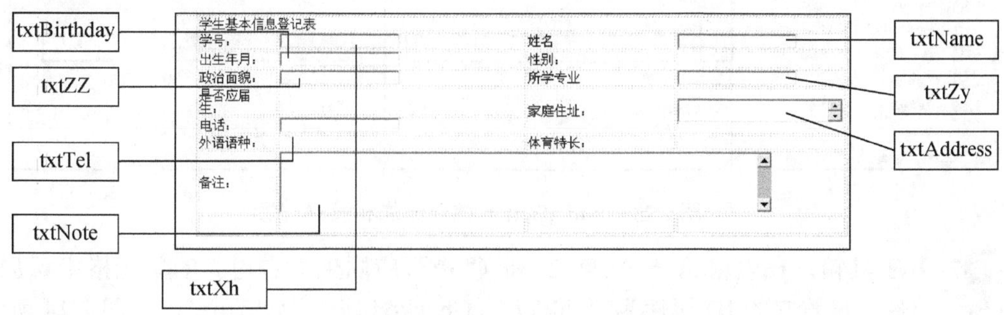

图 2.21　添加文本框和按钮控件

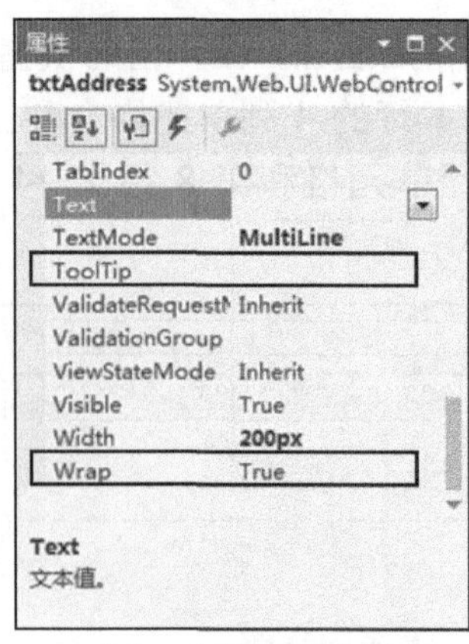

(a) txtAddress 文本框

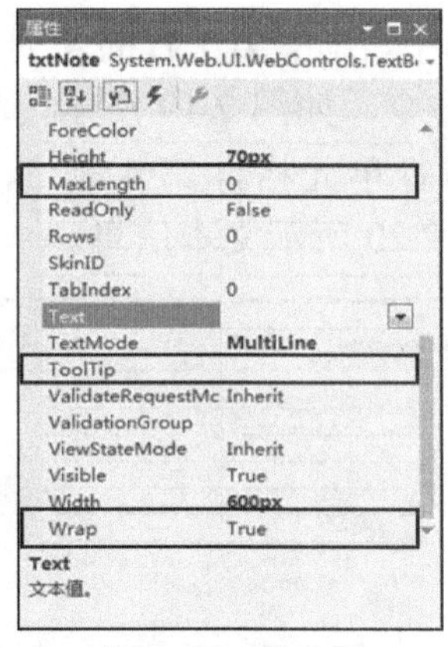

(b) txtNote 文本框

图 2.22　txtAddress、txtNote 文本框属性设置

05 打开工具箱，在表格第 3 行第 4 列（“性别”右边）的单元格中添加两个 RadioButton 控件，ID 分别设置为“radGender”和“radFemale”，分别设置它们的 Text 属性为“男”“女”，Checked 属性为“True”“False”，GroupName 属性为“sex”，如图 2.23 所示。

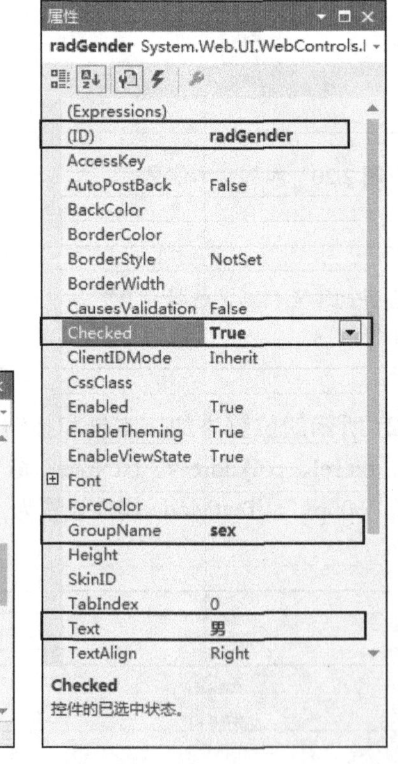

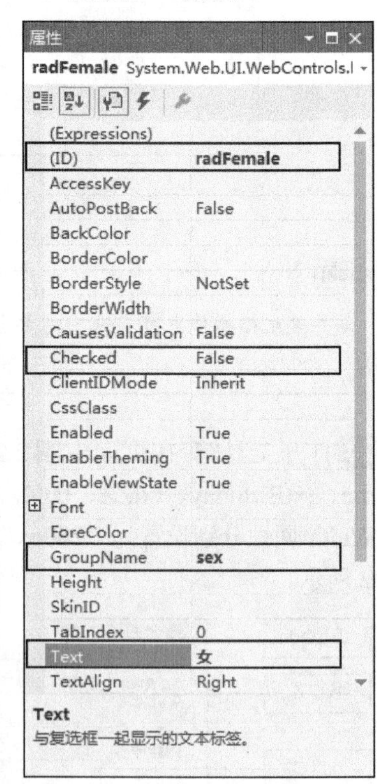

图 2.23　RadioButton 控件添加和设置

06 打开工具箱，在表格第 5 行第 2 列（“是否应届生”右边）的单元格中添加一个 CheckBox 控件，设置它的 ID 属性为“chkYj”，Checked 属性为“True”，如图 2.24 所示。

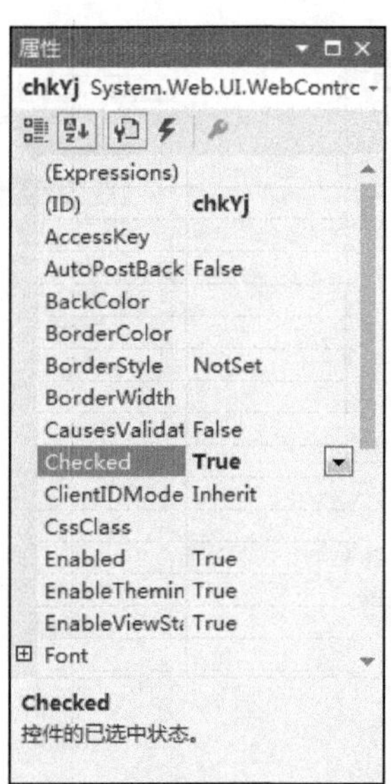

图 2.24　添加 CheckBox 及其属性

07 打开工具箱，在表格第 7 行第 2 列（“外语语种”右边）的单元格中添加一个 RadioButtonList 控件，将其 ID 属性设置为“radlLanguage”，RepeatColumn 属性设置为“2”。在设计视图选中 radlLanguage 控件，单击出现的▷按钮，在展开的 RadioButtonList 任务菜单中选择“编辑项”命令，弹出“ListItem 集合编辑器”对话框。在“ListItem 集合编辑器”对话框中单击“添加”按钮，添加 4 个 ListItem 成员，它们的 Text 属性分别设置为“英语”“法语”“西班牙语”“德语”，如图 2.25 所示。

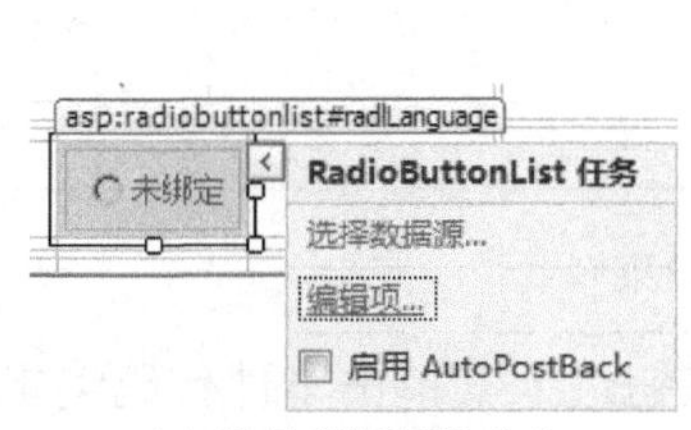

（a）选择“编辑项”命令

（b）“ListItem 集合编辑器”对话框

图 2.25　RadioButtonList 设置

08 打开工具箱，在表格第 7 行第 4 列（“体育特长”右边）单元格中添加一个 CheckBoxList 控件，将其 ID 属性设置为“chklSport”，RepeatColumn 属性设置为“3”。参照步骤 **07** 为 CheckBoxList 控件添加 6 个 ListItem 成员，Text 属性分别设置为“篮球”“足球”“手球”“乒乓”“网球”“其他”，如图 2.26 所示。

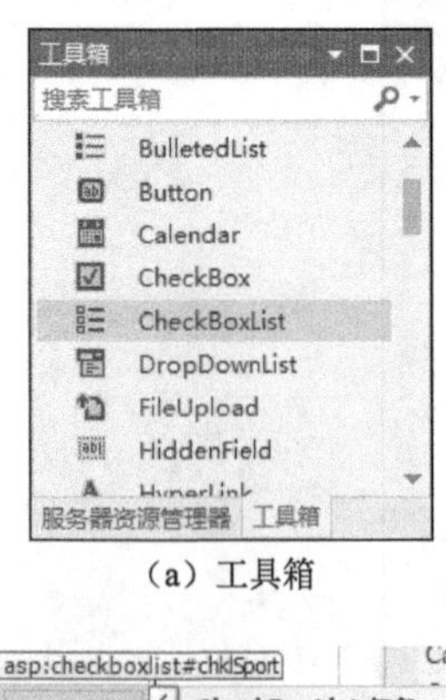

（a）工具箱

（b）任务菜单

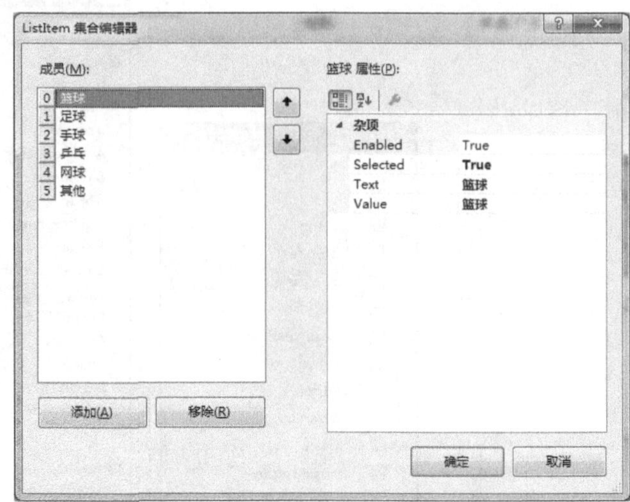

（c）添加 ListItem 成员

图 2.26 CheckBoxList 设置

09 打开工具箱，在表格最后一行第 1 列添加一个 Button 控件，并设置其 ID 属性为“btnSubmit”，Text 属性为“提交”。选中表格，然后使用键盘的右方向键，将光标定位到表格外面，按 Enter 键后，添加一个 Label 控件，设置其 ID 属性为“lblInfo”，Text 属性为空，完成后的效果如图 2.27 所示。

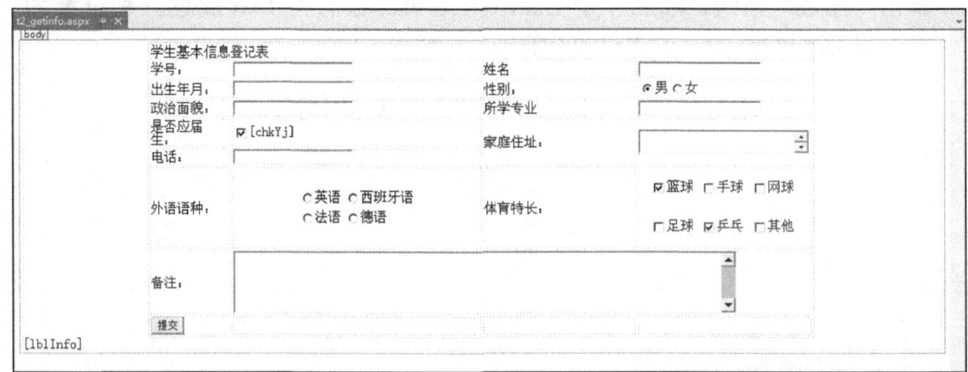

图 2.27 控件添加完成后的效果

10 在 t2_getinfo.aspx 的设计视图下双击“提交”按钮进入其单击车件代码编辑视图，获取 txtName、txtXh、txtBirthday、txtTel、txtAddress、txtNote 等文本框的 Text 值，在按钮的单击事件中添加如下代码：

```
protected void btnSubmit_Click(object sender, EventArgs e)
  {   //获取文本框控件的 Text 值
      lblInfo.Text = "姓名: "+ txtName.Text + "<BR>";
      lblInfo.Text += "学号: " + txtXh.Text + "<BR>";
      lblInfo.Text += "出生年月: " lblBirthday.Text + "<BR>";
```

```
        lblInfo.Text += "电话：" + txtTel.Text + "<BR>";
        lblInfo.Text += "地址：" + txtAddress.Text + "<BR>";
        lblInfo.Text += "备注：" + txtNote.Text + "<BR>";
    }
```

11 获取“是否应届生”选项即复选框 chkYj 控件的选择情况，并通过条件判断语句获取性别单选组的选择。代码如下：

```
protected void btnSubmit_Click(object sender, EventArgs e)
    {   //获取文本框控件的 Text 值
        lblInfo.Text = "姓名：" + txtName.Text + "<BR>";
        lblInfo.Text += "学号：" + txtXh.Text + "<BR>";
        lblInfo.Text += "出生年月：" + txtBirthday.Text + "<BR>";
        //获取 CheckBox 是否被选中
        lblInfo.Text += "应届生：" + chkYj.Checked.ToString() + "<BR>";
        lblInfo.Text += "电话：" + txtTel.Text + "<BR>";
        //获取 RadioButton 组 sex 的选择是男或女
        if (radGender.Checked == True)
        {
            lblInfo.Text += "性别：" + radGender.Text + "<BR>";
        }
        if (radFemale.Checked == True)
        {
            lblInfo.Text += "性别：" + radFemale.Text + "<BR>";
        }
        //获取文本框控件的 Text 值
        lblInfo.Text += "地址：" + txtAddress.Text + "<BR>";
        lblInfo.Text += "备注：" + txtNote.Text + "<BR>";
    }
```

12 获取“外语语种”选项即 RadioButtonList 控件的选项值，并通过循环获取“体育特长”复选框组的选项值，代码添加如下：

```
protected void btnSubmit_Click(object sender, EventArgs e)
    {   //获取文本框控件的 Text 值
        lblInfo.Text = "姓名：" + txtName.Text + "<BR>";
        lblInfo.Text += "学号：" + txtXh.Text + "<BR>";
        lblInfo.Text += "出生年月：" + txtBirthday.Text + "<BR>";
        //获取 CheckBox 是否被选中
        lblInfo.Text += "应届生：" + chkYj.Checked.ToString() + "<BR>";
        lblInfo.Text += "电话：" + txtTel.Text + "<BR>";
        //获取 RadioButton 组 sex 的选择是男或女
        if (radGender.Checked == True)
        {
            lblInfo.Text += "性别：" + radGender.Text + "<BR>";
        }
        if (radFemale.Checked == True)
```

```
        {
            lblInfo.Text += "性别：" + radFemale.Text + "<BR>";
        }
        //获取文本框控件的 Text 值
        lblInfo.Text += "地址：" + txtAddress.Text + "<BR>";
        //直接获取 RadioButtonList 选中项的 Text 值
        lblInfo.Text += "外语：" + radlLanguage.Text + "<BR>";
        //使用字符串保存 CheckBoxList 控件中选中项
        string s = "";
        for (int i = 0; i < chklSport.Items.Count; ++i)
        {
            if (chklSport.Items[i].Selected)
            { s += chklSport.Items[i].Text.ToString() + ","; }
        }
        lblInfo.Text += "体育：" + s + "<BR>";
        lblInfo.Text += "备注：" + txtNote.Text + "<BR>";
    }
```

13 在浏览器中预览页面，效果如图 2.17 所示。

相关知识

1. 选择控件

在 Web 页面应用中，对于一些选择形式固定的内容可以使用选择控件来设计选项，如性别、政治面貌等。用户可以使用 CheckBox（复选框）和 CheckBoxList（复选框组）控件完成复选功能，使用 RadioButton（单选按钮）和 RadioButtonList（单选按钮组）完成单选功能。

（1）CheckBox 和 CheckBoxList

当要求用户进行多项选择时，可以使用 CheckBox 和 CheckBoxList 控件来实现。CheckBox 代表一个复选框，CheckBoxList 代表一个复选框组。CheckBox 控件常用属性、方法和事件说明如表 2.5 所示。

表 2.5　CheckBox 控件常用属性、方法和事件说明

属性/方法/事件	说明
AutoPostBack	当 Checked 属性值发生变化时自动回发，触发 CheckedChanged 事件
TextAlign	用来设置控件中文字的对齐方式，有 9 种选择，从上到下、从左至右分别是 ContentAlignment.TopLeft、ContentAlignment.TopCenter 、 ContentAlignment.TopRight 、 Content- Alignment.MiddleLeft 、ContentAlignment.MiddleCenter 、 ContentAlignment.MiddleRight 、 Content- Alignment.BottomLeft 、ContentAlignment.BottomCenter 和 ContentAlignment.BottomRight。该属性的默认值为 ContentAlignment.MiddleLeft，即文字左对齐、居控件垂直方向中央
ThressState	用来返回或设置复选框是否能表示 3 种状态，属性值为“True”时可以表示 3 种状态：即勾选、未勾选和中间态（CheckState.Checked、CheckState.Unchecked 和 CheckState.Indeterminate）；属性值为“False”时，只能表示两种状态，即勾选和未勾选

续表

属性/方法/事件	说明
Checked	用来设置或返回复选框是否被勾选，值为“True”时，表示复选框被勾选；值为“False”时，表示复选框未被勾选。当 ThreeState 属性值为“True”时，中间态也表示勾选
CheckState	用来设置或返回复选框的状态。在 ThreeState 属性值为“False”时，取值有 CheckState.Checked 或 CheckState.Unchecked。在 ThreeState 属性值被设置为“True”时，CheckState 还可以取值 CheckState.Indeterminate，在此时，复选框显示为浅灰色状态，该状态通常表示该选项下的多个子选项未完全勾选
Hide()方法	对用户隐藏控件
Click 事件	单击组件时触发
CheckedChanged 事件	Checked 属性值改变时触发

例如，在页面中添加一个 CheckBox 控件，设置其 AutoPostBack 属性为“True”，Text 属性为“是否选中”，双击该控件进入 CheckedChanged 事件逻辑代码编辑页面，输入以下代码，可以实现在 CheckBox 勾选状态改变时页面中显示勾选或未勾选的提示，效果如图 2.28 所示。

```
protected void CheckBox1_CheckedChanged(object sender, EventArgs e)
    {
        if (CheckBox1.Checked)
        {
            Response.Write("复选框被选中了！");
        }
        else
        {
            Response.Write("复选框没有被选中了！");
        }
    }
```

图 2.28　CheckBox 的使用

如果选项是超出一项的复选框组，使用 CheckBoxList 控件可以快捷地完成多选项的功能。CheckBoxList 控件的常用属性和事件如表 2.6 所示。

表 2.6 CheckBoxList 控件的常用属性和事件

属性/事件/方法	说明
Items	控件的复选框集合
RepeatColumns	控件的列数
RepeatDirection	选项的排列方向
RepeatLayout	选项的布局方式
SelectedIndex	获取或设置选中项的索引
SelectedItem	获取索引值最小的选中项
SelectedValue	获取索引值最小的选中项的值
DataSource	向控件填入数据的数据源
DataSourceID	数据源控件 ID
DataMember	用于绑定的数据源中的表或视图
DataTextField	数据源中提供选项文本的字段
DataValueField	数据源中提供选项值的字段
SelectIndexChanged 事件	复选框组的选项状态发生改变时触发此事件

例如，某公司需要进行一项用户最喜欢的大城市的调查。参照本任务在新 Web 窗体中添加一个 CheckBoxList 控件，并将其属性 AutoPostBack 设置为“True”，在 ListItem 中添加城市名。双击该控件进入 SelectIndexChanged 事件逻辑代码编辑页面，输入以下代码，可以实现在勾选复选框组的复选框时，即时将勾选的复选框的值显示在页面中，如图 2.29 所示。

```
protected void CheckBoxList1_SelectedIndexChanged(object sender,
EventArgs e)
   {
      string s = "你喜欢的城市有：";
      foreach (ListItem item in CheckBoxList1.Items)
      {
         if (item.Selected)
         {
            S += item.Text + "、";
         }
      }
      Response.Write(s);
   }
```

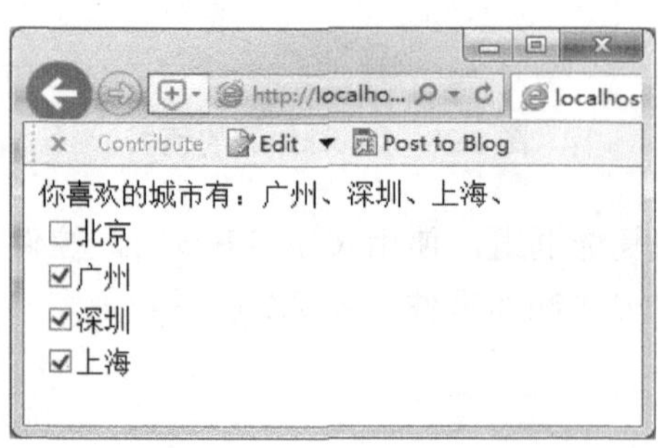

图 2.29 CheckBoxList 的使用

（2）RadioButton 和 RadioButtonList

当需要构建单选项目时，如在本任务中进行性别调查时，要求用户只能选择男或女，可以使用 RadioButton（单选按钮）或 RadioButtonList（单选按钮组）控件来完成。在 RadioButton 的属性中，GroupName 属性尤为重要，当将几个独立的 RadioButton 设置相同的 GroupName 属性时，可以使 RadioButton 组合成一个单选按钮组，实现单选的功能；反之，若不设置此属性，则这几个独立的 RadioButton 均可以同时被点选或取消点选。例如，本任务中性别的两个 RadioButton 均设置了“sex”为它们相同的 GroupName，选择其中一个时（Checked = True），另一个的状态则变为未点选状态（Checked = Fasle）。

如果单选按钮超过两个，则使用 RadioButtonList 会更为方便。RadioButtonList 可以像 CheckBoxList 一样添加 ListItem 作为单选按钮，并且可以直接使用 SelectItem 获取选中项。例如，在页面中添加一个 RadioButtonList，将其 AutoPostBack 属性设置为“True”，并添加“党员”“团员”“群众”“其它”4 个 ListItem。双击该控件进入其 SelectIndexChanged 事件代码编辑视图，编辑代码如下，则可以实现点选单选按钮时，在页面实时显示选中的政治面貌的结果。运行结果如图 2.30 所示。

```
protected void RadioButtonList1_SelectedIndexChanged(object sender,
EventArgs e)
    {
      Response.Write("你的政治面貌是：" + RadioButtonList1.SelectedItem
      .Text);
    }
```

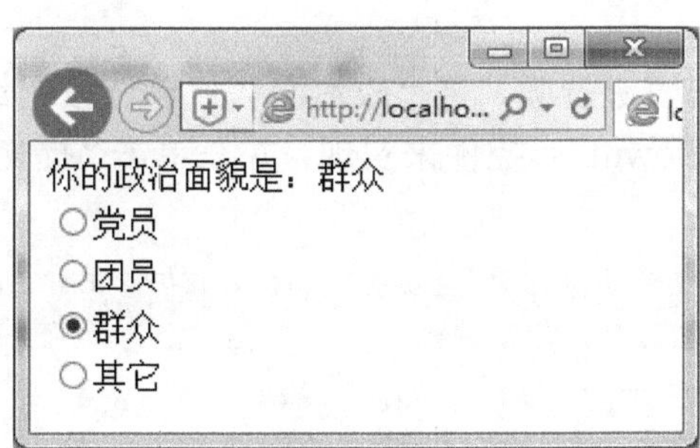

图 2.30　RadioButtonList 的使用

2. 列表控件

列表控件包括 ListBox、DropDownList。在本任务中，可使用列表控件来实现单选功能。

（1）ListBox

ListBox 控件以列表框的形式显示列表项，其主要属性与 CheckBoxList 相似，如表 2.7 所示。

表 2.7 ListBox 控件的常用属性、方法和事件

属性/方法/事件	说明
Items	列表框中所有的项
MultiColumn	列表框是否支持多列显示
SelectedIndex	当前选中项目的索引项，列表框中的每个项都有一个索引号，从 0 开始
SelectedItem	获取当前选中项
SelectedItems	获取当前所有选中项的值
SelectedValue	表示当前选中项的值
Sorted	指定是否支持排序
Text	当前选中项的文本
SelectionMode	设置 ListBox 是否允许多选，其中 Single 值表示只允许用户选择一个选项，Multiple 表示用户可以通过 Ctrl 键或 Shift 键在列表框中选择多个选项
Add()方法	向 ListBox 的项列表添加选项
Insert()方法	将项插入列表框的指定索引处
Clear()方法	从集合中移除所有选项
Remove()方法	从集合中移除指定的对象
RemoveAt()方法	移除集合中指定索引处的选项
SelectedIndexChanged	选择索引发生改变时触发的事件
SelectedValueChanged	选择值发生改变时触发的事件

（2）DropDownList

DropDownList 控件以下拉列表形式显示选项，其基本属性和事件与 ListBox 控件相同，但 DropDownList 不允许多选。

上机练习

制作学生基本信息登记表进阶版，将“政治面貌”单选按钮组和“所学专业”下拉列表用 RadioButtonList 和 DropDownList 控件来实现，并在单击“提交”按钮后分两列显示结果，如图 2.31 所示。

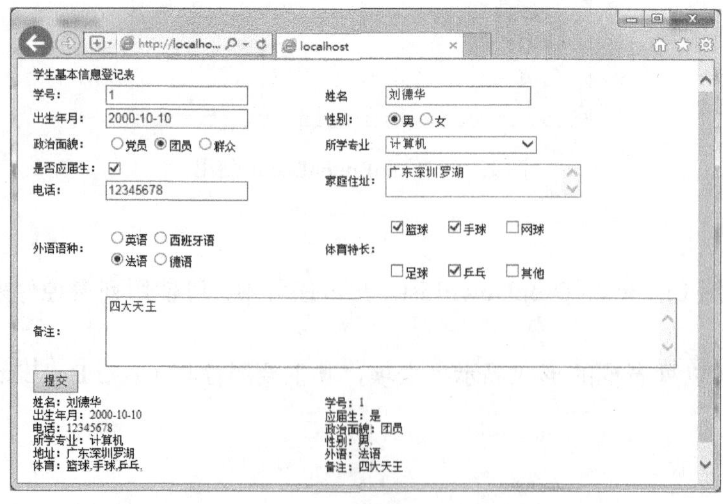

图 2.31 学生基本信息登记表进阶版

任务 4　制作图片上传页面

任务目标

制作图片上传页面，选择文件后在页面中单击“上传图片”按钮，可将大小不超过 1MB 的.jpg、.gif、.jpeg 或.png 图片通过 Web 页面上传保存至服务器，并将其显示在页面上，如图 2.32 所示。在页面中，单击“说明”超链接时，可显示图 2.33 所示的注意事项，单击“关闭”超链接可关闭该注意事项。

图 2.32　显示图片上传

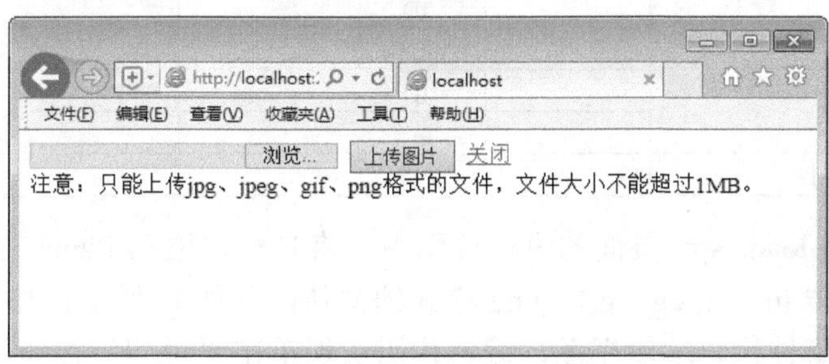

图 2.33　图片上传页面

任务说明

本 Web 页面允许用户通过单击“浏览”按钮从客户端中选择上传文件，当用户选择文件后，首先判断文件大小是否小于 1MB，若小于 1MB，则判断选择的文件扩展名是否符合常用图片格式，即扩展名是否为.jpg、.gif、.jpeg、.png），若符合则在单击“上传图片”按钮后将图片文件保存到服务器的文件夹中，并在页面添加控件用于显示图片；若选择的文件不是以上 4 种类型文件，则页面出现提示信息。

实现步骤

01 新建空网站，并添加新的 Web 窗体“t2_fileUpload.aspx”，进入窗体的设计视图编辑状态。

02 打开工具箱，如图 2.34 所示，在页面中依次添加 FileUpload 控件、Button 控件、LinkButton 控件、Panel 控件、Label 控件和 PlaceHolder 控件。

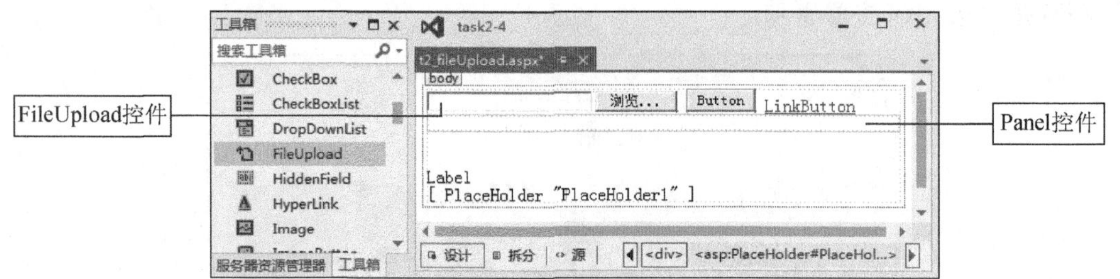

图 2.34 添加控件

03 在“属性”窗口中，为步骤 02 添加的各种控件设置属性，如表 2.8 所示。

表 2.8 属性设置

控件名称	属性	属性值
FileUpload 控件	ID	FileUpload1
Button 控件	ID	btnUpload
	Text	上传图片
LinkButton 控件	ID	lbtnOpentip
	Text	说明
Panel 控件	ID	pnlTip
	Visible	False
Label 控件	ID	lblTip
	Text	
PlaceHolder 控件	ID	plhImg

04 在 t2_fileUpload.aspx 页面的设计视图中，将光标定位到 Panel 控件内，输入提示信息“注意：只能上传 jpg、jpeg、gif、png 格式的文件，文件大小为 1MB”。双击 LinkButton 控件，进入其单击事件代码编辑视图，编辑代码实现单击“说明”按钮，显示 Panel 控件，同时“说明”两字将会变成“关闭”，单击“关闭”超链接则隐藏 Panel 控件，“关闭”两字又将变成“说明”，运行结果如图 2.33 所示。代码如下：

```
protected void lbtnOpentip_Click(object sender, EventArgs e)
  {
   if (lbtnOpentip.Text == "说明")//显示 Panel1
```

```
    {
        lbtnOpentip.Text = "关闭";
        pnlTip.Visible = True;
    }
    else
    {
        lbtnOpentip.Text = "说明";
        pnlTip.Visible = false;
    }
}
```

05 在 t2_fileUpload.aspx 的设计视图中，双击“上传图片”按钮控件进入其单击事件代码编辑视图，编辑代码实现在用户选择了文件的情况下，判断上传控件选择的文件大小，如图 2.35 所示。

```
protected void btnUpload_Click (object sender, EventArgs e)
    {
        string err = "";
        //判断是否选择了文件
        if (FileUpload1.HasFile)
        {
        //获取文件的大小,如果大于 1MB,则终止程序
           int fileSize = FileUpload1.PostedFile.ContentLength;
           if (fileSize>1024*1024)
           {
               err = "文件不能超过 1MB";
               Label1.Text = err;
               return;
           }
         }
         else
         {
           lblTip.Text = "请选择上传的文件!";
         }
    }
```

图 2.35　上传文件大小限制运行结果

提示

在 Web.config 中，对文件大小的限制默认为 4MB，在程序未作出限制的情况下，上传超过 4MB 的文件系统将会报错，当需要使用上传控件上传大文件时，可进入 Web.config 文件修改系统默认的文件上传大小限制。代码如下：

```
<configuration>
<system.web>
    <httpRuntime maxRequestLength="4096" executionTimeout="120"/>
</system.web>
</configuration>
```

其中 maxRequestLength 属性限制文件上传的大小，以 KB 为单位，默认值为 4096KB 即 4MB，而最大上限为 2097151KB，大约是 2GB。executionTimeout 属性限制文件上传的时间，以秒（s）为单位，默认值为 90 s，如果设计的 Web 应用系统上传时间要超过 90 s 可延长设定值。

06 判断上传文件的扩展名，在上一步代码之后继续编辑代码如下：其运行结果如图 2.36 所示。

```
protected void btnUpload_Click(object sender, EventArgs e)
    {
      string err = "";
      if (FileUpload1.HasFile)
      {
        //获取文件的大小,如果大于 1MB,则终止程序
        int fileSize = FileUpload1.PostedFile.ContentLength;
        if (fileSize>1024*1024)
        {
          err = "文件不能超过 1MB";
          lblTip.Text = err;
          return;
        }
        //判断 FileUpload1 中的文件是否图片常用的扩展名：.jpg/.gif/.jpeg
        string ext = System.IO.Path.GetExtension(FileUpload1.FileName);
        if (ext.ToLower()!=".jpg"&& ext.ToLower() != ".gif" && ext.ToLower()!
           = ".jpeg" && ext.ToLower() != ".png")
           {
             err = "文件类型不匹配";
             lblTip.Text = err;
             return;
           }
      }
        else
      {
```

```
        lblTip.Text = "请选择上传的文件!";
      }
  }
```

图 2.36　上传文件类型运行结果

07 在网站文件夹中，新建名为“upload”的文件夹用于保存上传的文件，如果上传的文件符合文件大小和格式的判断，则将该文件保存到 uplaod 文件夹中，并显示在页面中。为实现以上效果，在上一步骤的基础上添加代码如下：

```
protected void btnUpload_Click(object sender, EventArgs e)
    {
        string err = "";
        if (FileUpload1.HasFile)
        {
            //获取文件的大小,如果大于 1MB,则终止程序
            int fileSize = FileUpload1.PostedFile.ContentLength;

            if (fileSize>1024*1024)
            {
                err = "文件不能超过 1MB";
                lblTip.Text = err;
                return;
            }
            //判断 FileUpload1 中的文件是否图片常用的扩展名: .jpg/.gif/.jpeg
            string ext = System.IO.Path.GetExtension(FileUpload1.FileName);
            if (ext.ToLower()!=".jpg"&& ext.ToLower() != ".gif" &&
            ext.ToLower() != ".jpeg" && ext.ToLower() != ".png")
            {
                err = "文件类型不匹配";
                lblTip.Text = err;
                return;
            }
            if (err == "")
            {
                //保存 FileUpload1 中的文件到服务器文件夹中
                //定义保存文件的完整路径和文件名
```

```
                string savefile = Server.MapPath(".") + "\\upload\\" +
                FileUpload1.FileName;
                //以定义的文件名保存文件
                FileUpload1.SaveAs(savefile);
                lblTip.Text = "文件上传成功!";
                //新建 img 对象并将其添加到 PlaceHolder1 中
                //声明一个 img 对象 img
                Image img = new Image();
                //设置 img 的图片路径
                img.ImageUrl = HttpContext.Current.Request .ApplicationPath
                + "\\upload\\" + FileUpload1.FileName;
                img.Width = 600;
                img.Height = 400;
                //在 PlaceHolder1 控件中添加 img 对象
                plhImg.Controls.Add(img);
            }
        }
        else
        {
            lblTip.Text = "请选择上传的文件!";
        }
    }
```

提示

上传文件保存的位置和文件名都可以根据需要自定义。如需要保存文件到网站根目录下的 images 文件夹则将代码“string savefile = Server.MapPath(".") + "\\upload\\" + FileUpload1.FileName;”替换为“string savefile = Server.MapPath(".") + "\\images\\" + FileUpload1.FileName;”。

08 在浏览器中预览页面，单击“浏览”按钮，在客户端选择一张小于 1MB 的图片后单击“上传图片”按钮，如图 2.32 所示。

相关知识

1. Server 对象

Server 对象是 ASP.NET 的内置对象，可以在程序直接引用。它的常用方法如表 2.9 所示。

表 2.9　Server 对象的常用方法

方法	说明
CreateObject	创建服务器组件的实例
HTMLEncode	将 HTML 编码应用到指定的字符串
MapPath	将指定的虚拟路径，无论是当前服务器上的绝对路径，还是当前页的相对路径，映射为物理路径
URLEncode	将 URL 编码规则，包括转义字符，应用到字符串

例如，在本任务中，采用 Server.MapPath(".")将当前页的相对路径映射物理路径为服务器路径。Server.MapPath()方法参数的应用如下。

假设当前的网站目录为“D:\wwwroot”，应用程序虚拟目录为“D:\wwwroot\aspnet”，浏览的页面路径为“D:\wwwroot\aspnet\news”下面的一个.aspx 页面。在该页面中使用：

```
Server.MapPath("")    //返回当前页面所在的物理文件路径：D:\wwwroot\aspnet\news
Server.MapPath("/")   //返回应用程序根目录所在的物理文件路径：D:\wwwroot
Server.MapPath("./")  //返回当前页面所在的物理文件路径：D:\wwwroot\aspnet\news
Server.MapPath("../") //返回当前页面所在的上一级的物理文件路径：D:\wwwroot\aspnet
Server.MapPath("~/")  //返回应用程序的虚拟目录（路径）：D:\wwwroot\aspnet
Server.MapPath("~")   //返回应用程序的虚拟目录（路径）：D:\wwwroot\aspnet
```

若需要使用应用文件夹中的相对路径，则可使用 HttpContext.Current.Request.Application。

2. 本任务中使用的控件

（1）FileUpload 上传控件

在 Web 应用中，用户经常需要从客户端往服务器端发送文件，ASP.NET 提供了 FileUpload 文件上传控件实现这种功能。文件上传控件由一个可以输入文件名的文本框和“浏览”按钮组成，用户可以通过单击“浏览”按钮，在弹出的对话框中选择要上传的文件，也可以直接在文本框中输入要上传的完整文件名。FileUpload 上传控件的主要属性如表 2.10 所示。

表 2.10　FileUpload 上传控件的主要属性

属性	说明
HasFile	控件中是否包含文件（True 或 False）
FileName	控件中所包含的文件名
PostedFile	获取控件中文件的引用
FileContent	获取控件中文件的流对象

FileUpload 上传控件主要通过代码设置获取运行属性。通过 PostedFile 属性，可以获取上传属性，它的常用属性如表 2.11 所示。

表 2.11　PostedFile 的常用属性

属性	说明
ContentLength	获取文件大小
ContentType	获取文件类型
FileName	获取文件名

（2）Panel 控件

Panel 控件是一种容器，可以放置页面的静态内容，如不变的文本或控件等。Panel 控件适用于如下几种情况。

1）分组行为：通过将一组控件放入 Panel 控件，可以将这组控件作为一个单元进行管理。例如，可以通过设置 Panel 面板的 Visible 属性来隐藏或显示该面板中的一组控件。

2）动态控件生成：可在运行时方便地创建的一组控件。

3）外观：Panel 控件支持 BackColor 和 BorderWidth 等外观属性，可以通过设置这些属性来为页面上的局部区域创建独特的外观。

（3）PlaceHolder 控件

将 PlaceHolder 控件放置到页面内，可以在运行时动态添加、移除或依次通过子元素。该控件只呈现其子元素，不具有自己的基于 HTML 的输出。

Panel 控件和 PlaceHolder 控件的区别在于：Panel 控制有输出客户端脚本，而 Placeholder 控件仅仅在服务器端起分组的作用。在页面中的控件已进行分组的情况下，客户端的脚本需要对分组进行简单的显示、隐藏、改变颜色等操作，应该使用 Panel 控件，否则应该使用 Placeholder 控件。本任务中，说明文字只是需要进行简单的显示和隐藏，所以使用 Panel 控件；而在页面下方需要动态添加刚上传的图片文件，所以使用 PlaceHolder 控件。

（4）Image 控件

Image 控件用于接收图片路径并以定义好的宽、高显示图片。Image 控件的常用属性如表 2.12 所示。

表 2.12　Image 控件的常用属性

属性	描述
AlternateText	图形的替代文本
DescriptionUrl	对图像进行详细描述的位置
GenerateEmptyAlternateText	规定该控件是否创建一个作为替代文本的空字符串
ImageAlign	规定图像的排列方式
ImageUrl	要使用的图像的 URL
runat	规定该控件是服务器控件，必须设置为“server”

3. System.IO.Path 类

System.IO.Path 类为路径的操作封装了很多有用的东西，利用该类提供的方法能够快速处理路径操作的问题。它的常用方法如表 2.13 所示。

表 2.13　System.IO.Path 类的常用方法

方法	说明
ChangeExtension	更改路径字符串的扩展名
Combine	合并两个路径字符串
GetDirectoryName	返回指定路径字符串的目录信息
GetExtension	返回指定的路径字符串的扩展名
GetFileName	返回指定路径字符串的文件名和扩展名
GetFileNameWithoutExtension	返回不具有扩展名的指定路径字符串的文件名
GetFullPath	返回指定路径字符串的绝对路径
GetInvalidFileNameChars	获取包含不允许在文件名中使用的字符的数组
GetInvalidPathChars	获取包含不允许在路径名中使用的字符的数组

续表

方法	说明
GetPathRoot	获取指定路径的根目录信息
GetRandomFileName	返回随机文件夹名或文件名
GetTempFileName	创建磁盘上唯一命名的零字节的临时文件并返回该文件的完整路径
GetTempPath	返回当前系统的临时文件夹的路径
HasExtension	确定路径是否包括文件扩展名
IsPathRooted	获取一个值，该值指示指定的路径字符串是否包含根

上机练习

制作图片上传进阶版，要求如下：

1）输入用户名和密码，当用户名为“abc”且密码为“123”时，显示浏览上传文件页面进行文件上传，如图 2.37 所示。

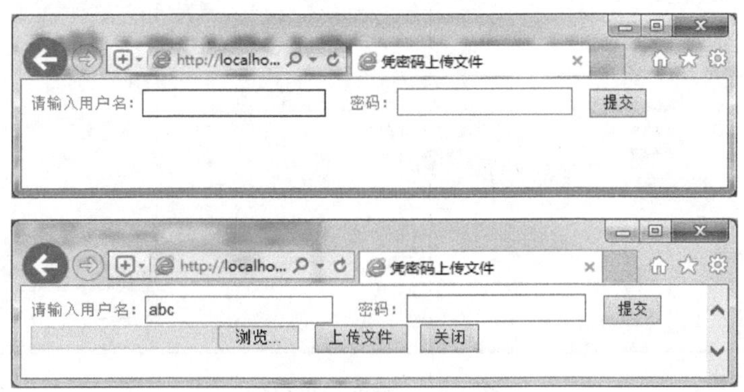

图 2.37　上传文件页面

2）密码不能为明文。输错密码或用户名时弹出提示信息，并清空输入的用户名，如图 2.38 所示。

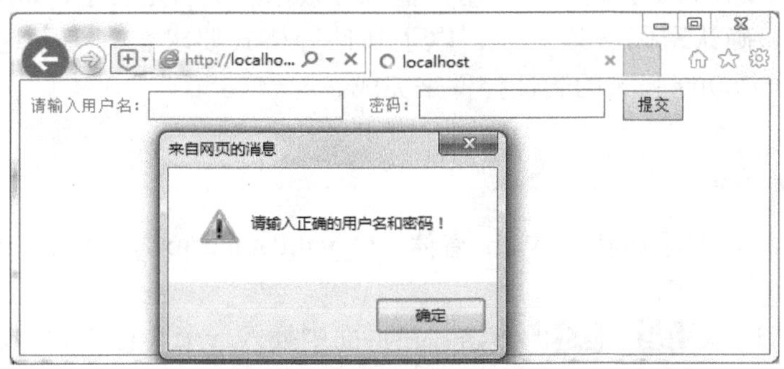

图 2.38　用户名密码错误时提示并清空文本框

3）上传文件仅限于图片文件，类型不正确或文件大小超过 1MB 时应有提示。

4）单击“关闭”按钮可隐藏浏览上传文件页面，注意文件大小、文件类型不正确时的提示此时应清空。

任务 5　制作用户注册验证页面

任务目标

制作用户注册验证页面，使用 ASP.NET 提供的验证控件实现对用户注册时信息输入的合理性进行客户端的验证。当用户在所有文本框内输入信息时，输入的信息必须全部符合验证要求才可以通过“提交”按钮提交页面，并跳转到验证结果页面，如图 2.39 所示。若用户需要清除输入的信息，可通过单击注册页面的“清除”按钮实现。

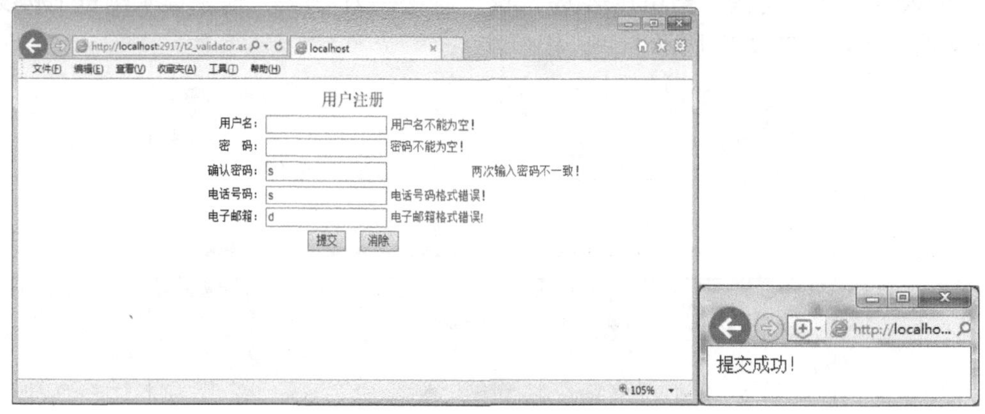

图 2.39　验证结果页面

任务说明

Web 页面在接受用户数据时，希望用户输入的数据满足一定要求，如用户注册时必须输入用户名、密码和确认密码必须一致、电子邮件等格式要求正确等。这些需求可以使用 ASP.NET 提供的一组功能强大的验证控件来完成。

实现步骤

01 新建空网站，并添加新的 Web 窗体“t2_validator.aspx”，进入窗体的设计视图编辑状态。

02 按照任务 3 步骤 **02**、**03** 的方法，在页面中插入一个 7 行 2 列的表格，设置表格的宽度为“600 px”，并将第一行和最后一行的两个单元格合并。

03 如图 2.40 所示，在对应单元格中添加文本和控件，并设置文本对齐方式及字体大小。TextBox 控件的 ID 从上到下分别设置为 txtName、txtPwd、txtPwdconfirm、txtTel、txtEmail，Button 控件的 ID 分别设置为 btnSubmit、btnClear，Text 属性分别设置为“提交”“消除”。

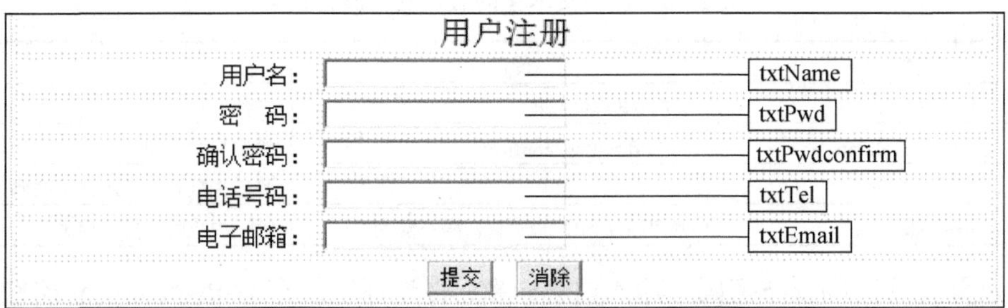

图 2.40　文本框控件添加

04 为实现“消除”按钮功能，在该按钮控件的属性窗口中，将 OnClientClick 属性设置为“reset()”。

05 设置用户名为必填项：将光标定位在 txtName 控件之后，打开工具箱的验证栏，双击 RequiredFieldValidator 在页面中添加该控件，如图 2.41 所示。在“属性”窗口中，设置该验证控件的属性，属性设置如表 2.14 所示。

图 2.41　添加 RequiredFieldValidator 控件

表 2.14　RequiredFieldValidator 属性设置

属性	设置值	说明
ID	valrName	控件 ID
ControlToValidate	txtName	指定待验证控件
ForeColor	Red	验证失败时的提示信息的颜色
ErrorMessage	用户名不能为空！	验证失败时的提示信息

06 设置密码框为必填项：将光标定位在 txtPwd 控件之后，打开工具箱的验证栏，在页面中添加两个 RequiredFieldValidator 控件。在“属性”窗口中，设置该验证控件的属性，属性设置如表 2.15 所示。

表 2.15　密码文本框的验证控件属性设置

属性	设置值	说明
ID	valrPwd/valdPwd	控件 ID
ControlToValidate	txtPwd/txtPwd confirm	指定待验证控件
ForeColor	Red	验证失败时的提示信息的颜色
ErrorMessage	密码不能为空！/确认密码不能为空	验证失败时的提示信息

07 设置确认密码框与密码框输入内容一致：将光标定位在 txtPwdconfirm 控件之后，打开工具箱的验证栏，在页面中添加 CompareValidator 控件。在“属性”窗口中，设置该验证控件的属性，属性设置如表 2.16 所示。

表 2.16　确认密码验证控件属性设置

属性	设置值	说明
ID	valcPwd	控件 ID
ControlToValidate	txtPwdconfirm	指定待验证控件
ControlToCompare	txtPwd	指定参与对照的控件
ForeColor	Red	验证失败时的提示信息的颜色
ErrorMessage	两次输入密码不一致！	验证失败时的提示信息

08 设置验证电话号码是否合法：将光标定位在 txtTel 控件之后，打开工具箱的验证栏，在页面中添加 RegularExpressionValidator 控件。在“属性”窗口中，设置该验证控件的属性，属性设置如表 2.17 所示。注意，在“属性”窗口中设置 ValidationExpression 属性时，在该属性设置框右边单击[...]按钮，在弹出的“正则表达式编辑器”对话框（图 2.42）中选择需要的标准正则表达式，这里选择“中华人民共和国电话号码”。

表 2.17　电话号码验证控件属性设置

属性	设置值	说明
ID	valeTel	控件 ID
ControlToValidate	txtTel	指定待验证控件
ValidationExpression	中华人民共和国电话号码	验证规则正则表达式
ForeColor	Red	验证失败时的提示信息的颜色
ErrorMessage	电话号码格式错误！	验证失败时的提示信息

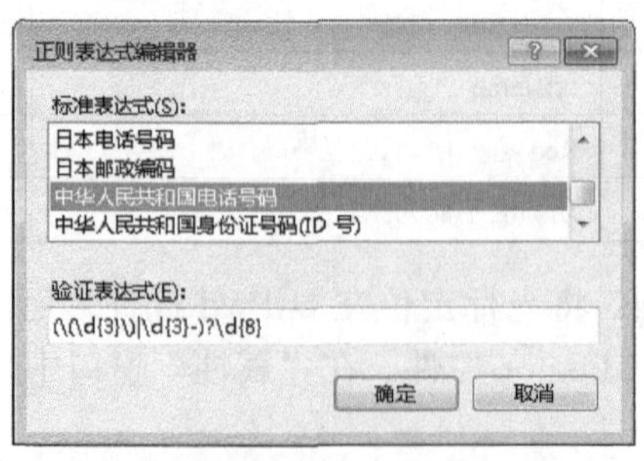

图 2.42　“正则表达式编辑器”对话框

提示

ValidationExpression 属性的正则表达式也可自行输入。

09 参照步骤 **08**，为电子邮箱输入框添加 RegularExpressionValidator 控件验证电子邮箱格式，该控件属性设置如表 2.18 所示。

表 2.18　电子邮件验证控件属性设置

属性	设置值	说明
ID	valeEmail	控件 ID
ControlToValidate	txtEmail	指定待验证控件
ValidationExpression	Internet 电子邮件地址	验证规则正则表达式
ForeColor	Red	验证失败时的提示信息的颜色
ErrorMessage	电子邮箱格式错误!	验证失败时的提示信息

10 此时在浏览器中预览页面将显示错误，如图 2.43 所示。

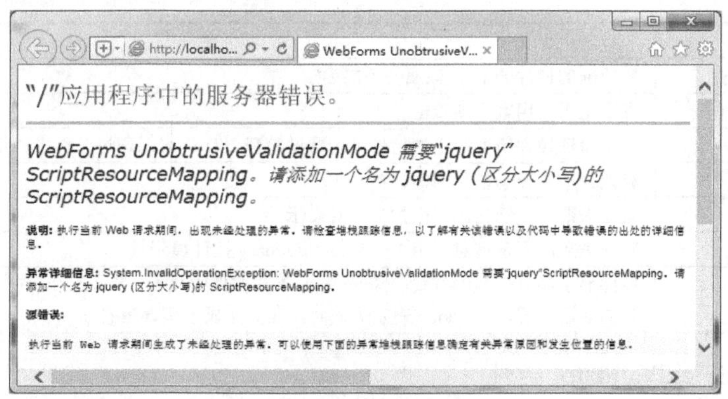

图 2.43　错误提示

11 为了避免上一错误，在网站根目录中添加“ASP.NET 文件夹”→“Bin”文件夹，在 http://www.zhaodll.com/网站中下载 Aspnet.scriptmanager.jquery.dll 程序集文件并将其添加到“Bin”文件夹内。

12 在网站根目录中添加新的 Web 窗体“t2_redirect.aspx”，在该页面添加文字“提交成功”，作为在 t2_validator.aspx 页面正确填写信息后的跳转页面。

13 在 t2_validator.aspx 页面的设计视图中双击“提交”按钮进入逻辑代码编辑页面，添加如下代码，若所有验证都通过，则跳转到 t2_redirect.aspx 页面。代码如下：

```
protected void btnSubmit_Click(object sender, EventArgs e)
    {
      if (valrName.IsValid && valrPwd.IsValid && valdPwd.IsValid&&
      valcPwd.IsValid && valeTel.IsValid && valeEmail.IsValid)
        {
```

```
            Response.Redirect("t2_redirect.aspx");
        }
    }
```

14 在浏览器中预览页面，效果如图 2.40 所示。

相关知识

Web 页面在接受用户数据时，希望用户输入的数据满足一定的要求，如在注册页面中，要求用户必须输入用户名、确认密码与密码一致、电话号码或电子邮箱等正确格式等，可使用验证控件。ASP.NET 提供了 6 种验证控件，当单击该页面中的 Submit 按钮，且该按钮的 CausesValidation 属性为“True”时（按钮控件该属性默认为 True），可以验证用户输入的数据是否有效，如果数据无效，可以提供相关提示信息。如果页面中的所有验证控件都验证成功，该页面的 Page 对象的 IsValid 属性为“True”，否则为“False”。这些验证控件有一些通用属性，如表 2.19 所示。

表 2.19　验证控件通用属性

属性	说明
ControlToValidate	要验证的控件的 ID，该属性不能为空
EnableClientScript	表示是否启用客户端验证
IsValid	表示验证控件所要验证的控件是否通过验证，True 表示通过
ForeColor	验证失败时提示信息的前景色
Text	验证失败时提示信息，由控件本身显示
ErrorMessage	验证失败时提示信息，由 ValidationSummary 控件显示
Display	控件显示错误信息的方式。None 表示不在控件中显示，Static 表示在页面中表态保留错误信息的显示位置，Dynamic 表示失败时，在页面显示错误信息

（1）RequiredFieldValidator 控件

RequiredFieldValidator 控件又称为必填验证控件，即与 RequiredFieldValidator 控件关联的控件的值在默认设置下必须填写。RequiredFieldValidator 控件除了通用属性之外，还有一个比较重要的属性：InitialValue。默认情况下这个属性的值是 String.Empty，即当关联的控件为空时，不能通过验证。若修改 InitialValue 属性的值，可以实现当关联控件的值与 InitialValue 属性的值一致时不能通过验证，因此 RequiredFieldValidator 控件除了可以用来验证文本框外，也支持其他控件的验证。例如，在 DropDownList 控件中添加了一个默认选项“请选择”，将 RequiredFieldValidator 控件的 InitialValue 属性值设置为“请选择”，此时，一旦用户没有改变 DropDownList 控件的选中值，而停留在其默认值“请选择”时，就不能通过验证，从而实现 DropDownList 必选的功能。

（2）CompareValidator 控件

CompareValidator 控件又称为比较验证控件，用来验证两个控件的值或控件与某个值之间的关系，除了通用属性之外，CompareValidator 控件还定义了表 2.20 所示的属性。

表 2.20　CompareValidator 控件属性设置

属性	说明
ControlToCompare	要与所验证的输入控件进行比较的输入控件的 ID
Operator	要执行的比较操作
Type	对控件的值按照哪种方式进行比较，默认为 String
ValueToCompare	设置要与所验证的控件的值进行比较的值

因为在输入控件中可以输入货币、浮点数、整数及字符串等，为了更精确地比较验证，需要设置控件的 Type 属性值，以确定按照什么类型的值进行验证。Type 属性可以进行验证的类型如表 2.21 所示。

表 2.21　Type 属性可以进行验证的类型

属性值	说明
Currency	按货币类型比较，小数点后最多两位数字
Date	按日期类型比较（不带时分秒）
Double	按浮点数类型比较
Integer	按整数类型比较
String	按字符串类型比较

在进行验证的时候还可以指定两个值之间满足什么关系时不能通过验证，这个关系可以通过设置 Operator 属性来指示，该属性的值可以设置为“<”“<=”“!=”“=”“>”及“>=”。

当不是将两个控件的值进行比较，而是将所验证的控件的值与某个指定的值进行比较时，可以不设置 ControlToCompare 属性的值而设置 ValueToCompare 属性的值，验证的时候将用 ValueToCompare 属性的值与所验证的控件的值按照 Type 属性指定的类型和 Operator 属性定义的比较操作来进行验证。需要注意的是，ControlToCompare 属性和 ValueToCompare 属性不能同时设置，如果同时设置了这两个属性，则 ValueToCompare 属性优先。

CompareValidator 控件多用于确保用户在注册时两次输入的密码一致，以及判断在某些场合下有一定先后顺序的日期数据，如某个事件的开始日期和结束日期。

（3）RangeValidator 控件

RangeValidator 控件又称为范围验证控件，也就是只有当用户填写的非空数据不在指定的范围之间时不能通过验证。除了通用属性之外，它还具有表 2.22 所示的常见属性。

表 2.22　进行验证的类型

属性	说明
MaximumValue	允许的最大值
MinimumValue	允许的最小值
Operator	要执行的比较操作
Type	对控件的值按照哪种方式进行比较，默认为 String

（4）RegularExpressionValidator 控件

RegularExpressionValidator 控件的功能是利用正则表达式来验证其他控件的值。除了具有通用属性之外，还具有一个常见属性：ValidationExpression，用来设置用于匹配所要验证控件的值的正则表达式。

正则表达式语言由两种基本字符类型组成：原义（正常）文本字符和元字符。元字符使正则表达式具有处理能力，表 2.23 所示是一些常见的正则表达式元字符。

表 2.23 正则表达式元字符

元字符	说明
.	匹配除 \n 以外的任何字符
[abcde]	匹配 abcde 之中的任意一个字符
[a-h]	匹配 a~h 的任意一个字符
[^fgh]	不与 fgh 之中的任意一个字符匹配
\w	匹配大小写英文字符及数字 0~9 的任意一个，相当于[a-zA-Z0-9]
\W	不匹配大小写英文字符及数字 0~9 的任意一个，相当于[^a-zA-Z0-9]
\s	匹配任何空白字符，相当于[\f\n\r\t\v]
\S	匹配任何非空白字符，相当于[^\s]
\d	匹配任何 0~9 的单个数字，相当于[0-9]
\D	不匹配任何 0~9 的单个数字，相当于[^0-9]

上面的元字符都是针对单个字符匹配的，要想同时匹配多个字符，还需要借助限定符。表 2.24 所示是一些常见的限定符（表 2.24 中 n 和 m 都是表示整数）。

表 2.24 正则表达式限定符

限定符	说明
*	匹配 0 到多个元字符，相当于{0,}
?	匹配 0 到 1 个元字符，相当于{0,1}
{n}	匹配 n 个元字符
{n,}	匹配至少 n 个元字符
{n,m}	匹配 n～m 个元字符
+	匹配至少 1 个元字符，相当于{1,}
^	字符串必须以指定的字符开始
$	字符串必须以指定的字符结束

由于在正则表达式中“\”“?”“*”等字符已经具有一定特殊意义，如果需要用它们的原始意义，则要进行转义，如需实现在字符串中至少匹配一个“\”，那么正则表达式应写成“\\+”。

正则表达式也可以将多个元字符或原义文本字符用括号括起来形成一个新的元字符，如^(13)[0-9]\d{8}$表示任意以 13 开头的手机号码。

（5）CustomValidator 控件

在对用户输入的数据有特别要求时，可以使用 CustomValidator 控件。该控件可以使用客户端进行验证，即用客户端脚本语言定义验证函数，通过 ClientValidationFunction 属性指定客户端函数名称，这里不再赘述。

（6）ValidationSummary 控件

ValidationSummary 控件不对用户输入的数据进行验证，用于统一页面中所有验证控件的错误信息。ValidationSummary 主要属性如表 2.25 所示。

表 2.25　ValidationSummary 主要属性

属性	说明
DisplayMode	错误信息的显示格式。BulletList 以项目符号列表的方式显示错误信息；List 以列表方式显示错误信息；SingleParagragh 以单个段落显示错误信息，默认值是 BulletList
HeaderText	控件的标题文本
ShowMessageBox	是否在消息框中显示错误信息
ShowSummary	是否在页面中显示错误信息

上机练习

设计一个学生志愿填写页面，如图 2.44 所示，并将验证结果显示在新的页面。具体要求如下：

1）姓名为必填项。

2）学号为 8 位数，且为必填项。

3）三科成绩范围为 0~100。

图 2.44　学生志愿填写页面

4）判断第一志愿、第二志愿、第三志愿不能重复。

5）学生志愿填写页面提交成功后跳转到新页面，且显示当前时间，在新页面中单击“返回”按钮可以返回志愿填写页面，新页面如图 2.45 所示。

图 2.45　正确验证后跳转页面

6）单击“清空”按钮清空用户输入的内容。

数据库标准操作实例

情景故事

小华了解到所谓动态网页与静态网页，最主要的区别是动态网页与数据库有数据交互功能。在上网了解常用数据库软件之后，小华决定选择入门级的数据库 Access 作为学习 Web 页面数据库标准操作的软件。

案例说明

ASP.NET 提供了用于数据库操作的多种控件，熟悉连接数据库的标准操作和这些控件的使用方法可以使开发 Web 页面与数据库的数据交换变得简单。目前常用的数据库有 Access、MySQL、SQLServer、Oracle，其中 Access 和 MySQL 是较小型的数据库，SQLServer 和 Oracle 是大型数据库。本书将选用对于入门者来说使用最直观的 Access 2010 作为数据库，进行 Web 页面开发。

能力目标

1. 掌握 Access 数据库的基本操作。
2. 掌握 ASP.NET 访问数据库的方法。
3. 掌握常用数据控件的使用方法。
4. 掌握使用类简化数据访问代码的编写。

技能准备　创建 Access 数据库和表

准备目标

创建一个用于工资管理系统的 Access 数据库，在数据库中添加数据表，设计表中字段和数据类型，并为数据表填充数据。

准备说明

Microsoft Access 2010 的特点在于使用简便，对 Access 数据库文件可以如对普通文件一样进行移动、命名、保存和删除等操作。

实现步骤

01 安装了 Office 2010 后，在 D:\aspnet 文件夹中右击，在弹出的快捷菜单中选择“新建”→“Microsoft Access 数据库”命令，如图 3.1 所示，即可在该文件夹中创建 Access 数据库。创建完成后，右击刚创建的数据库，在弹出的快捷菜单中选择“重命名”命令，将数据库命名为“db.accdb”。

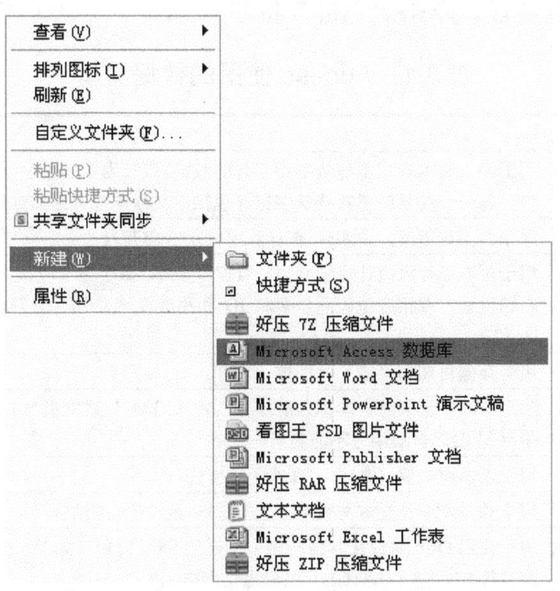

图 3.1　新建 Access 文件

02 双击打开 db.accdb，选择“创建”→“表设计”命令，进入表的设计视图，如图 3.2 所示。

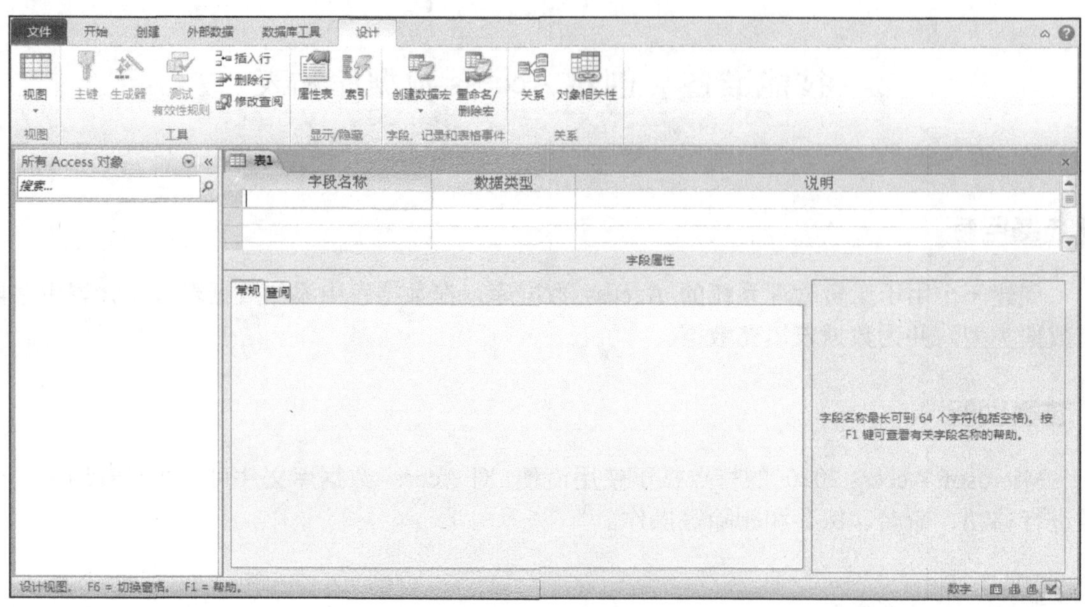

图 3.2 Access 表设计视图

03 在表的设计器中依次添加数据表需要的字段（列）和相应数据类型并设置主键。Access 使用的数据类型有 10 种，如表 3.1 所示。本步骤中将根据工资管理系统的设计需要添加工资表的字段及数据类型，表结构设计如图 3.3 所示。该表主键字段为 ID，其设置方法为在设计视图中选中 ID 字段，单击“主键”按钮。

表 3.1 Access 使用的数据类型

数据类型	说明
文本型（Text）	用于输入文本或文本与数字相结合的数据，最长为 255 个字符(字节)，默认值是 50。在 Access 中，每一个汉字和所有特殊字符（包括中文标点符号）都算作一个字符
货币型（Currency）	用来存储货币值，占 8B，在计算中禁止四舍五入
数字型（Number）	用于可以进行数值计算的数据，但货币除外。数字型字段按字段大小分字节、整型、长整型、单精度型、双精度型、同步复制 ID 和小数 7 种情形，分别占 1B、2B、4B、4B、8B、16B 和 12B
日期/时间型（Date/Time）	用于存储日期和（或）时间值，占 8B
自动编号型（AutoNumber）	用于在添加记录时自动插入的序号（每次递增 1 或随机数），默认是长整型，也可以改为同步复制 ID。自动编号不能更新
是/否型（Yes/No）	用于表示逻辑值（是/否，真/假），占 1B
备注型（Memo）	用于长文本或长文本与数字（大于 255 个字符）的结合，最长为 65535 个字符
OLE 对象型（OLE Object）	用于使用 OLE 协议在其他程序中创建的 OLE 对象（如 Word 文档、Excel 电子表格、图片、声音等），最多存储 1GB（受磁盘空间限制）
超链接型（Hyper Link）	用于存放超链接地址，最多存储 64000 个字符
查阅向导型（Lockup Wizard）	让用户通过组合框或列表框选择来自其他表或值列表的值，实际的字段类型和长度取决于数据的来源

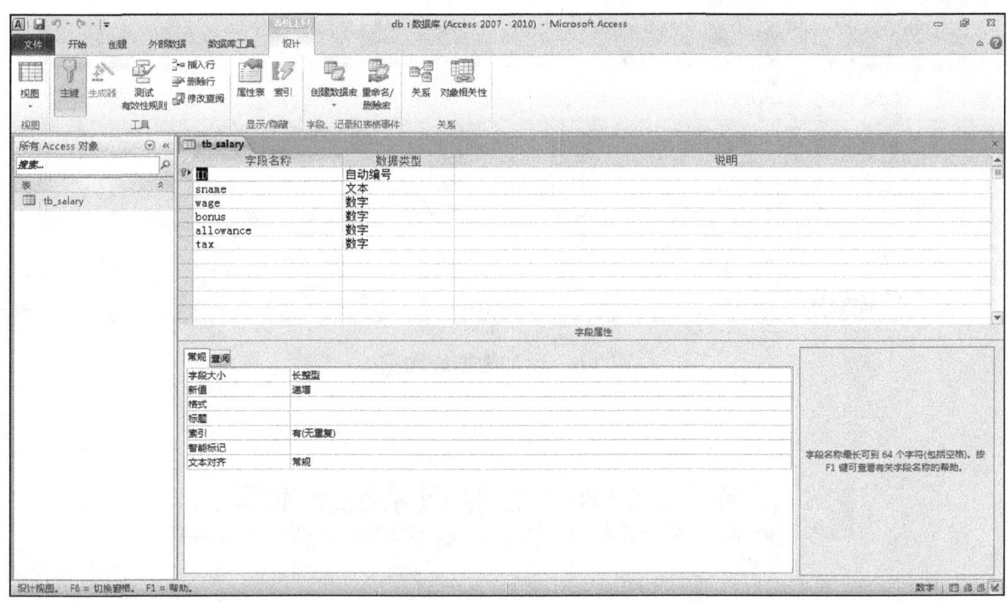

图 3.3　表结构设计

提示

数据表的主键设置有 3 个标准，即①数据库表必须有唯一标示一条记录的字段；②表中所有字段必须和主键有关系；③表中所有字段只和主键有关系。一般设置不重复的自动编号字段为主键。

04 单击“保存”按钮或使用 Ctrl+S 组合键，弹出“另存为”对话框，将表命名为“tb_salary”并单击“确定”按钮保存表设计，如图 3.4 所示。

05 在表设计视图中选择“视图”→“数据表视图”命令，进入数据编辑视图，如图 3.5 所示，在这种模式下可以对数据表的数据直接添加、删除、更改操作。添加图 3.6 所示的表记录，工资管理系统的数据库创建完成。

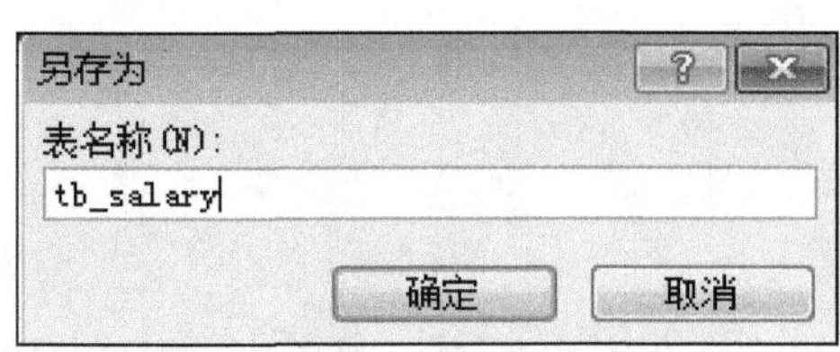

图 3.4　保存表设计并命名表

图 3.5　选择“数据表视图”命令

ID	sname	wage	bonus	allowance	tax	添加新字段
1	白美女	5000	800	600	0	
2	李吉男	2500	700	400	0	
3	王九	4100	1500	200	0	
4	刘三妹	1700	2000	300	0	
5	李玉和	2350	600	200	0	
6	郭建光	2300	680	600	0	
7	李铁梅	4550	900	850	0	
8	小苏	1800	800	550	0	
9	刘芙蓉	500	400	300	0	
(新建)						

图 3.6 添加数据表数据

任务 1 制作工资管理系统基本版

任务目标

在 Web 页面里实现将数据库中工资表数据以表格的形式显示在页面中，这些数据在表格中可以实现排序、分页显示；在表格中提供对数据库记录编辑更新、删除等功能，如图 3.7 所示。

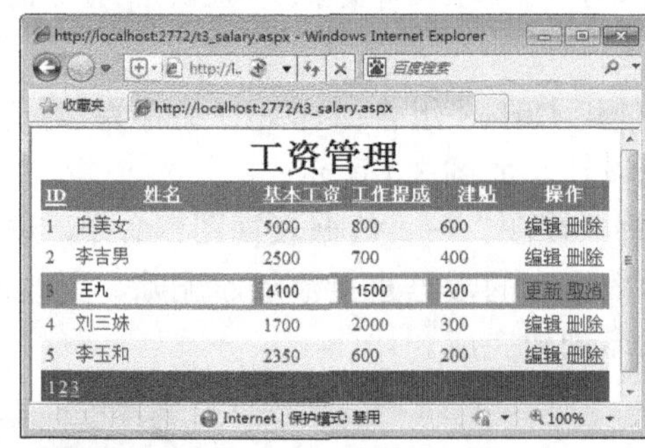

图 3.7 工资管理页面

任务说明

在本任务中，通过 GridView 数据控件将数据库中有关数据显示在页面中，并且完成对数据库源数据表的显示、编辑、删除数据等操作。

实现步骤

01 新建空网站，命名为“task3-1”。

02 在“解决方案资源管理器”窗口中，右击 task3-1，在弹出的快捷菜单中选择“添加”→“添加 ASP.NET 文件夹”→“App_Data”命令，新建 App_Data 文件夹，如图 3.8 所示。

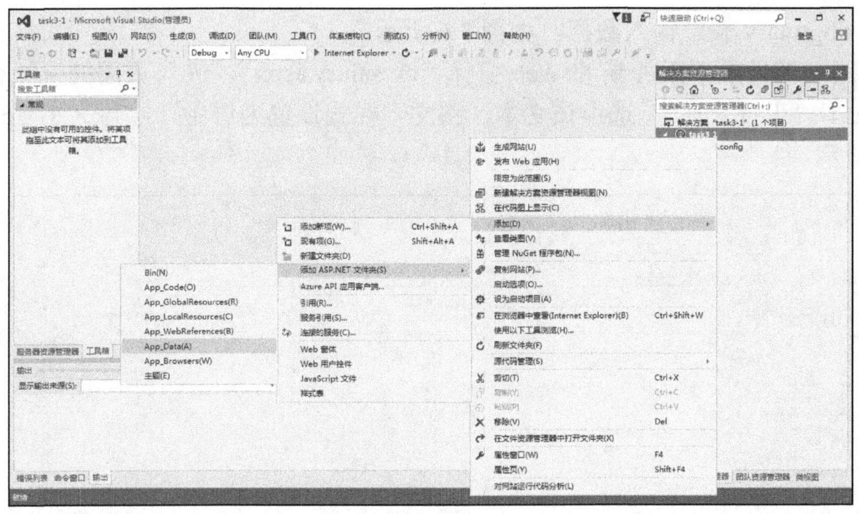

图 3.8　新建 App_Data 文件夹

03 右击 App_Data 文件夹，在弹出的快捷菜单中选择“在文件资源管理器中打开文件夹”命令，在打开的文件夹中新建 Access 数据库文件并命名为“db.accdb”，如图 3.9 所示。

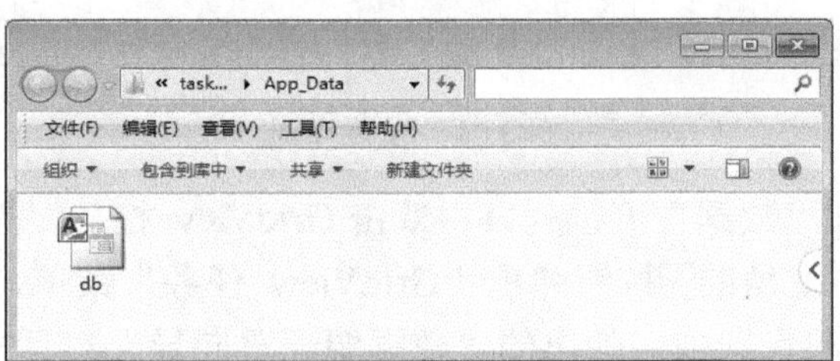

图 3.9　新建 db.accdb 文件

04 双击打开 db.accdb 数据库，添加数据表 tb_salary，该表的数据结构如图 3.10 所示。

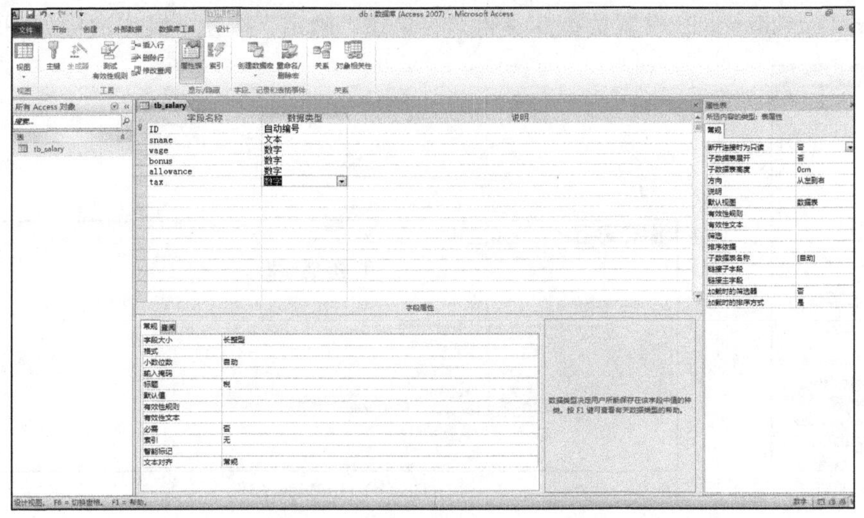

图 3.10　tb_salary 表的数据结构

05 在 db_salary 表中输入数据，如图 3.6 所示。

06 在网站根目录下添加新的 Web 窗体“t3_salary.aspx”，进入页面的设计视图，在页面中添加文本“工资管理”。选中该文本，将文本样式设置为居中，字体大小 36pt、加粗，如图 3.11 所示。

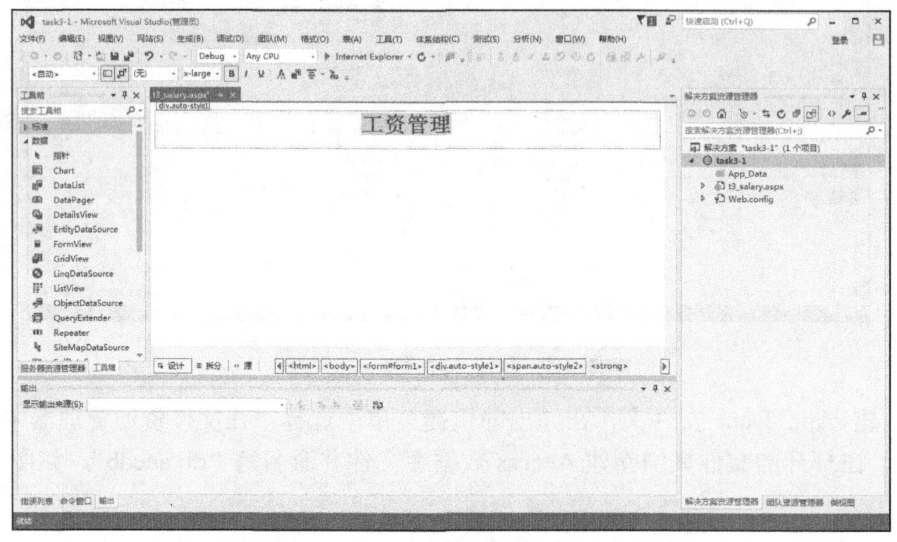

图 3.11　设置样式

07 打开工具箱，在“数据”下拉列表中双击 GridView 控件，添加该控件到页面。选中 GridView 控件，单击右上角的按钮弹出“GridView 任务”菜单，在“选择数据源”下拉列表中选择“新建数据源”选项，弹出的“数据源配置向导”对话框，选择“SQL 数据库”选项，单击“确定”按钮，如图 3.12 和图 3.13 所示。

08 在弹出的“配置数据源”对话框中单击“新建连接”按钮，弹出“添加连接”对话框，选择数据源“Microsoft Access 数据库文件(OLE DB)”，单击“浏览”按钮选择网站根目录下的 App_Data\db.accdb 设置数据库文件名，单击“确定”按钮，操作过程如图 3.14 所示。

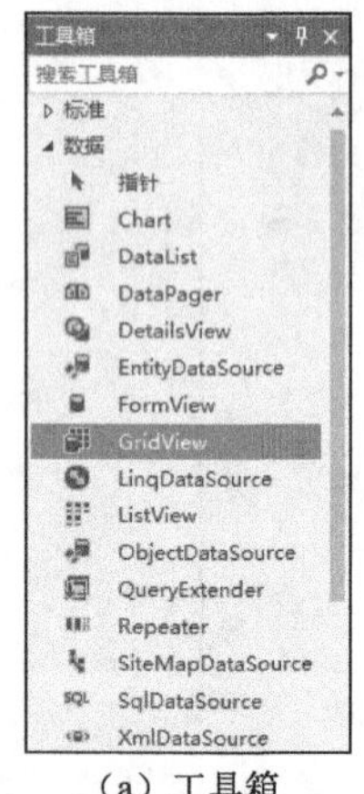

（a）工具箱

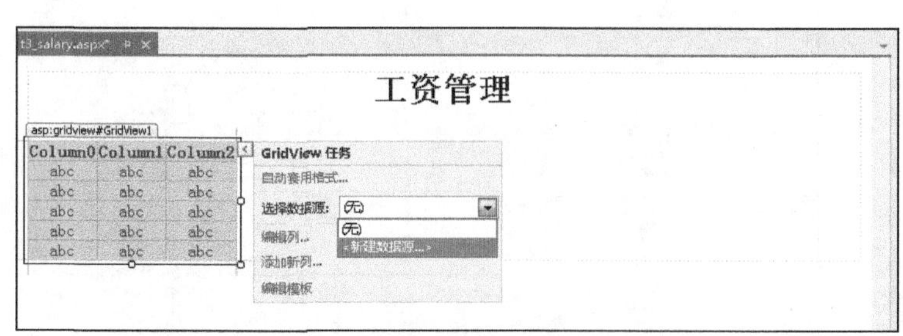

（b）GridView 控件

图 3.12　GridView 控件新建数据源

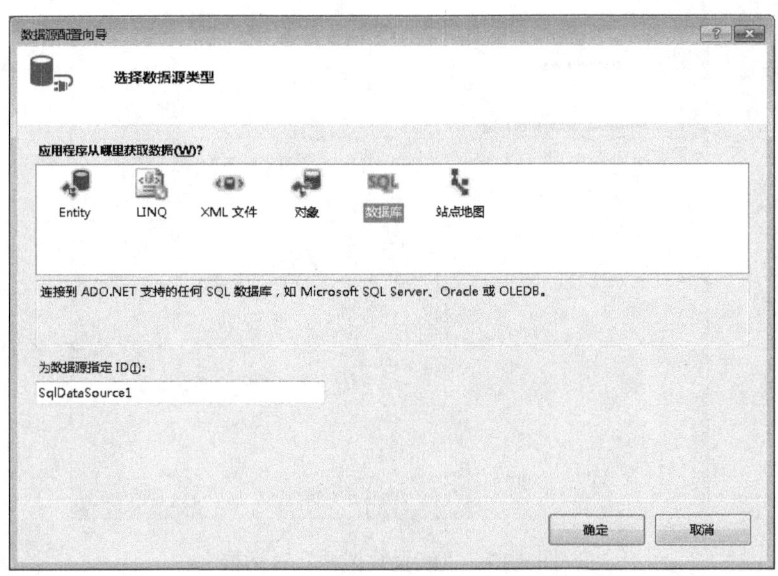

图 3.13　“数据配置向导”对话框

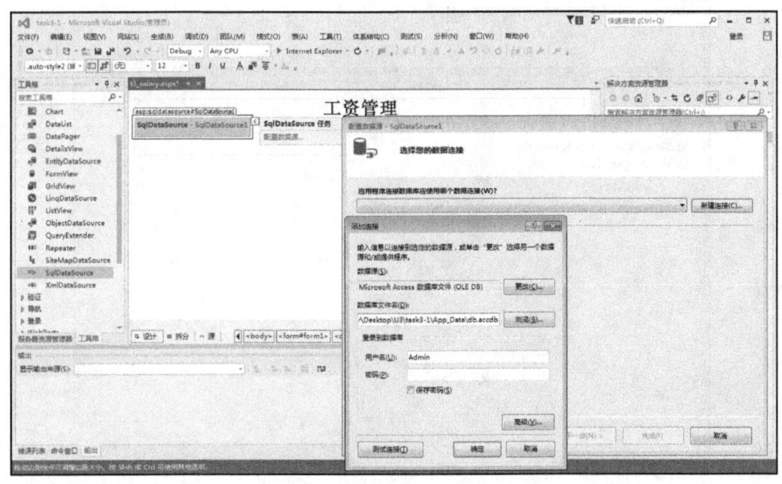

图 3.14　选择数据源和数据库文件的操作过程

提示

在 Visual Studio 2015 中首次使用数据控件连接数据源时，单击“新建连接”按钮时将先弹出“选择数据源”对话框，在该对话框中选择数据源“Microsoft Access 数据库文件”后单击“继续”按钮，方能弹出“添加连接”对话框，此时在“添加连接”对话框中，数据源将默认显示“Microsoft Access 数据库文件 (OLE DB)”。

09 在“配置数据源”对话框“选择您的数据连接”界面中单击“下一步”按钮，在打开的“将连接字符串保存到应用程序配置文件中”界面勾选“是，将此连接另存为”复选框，此步骤将会在 Web.config 配置文件中保存此数据源的连接，如图 3.15 和图 3.16 所示。

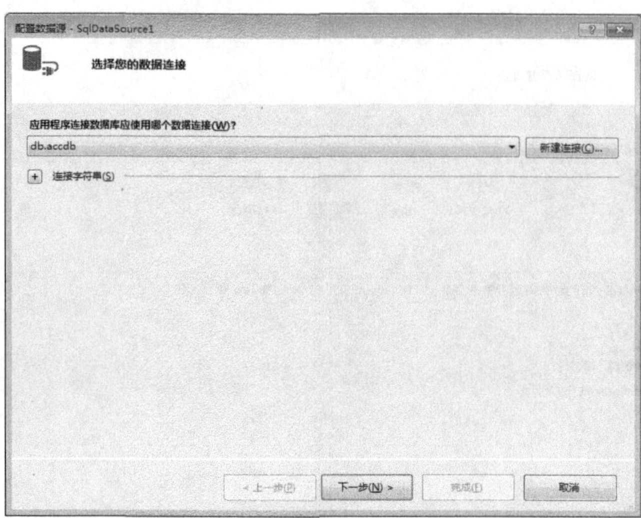

图 3.15 “配置数据源”对话框

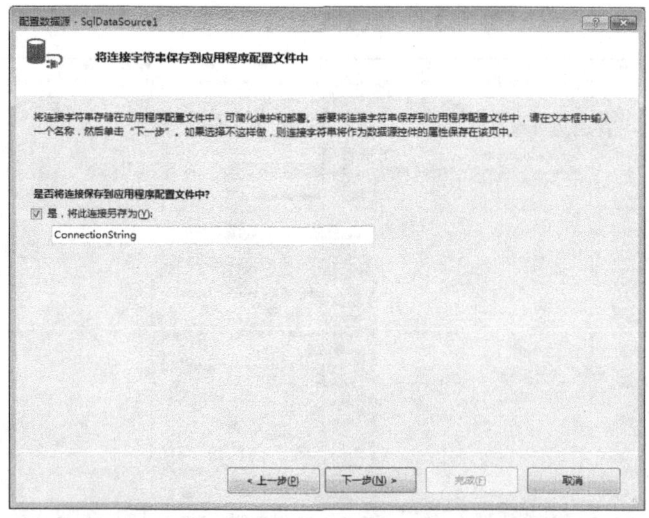

图 3.16 保存连接到 Web.config 文件

提示

此对话框中勾选“是，将此连接另存为”复选框后，完成数据连接时会在 Web.config 配置文件中添加如下代码。此代码以 XML 形式保存连接字符串，在需要时可以使用 ConfigurationManager 类调用。

```
<connectionStrings>
<add name="ConnectionString" connectionString="Provider=Microsoft.ACE
.OLEDB.12.0;
Data Source=|DataDirectory|\db.accdb" providerName="System.Data.OleDb" />
</connectionStrings>
```

10 单击“下一步”按钮，在打开的“配置 Select 语句”界面中，点选“指定来自表或视图的列”单选按钮，在“列”复选框组中可以勾选需要的字段，本任务勾选“ID”“sname”“wage”“bonus”“allowance”复选框。单击“高级”按钮，弹出“高级 SQL 生成选项”对话框，勾选“生成 INSERT、UPDATE 和 DELETE 语句”复选框后单击“确定”按钮，如图 3.17 所示。

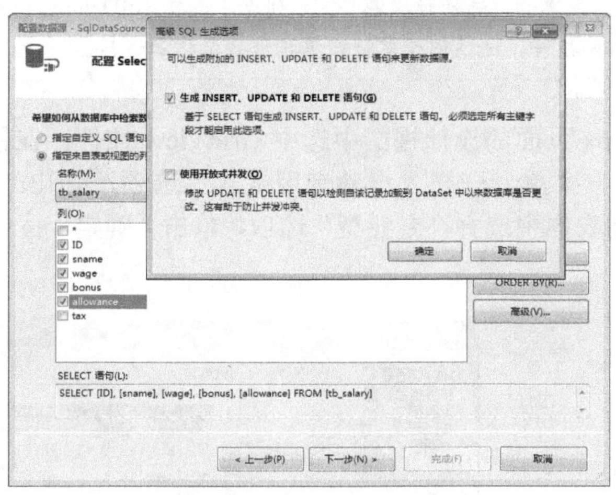

图 3.17　选择需要显示的列

提示

只有勾选“生成 INSERT、UPDATE 和 DELETE 语句”复选框后，GridView 控件方可支持自带“编辑”“删除”功能。

11 单击“下一步”按钮，在打开的“测试查询”界面单击“测试查询”按钮测试连接，如图 3.18 所示，测试连接无误后单击“完成”按钮，结束 GridView 控件的数据源配置，完成配置后的 GridView 控件如图 3.19 所示，此时将在页面中新增 SqlDataSource 控件。

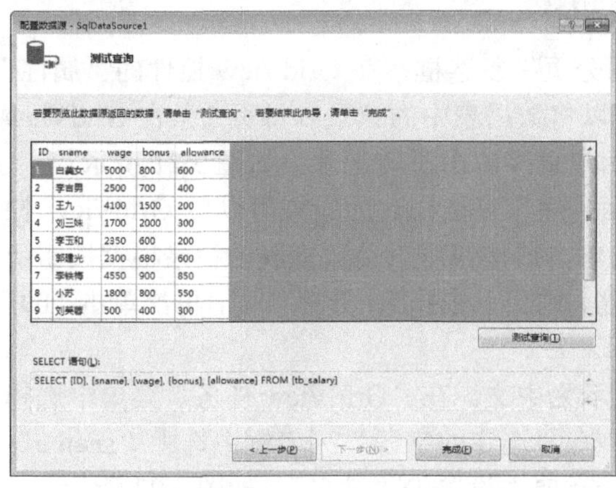

图 3.18　测试查询结果

图 3.19　完成配置后的 GridView 控件

提示

在为 GridView 控件配置数据源时，也可先在页面中添加工具箱数据栏中的 SqlDataSource 控件，选中该控件后单击右上角的▷按钮，弹出“SqlDataSource 任务”菜单，选择“配置数据源”选项，在弹出的“配置数据源”对话框中按步骤配置数据源，配置过程与 GridView 控件配置数据源过程相似，最后在“GridView 任务”菜单的“选择数据源”下拉列表中选择 SqlDataSource 控件新建的数据源。该方法不仅适用于 GridView 控件，还适用于其他数据控件的数据源连接。

12 在 t3_salary.aspx 页面的设计视图中选中 GridView 控件，在控件右上角单击▷按钮弹出“GridView 任务”菜单，选择“自动套用格式”选项，弹出“自动套用格式”对话框，在“选择架构”列表框中选择“专业型”选项，单击“确定”按钮应用格式，如图 3.20 所示。

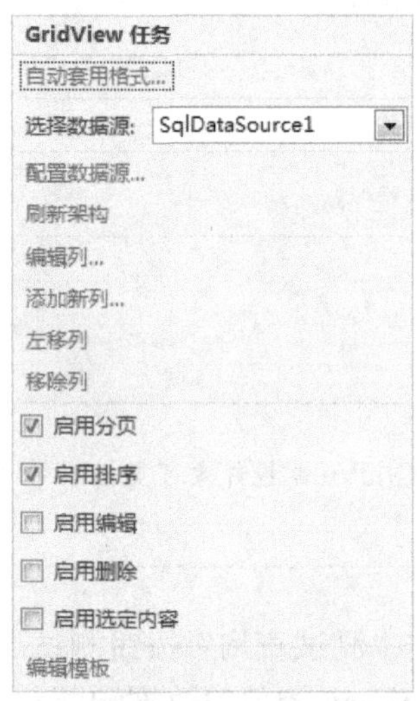

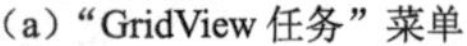
(a)“GridView 任务”菜单

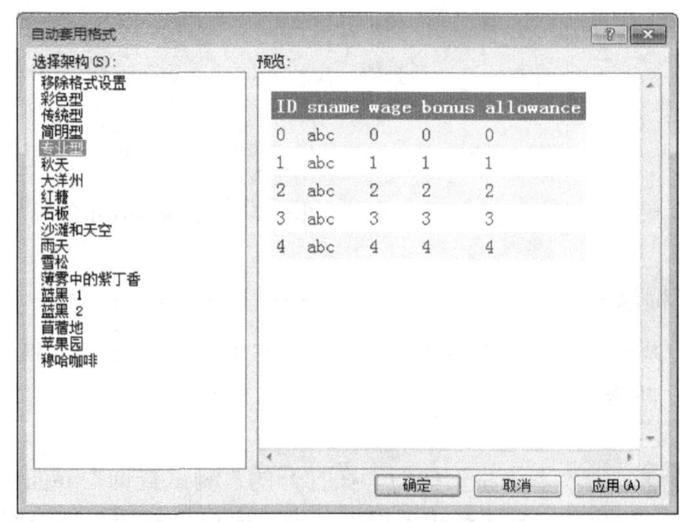

(b)“自动套用格式”对话框

图 3.20 套用格式

13 在“GridView 任务”菜单中勾选“启用分页”复选框，在 GridView 控件的“属性”窗口，将其 PageSize 属性值设置为“5”。此设置可以将数据表中的记录以每页 5 条在 GridView 控件中显示，并且在控件下方显示页码，以供用户直接单击跳转记录，如图 3.21 所示。

14 在“GridView 任务”菜单中勾选“启用排序”复选框。此设置可以使 GridView 控件中显示的第一行表头标题文本变成文本按钮，单击该按钮可以使数据表的记录根据按钮所在列的值排序。如此时预览页面，单击“ID”按钮，则记录根据 ID 升序排序；再次单击“ID”按钮，则记录根据 ID 降序排序，如图 3.22 所示。

15 为了方便阅读，需要将页面表头标题显示为中文。在“GridView 任务”菜单中选择“编辑列”选项，此时将弹出 “字段”对话框，在“选定的字段”列表框中选中“sname”选项，将“BoundField 属性”选项组中 HeaderText 属性设置为“姓名”，如图 3.23 所示。

图 3.21　设置启用分页和每页记录数

图 3.22　设置排序后单击 ID 按钮的降序结果

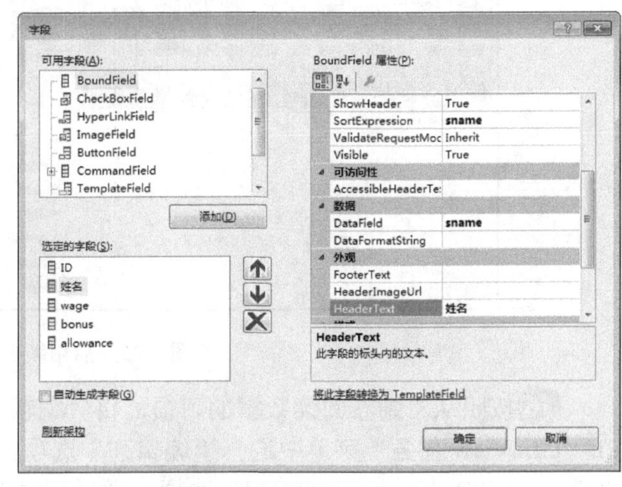

图 3.23　设置 HeaderText 属性

16 参照步骤 15 将 wage、bonus、allowance 字段的 HeaderText 属性分别设置为“基本工资”“工作提成”“津贴”，结果如图 3.24 所示，单击“确定”按钮返回页面的设计视图。

17 为了实现在页面中对数据库记录的修改和删除操作，在“GridView 控件任务”菜单中勾选“启用编辑”和“启用删除”复选框，如图 3.25 所示，此时在 GridView 控件的最左列将显示包含“编辑”和“删除”超链接的列。

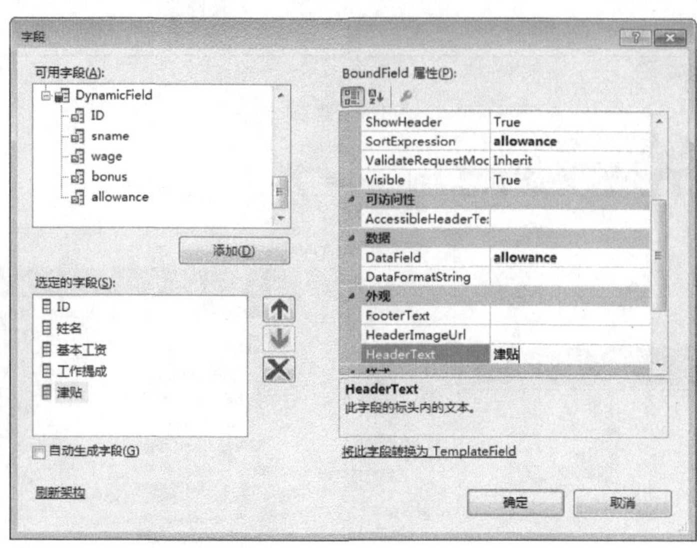

图 3.24　设置 HeaderText 属性后显示结果

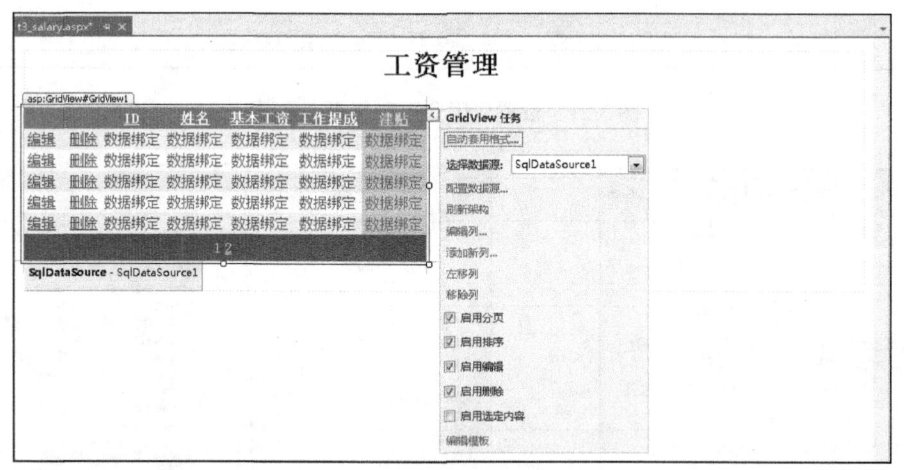

图 3.25　启用编辑和删除

18 按照从左到右阅读数据的习惯，将“编辑”和“删除”超链接移动到控件最右侧。在“GridView 任务”菜单中选择“编辑列”选项，弹出“字段”对话框。在“选定的字段”列表框中选择“CommandField”选项，通过列表右侧的向下箭头按钮将该字段移动到列表最下方，并将其 HeaderText 属性设置为“操作”，如图 3.26 所示，单击“确定”按钮返回页面的设计视图。

19 在浏览器中预览页面，在页面的表中单击某行的“编辑”超链接，该行记录显示为可编辑文本框，该行数据进入编辑状态，此时“编辑”超链接和“删除”超链接变为“更新”超链接和“取消”超链接，如图 3.27 所示。若需要修改记录则直接在文本框中输入新值，单击“更新”超链接可完成修改记录；若此时不需要修改记录，则单击“取消”超链接，返回默认数据表状态，如图 3.28 所示。

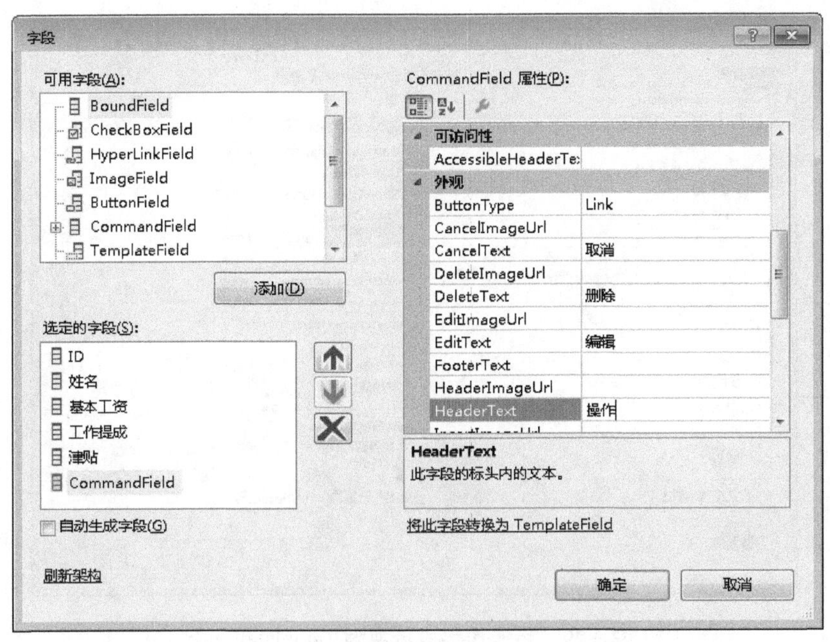

图 3.26　编辑列

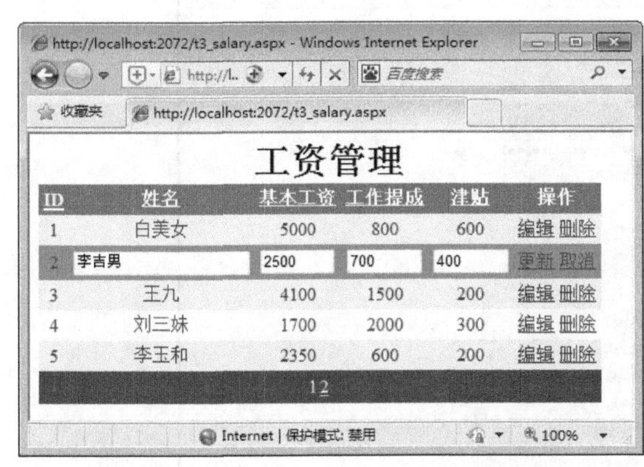

图 3.27　单击“编辑”按钮后效果

图 3.28　默认页面视图

20 为了避免用户的误操作，在删除之前可设置弹出提示对话框。为了对“删除”超链接进行操作设置，需要将操作列更改为能够编辑的 TemplateField。在“GridView 任务”菜单中选择“编辑列”选项，弹出“字段”对话框，在“选定的字段”列表框中选择“操作”选项，单击“将此字段转换为 TemplateField”超链接，如图 3.29 所示，最后单击“确定”按钮返回页面的设计视图。

21 经过步骤 20 后，操作列可作为模板被编辑。在“GridView 任务”菜单中单击“编辑模板”超链接，进入模板的编辑模式，选择“显示”下拉列表“Column[5]-操作”选项组“ItemTemplate”选项，如图 3.30 所示。

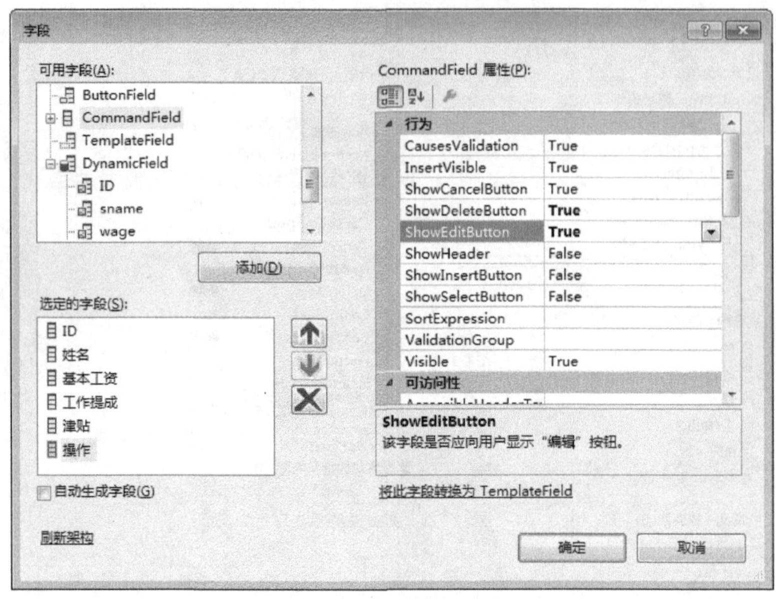

图 3.29　将操作字段转换为 TemplateField

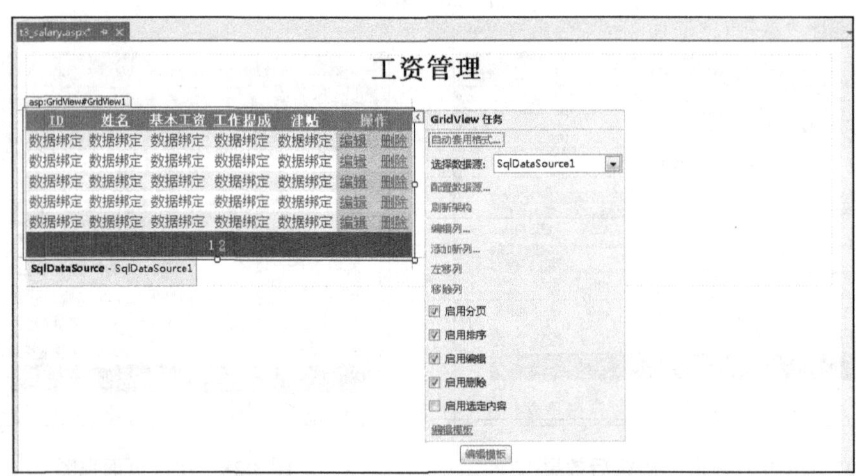

（a）“编辑模板”超链接

（b）选择要编辑的模板

图 3.30　模板编辑模式

22 在 GridView 控件的 ItemTemplate 模板内单击“删除”超链接，打开其“属性”窗口，在 OnClientClick 属性框中输入 Java Script 代码“return confirm('确认删除？')”，然后在“GridView 任务”菜单中选择“结束模板编辑”选项。此时预览页面，单击“删除”超链接后弹出提示对话框，在提示对话框中单击“取消”按钮不执行删除操作，单击“确认”按钮执行删除操作，如图 3.31 所示。

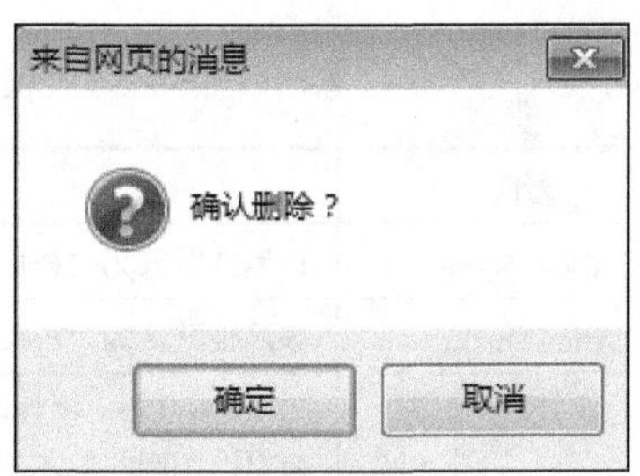

图 3.31　删除提示框

相关知识

1. SqlDataSource 控件

通过 SqlDataSource 控件，可以使用 Web 服务器控件访问位于关系数据库中的数据，包括 Microsoft SQL Server、Oracle 数据库及 OLE DB 和 ODBC 数据源。开发人员可以将 SqlDataSource 控件与数据绑定控件（如 GridView、FormView 和 DetailsView 控件等）一起使用，用极少代码，甚至不用代码在 ASP.NET 网页上显示和操作数据。

SqlDataSource 控件的常用属性如表 3.2 所示。

表 3.2　SqlDataSource 控件的常用属性

属性	说明
ConnectionString	获取或设置特定于 ADO.NET 提供程序的连接字符串
ProviderName	获取或设置.NET Framework 数据提供程序的名称，使用该提供程序来连接基础数据源。如果不进行设定，默认的为 Microsoft SQL Server 的 ADO.NET 提供程序的名称。可以设定的值有“System.Data.SqlClient”“System.Data.OleDb”“System.Data.Odbc”“System.Data.OracleClient”
SelectCommand、InsertCommand、UpdateCommand、DeleteCommand	执行 4 个 SQL 语句的 Command 及相应的 CommandType，4 个属性都是 String 类，可以提供 SQL 语句及存储过程名称
DataSourceMode	可以改变数据源模型有“DataReader”“DataSet”，默认是 DataSet。相比 DataSet，DataReader 可以更快速，但是，只有 DataSet 提供了缓存、过滤、分页和排序功能

SqlDataSource 的数据源配置与本任务中 GridView 数据源配置相似，此处不再赘述。

2. GridView 控件

GridView 控件是一个功能强大的控件，可以使用数据绑定技术，在数据初始化时绑定一个数据源，从而显示数据。除了显示数据之外，还可以实现编辑、删除、排序和分页等功能，而这些功能的实现可以只写很少的代码甚至完全不写代码。

GridView 控件的常用属性如表 3.3 所示。

表 3.3　GridView 控件的常用属性

属性	说明
AllowPaging	该属性默认为“False”，即不启用分页功能，若要允许分页，则将该属性值改为“True”
AllowSorting	该属性默认为“False”，即不启用排序功能，若要允许排序，则将该属性值改为“True”
DataKeys	当对 GridView 控件数据进行排序、编辑、修改时一定要设置 DataKeys 属性为数据表的关键字段的字段名，否则获取不了数据行的键值
EditIndex	获取 GridView 控件中要编辑的行的索引，在修改行数据时用
PageIndex	当对 GridView 控件中的数据进行排序时，利用 PageIndex 属性获取显示数据页的索引
Rows	获取 GridView 控件中数据行的 GridViewRow 对象的集合
DataSource	GridView 控件必须通过其 DataSource 属性绑定数据源，否则它将无法在页面上呈现出来

在使用 DataSource 属性时应注意，GridView 控件的典型数据源为 DataSet 和 DataReader。在绑定数据源时，可以使用工具箱中提供的数据源，如 SqlDataSource 控件提供的 DataSet 或 DataReader 类型数据源，也可以使用代码绑定到数据源。使用代码进行数据绑定时，可以为 GridView 控件整体指定一个数据源。在 GridView 控件的显示中，网格为数据源中的记录，每条记录显示一行；默认情况下，GridView 控件为数据源中的每个字段生成一个绑定列，也可以根据需要选取数据源中的某些字段生成网格中的列。

GridView 控件的常用方法如表 3.4 所示。

表 3.4　GridView 控件的常用方法

方法名	说明
DataBind()方法	将得到的数据源绑定到 GridView 控件
FindControl()方法	使用该方法可以获取绑定在模板中的控件

当页面运行时，程序代码必须调用控件的 DataBind()方法以加载带有数据的网格。如果数据被更新了，则需要再次调用该方法以刷新网格。GridView 控件中的数据绑定是单向的，即数据绑定是只读的。如果要使用网格并允许用户编辑数据，则必须创建自己的程序代码来更新该数据源，更新之后，再次将数据绑定到该数据源。在程序中具体使用 DataBind()方法的语句如下：

```
GridView1.DataBind();
```

在 GridView 控件中，可通过将已经生成的列转换为模板列实现自定义列的布局：在“GridView 任务”菜单中选择“编辑列”选项，弹出“字段”对话框，在“选定的字段”列表框中，选中需要转换为模板列的字段，单击“将此字段转换为 TemplateField”超链接后，单击“确定”按钮，将可将对应字段转换为模板列；在“GridView 任务”菜单中，单击“编辑模板”超链接，进入模板编辑模式，选择要编辑的模板即可自定义模板列的布局。模板列有 5 个模板，如表 3.5 所示。

表 3.5　模板列的 5 个模板

属性	描述
ItemTemplate	定义该行的默认内容和外观
AlternatingItemTemplate	定义交替行的内容和外观
EditItemTemplate	定义当前正在编辑的行的内容和外观
HeaderTemplate	标题部分显示的内容
FooterTemplate	脚注部分显示的内容

上机练习

制作学生成绩管理系统成绩查看页面，具体要求如下：

1）创建 Access 数据库，新建成绩数据表，成绩表数据的结构如表 3.6 所示，并在表中输入数据。

表 3.6　成绩表数据结构

字段名	字段类型	字段说明	备注
ID	自动编号		
学号	文本	学号	
姓名	文本	姓名	
语文	文本	语文成绩	
数学	文本	数学成绩	
英语	文本	英语成绩	

2）如图 3.32 所示，制作成绩查看页面：使用 GridView 控件显示成绩数据表的记录，要求单击“删除”超链接时弹出提示对话框。

图 3.32　学生成绩管理页面

任务 2　制作工资管理系统进阶版

任务目标

本任务将在本单元任务 1 的基础上，实现为数据库中工资表添加新记录的功能，运行结果如图 3.33 所示。

图 3.33　运行结果

任务说明

本单元任务 1 的工资管理系统基础版中使用了 GridView 控件绑定数据源，实现数据表的显示、编辑、删除、排序、分页等功能，但 GridView 控件并没有直接提供添加记录的功能。本任务将利用 ADO.NET 对象实现获取用户在文本框中输入的数据并将其写入数据库的添加记录功能。

实现步骤

01 使用 Visual Studio 2015 打开本单元任务 1 完成的网站后，进入 t3_salary.aspx 文件的设计视图。在标题“工资管理”之后按两次 Enter 键换行，如图 3.34 所示，添加文本、文本框控件和按钮控件，文本框 ID 依次设置为 txtSname、txtWage、txtBonus、txtAllowance，按钮 ID 设置为 btnAddrecord、Text 属性设置为“添加”。为了页面美观，将 GridView 控件的 Width 属性设置为“900px”，文本大小设置为“18pt”。

t3_salary.aspx.cs　t3_salary.aspx*

工资管理

SqlDataSource - SqlDataSource1

姓名　基本工资　工作提成　津贴　添加

ID	姓名	基本工资	工作提成	津贴	操作	
数据绑定	数据绑定	数据绑定	数据绑定	数据绑定	编辑	删除
数据绑定	数据绑定	数据绑定	数据绑定	数据绑定	编辑	删除
数据绑定	数据绑定	数据绑定	数据绑定	数据绑定	编辑	删除
数据绑定	数据绑定	数据绑定	数据绑定	数据绑定	编辑	删除
数据绑定	数据绑定	数据绑定	数据绑定	数据绑定	编辑	删除
1 2						

图 3.34　控件添加后的设计视图

02 双击 t3_salary.aspx.cs 进入其代码编辑视图，在页首代码段的后面引入命名空间，输入“using System.Data;”“using System.Data.OleDb;”“using System.Configuration;”，如图 3.35 所示。

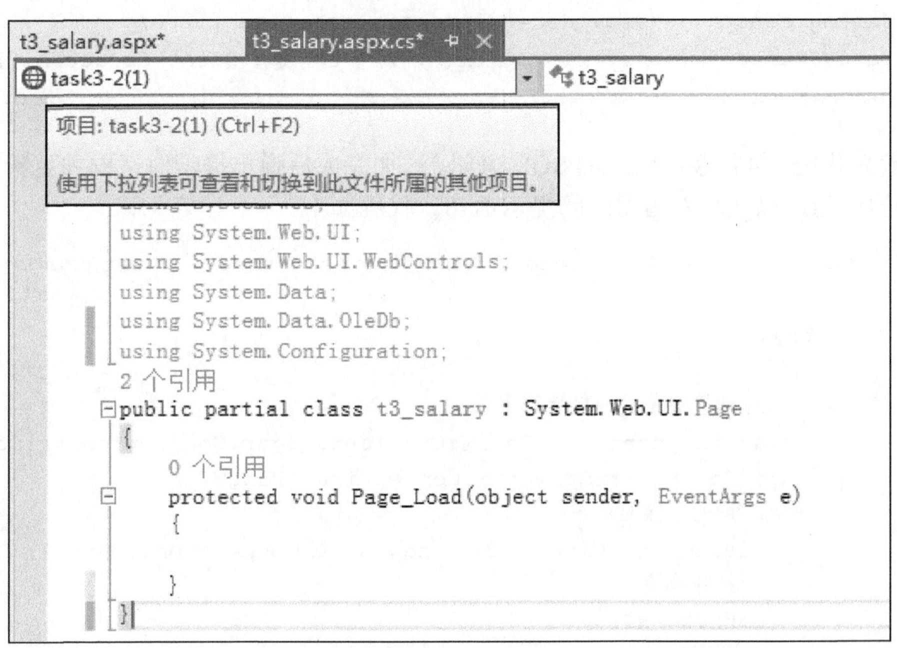

图 3.35　引入命名空间

03 在 t3_salary.aspx 的设计视图中双击“添加”按钮进入其单击事件逻辑代码编辑视图，输入创建数据库连接对象并打开连接的代码。

```
protected void btnAddrecord_Click(object sender, EventArgs e)
    {
        //连接对象的连接字符串
        string constr = ConfigurationManager.ConnectionStrings
```

```
        ["ConnectionString"].ConnectionString;
        //声明连接对象
        OleDbConnection conn = new OleDbConnection(constr);
        //打开连接
        conn.Open();
        //数据库操作

        //关闭连接
        conn.Close();
    }
```

提示

以上代码中连接字符串使用了本单元任务 1 中配置数据源时保存在 Web.config 的连接字符串，为使用该方法在步骤 2 中引入了命名空间“using System.Configuration;”。若不使用该方法，也可将连接字符串写为

```
string constr = "Provider= Microsoft.ace.oledb.12.0;
Data Source=" + Server.MapPath(".") + @"\App_Data\ db.accdb ";
```

04 输入代码，执行添加记录的 SQL 语句。添加完成后弹出提示对话框并更新 GridView 数据显示的语句，以及写入错误时的提示语句。代码如下：

```
protected void btnAddrecord_Click(object sender, EventArgs e)
  {
      try
      {
          //连接对象的连接字符串
          string constr = ConfigurationManager.ConnectionStrings
          ["ConnectionString"].ConnectionString;
          //声明连接对象
          OleDbConnection conn = new OleDbConnection(constr);
          //打开连接
          conn.Open();
          //数据库操作
          //查询字符串
          string sql = "insert into tb_salary (sname,wage,bonus,
          allowance) values ('" + txtSname.Text + "'," + txtWage.Text
          + "," +txtWage.Text + "," + txtAllowance.Text + "")";
          //声明执行 SQL 对象
          OleDbCommand cmd = new OleDbCommand(sql, conn);
          //执行 SQL 语句,这里为写入记录
          cmd.ExecuteNonQuery();
          //关闭连接
```

```
            conn.Close();
            //写入完成时弹出成功提示
          ClientScript.RegisterStartupScript(this.GetType(), "",
          "<script>alert('添加成功！');</script>");
            //写入完成时调用 GridView 控件的 DataBind()方法重新绑定数据源,更新显示
            GridView1.DataBind();
        }
        catch
        {
            //写入错误时弹出提示
            ClientScript.RegisterStartupScript(this.GetType(), "",
            "<script>alert('写入错误!');</script>");
        }
    }
```

05 预览页面，在各文本框中输入数据并单击“添加”按钮后，可以将文本框中数据作为新记录添加到数据表 tb_salary 中。此时单击 GridView 控件中标题行中的“ID”，按 ID 升序排序可在第一行显示添加成功的记录。添加记录和运行结果如图 3.36 所示。

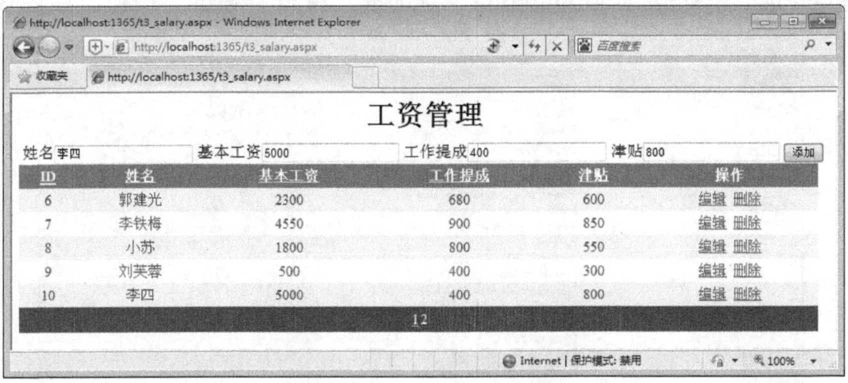

图 3.36　添加记录和运行结果

相关知识

1. 命名空间

.NET 提供的系统类库极为庞大，含有大量的命名空间，每个命名空间包括不同的类、结构和接口，为了在一个应用程序中使用这些类、结构和接口，必须使用一些方法声明所使用的命名空间。这些方法包括项目引用、直接定位、使用 using 语句。下面以 System.Configuration 为例，说明使用这 3 种方法声明命名空间的操作。

（1）项目引用

1）在“解决方案资源管理器”窗口中右击项目名称，在弹出的快捷菜单中选择“添加”→“引用”命令，如图 3.37 所示。

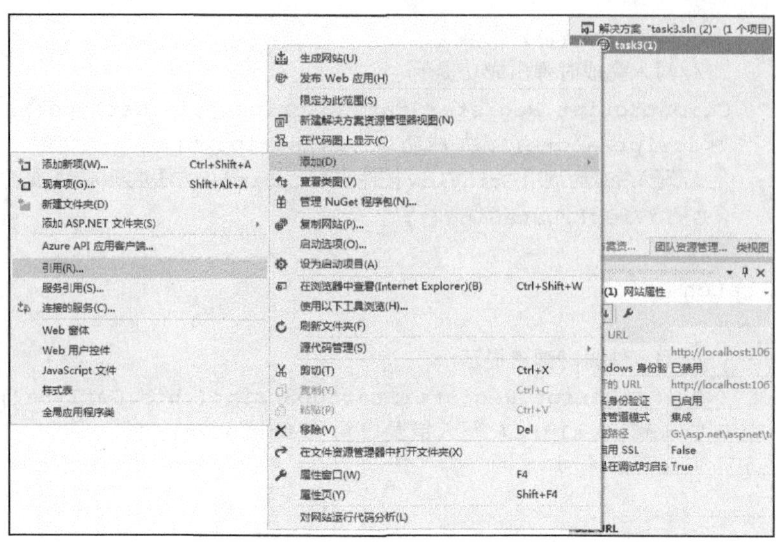

图 3.37　为网站添加引用

2）在弹出的引用管理器对话框中展开程序集列表，选择“框架”选项，在中间窗格的列表中找到并勾选“System. Configuration”复选框，单击“确定”按钮，如图 3.38 所示。

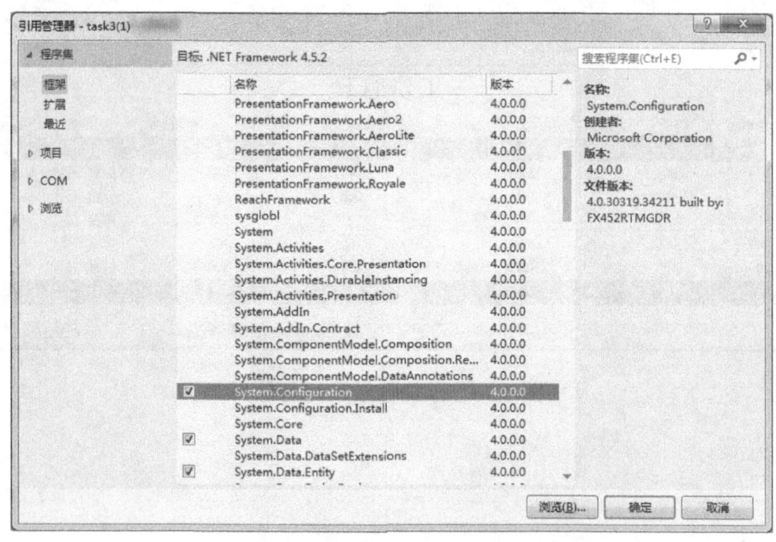

图 3.38　引用管理器对话框

（2）直接定位

例如，直接输出保存在 Web.config 配置文件中的 ConnectionString 的代码如下：

```
Response.Write(System.Configuration.ConfigurationManager.Connectio-
nStrings["ConnectionString"].ConnectionString);
```

（3）使用 using 语句

使用 using 语句可以指定要使用的命名空间，应用程序可以使用由该关键字指定的命名空间中的类，如本任务中步骤2引入命名空间“using System.Configuration”后，可输出或调用保存在Web.config配置文件中的ConnectionString，其中输出ConnectionString的代码如下：

```
Response.Write(ConfigurationManager.ConnectionStrings["Connection-
String"].ConnectionString);
```

2. ADO.NET对象

ADO.NET是.NET Framework提供的数据访问的类库，ADO.NET对Access、Microsoft SQL Server、Oracle和XML等数据源提供一致的访问，应用程序可以使用ADO.NET这些数据源，并检索和更新所包含的数据。

ADO.NET可以使Web应用程序从各种数据源中快速访问数据，.NET Framework数据提供程序包含以下4个核心类。

1）Connection：建立与数据源的连接。

2）Command：对数据源执行操作命令，用于修改数据、查询数据和运行存储过程等。

3）DataReader：从数据源获取返回值。

4）DataAdapter：用数据源数据填充DataSet，并可以处理数据更新。

ASP.NET数据访问程序的开发流程有以下几个步骤：

1）利用Connection对象创建数据连接。

2）利用Command对象对数据源执行SQL命令。

3）利用DataReader对象获取数据源的数据。

4）利用DataSet对象与DataAdapter对象配合，完成数据的更新操作。

3. Connection类

在ADO.NET中，使用Connection对象连接到特定的数据库，不同的数据库使用不同的连接对象：连接到SQL Server数据库，使用SqlConnection对象；连接到ODBC数据库，使用OdbcConnection对象；连接到OLEDB数据源，如本书使用的Access数据库即是OLEDB数据库，使用OleDbConnection对象。

使用Connection对象建立数据库连接时可有不同的方式，如在本任务中，使用OleDbConnection对象与网站根目录中App_Data文件夹里的Access数据库文件db.accdb的连接，可有以下3种方法。

（1）方法一

1）在网站根目录的配置文件Web.config中，添加连接字符串代码如下：

```
<connectionStrings>
 <add name="ConnectionString" connectionString="Provider=Microsoft
 .ACE.OLEDB.12.0;Data Source=|DataDirectory|\db.accdb" providerName
 ="System.Data.OleDb"/>
 </connectionStrings>
```

提示

若在 GridView 或 SqlDataSource 等数据控件配置数据源过程中，选择了保存连接，则不必重复此步骤，如本单元任务 1 中步骤 9 即直接将连接字符串保存在 Web.config 文件中。

2）根据本任务中引入命名空间的方法，引入命名空间 Configuration，通过 ConfigurationManager 对象读取在 Web.config 中配置好的连接字符串。

```
using System.Configuration;
```

3）在后台代码中输入获取连接字符串和建立连接的代码如下：

```
OleDbConnection conn = new OleDbConnection();
conn.ConnectionString = ConfigurationManager.ConnectionStrings
["ConnectionString"].ConnectionString;
conn.Open();
…//对数据库的操作代码
conn.Close();
```

以上代码也可写成：

```
string constr = ConfigurationManager.ConnectionStrings
["ConnectionString"].ConnectionString;
OleDbConnection conn = new OleDbConnection(constr);
conn.Open();
…//对数据库的操作代码
conn.Close();
```

（2）方法二

直接使用连接字符串建立连接，连接代码如下：

```
OleDbConnection conn = new OleDbConnection();
conn.ConnectionString = @"Provider=Microsoft.ACE.OLEDB.12.0;Data
Source=" + Server.MapPath("./App_Data/db.accdb");
conn.Open();
…//对数据库的操作代码
conn.Close();
```

提示

该连接字符串为 Access 2007 以上版本使用，Access 2003 及以下版本连接字符串为 “Provider=Microsoft.JET.OLEDB.4.0;Data Source=”。

（3）方法三

在页面中添加 SqlDataSource 控件，在配置好 SqlDataSource 数据源后，可以用下面的语句创建连接对象并打开数据库连接，如本任务中已有配置好的数据源控件 SqlDataSource1，连接语句可修改如下：

```
OleDbConnection conn = new OleDbConnection();
conn.ConnectionString = SqlDataSource1.ConnectionString;
conn.Open();
…//对数据库的操作逻辑
conn.Close();
```

4. Command 类

Command 类执行对数据库的操作，步骤是在创建连接完成后，定义 SQL 语句并创建 Command 对象，再执行 Command 命令。创建 Command 对象和执行 Command 命令可有不同的方法。

（1）创建 Command 对象的方法

方法一：创建带有两个参数的 Command 对象，第 1 个参数为要执行的 SQL 查询语句；第 2 个参数为所连接的 Connection 对象。

```
string sql = 查询语句;
OleDbCommand cmd = new OleDbCommand(sql, conn);
```

方法二：直接使用 Connection 对象的 CreateCommand()方法，以上代码等效于：

```
string sql = 查询语句;
OleDbCommand cmd = conn.CreateCommand();//conn 为 Connection 对象名
cmd.CommandText = sql;
```

（2）执行 Command 命令的方法

在创建了 Command 对象之后，根据 SQL 查询语句的返回值不同，常用以下 3 种方式执行命令语句：

1）ExecuteNonQuery()：没有返回结果。

2）ExecuteReader()：返回一个 DataReader 对象。

3）cmd.ExecuteScalar()：返回查询结果的首行首列。

3 种执行语句分别如下：

```
cmd.ExcuteNonQuery();
OleDbDataReader  dr = cmd.ExcuteReader();
string s = (string)cmd.ExcuteScalar(); //cmd 为 Command 对象名
```

一般来说，验证数据库中有无某类记录使用 ExcuteScalar()方法，需要直接读取数据库某些数据使用 ExcuteReader()方法，执行对数据库的增、删、改操作则使用 ExcuteNonQuery()方法。在本任务中，需要对数据库增加记录，使用 ExcuteNonQuery()方法。

5. 基本 SQL 语句

SQL 语言是一种用于访问数据库的结构化查询语言，可以对数据库执行查询数据、取回数据、插入新记录、更新数据、删除数据、创建数据库及数据表等各种数据库操作。

SQL 语言可分为两个部分：数据操作语言（DML）和数据定义语言（DDL），SQL 的数据操作功能通过数据操作语言实现。数据操作语言基本的 SQL 语句如下：

（1）select 语句

select 语句的作用是从数据库表中获取数据。

实例：从本任务的 tb_salary 表中选取所有的列，则 select 语句为

```
select * from tb_salary
```

其中，星号（*）是选取所有列的快捷方式，若只需要选取部分列，则将列名称列出即可。例如，只需要所有记录的姓名、基本工资列，则 select 语句为

```
select sname,wage from tb_salary
```

如需有条件地从表中选取数据，可将 where 子句添加到 select 语句，格式如下：

```
select 列名称 from 表名称 where 列 运算符 值
```

表 3.7 所示为可在 where 子句中使用的运算符。

表 3.7　可在 where 子句中使用的运算符

操作符	描述
=	等于
<>	不等于
>	大于
<	小于
>=	大于等于
<=	小于等于
between	在某个范围内
like	搜索某种模式

例如，需要查询基本工资在 3000 以上的记录，则 select 语句如下：

```
select * from tb_salary where wage>=3000
```

提示

SQL 使用单引号来环绕文本值（大部分数据库系统也接受双引号）。如果是数值，则无须使用引号。

and 和 or 可在 where 子语句中把两个或多个条件结合起来。如果查询条件为第 1 个条件和第 2 个条件都成立，则使用 and 运算符；如果第 1 个条件和第 2 个条件中只要有一个成立，则使用 or 运算符。

例如，需要查询基本工资在 3000 及以上并且工作提成在 500 以下的记录，则 select 语句如下：

```
select * from tb_salary where wage>=3000 and bonus<500
```

order by 语句用于根据指定的列对结果集进行排序。order by 语句默认按照升序对记录进行排序。如果希望按照降序对记录进行排序，可以使用 desc 关键字。

例如，以基本工资降序选取所有记录，则 select 语句如下：

```
select * from tb_salary order by wage desc
```

（2）update 语句

update 语句用于更新数据库表中的数据。update 语句的格式如下：

```
update 表名称 set 列名称 = 新值 where 列名称 = 某值
```

例如，在工资表中将小苏的基本工资改为 2000，则 update 语句如下：

```
update tb_salary set wage=2000 where sname='小苏'
```

（3）delete 语句

delete 语句用于从数据库表中删除数据。其格式如下：

```
delete from 表名称 where 列名称 = 值
```

例如，删除姓名为小苏的数据，则 delete 语句如下：

```
delete from tb_salary where sname='小苏'
```

（4）insert into 语句

insert into 语句用于向数据库表中插入数据。insert into 语句的格式如下：

```
insert into 表名称 (列名称 1,列名称 2,…) values (值 1, 值 2,…)
```

例如，本任务中的写入语句如下：

```
insert into tb_salary (sname,wage,bonus,allowance) values ('" +
txtSname.Text + "'," + txtWage.Text + "," +txtWage.Text + "," +
txtAllowance.Text + "")
```

上机练习

制作学生成绩管理系统成绩录入页面，具体要求如下：

1）在本单元任务 1 上机练习制作的网站中，设计学生成绩录入页面，如图 3.39 所示。

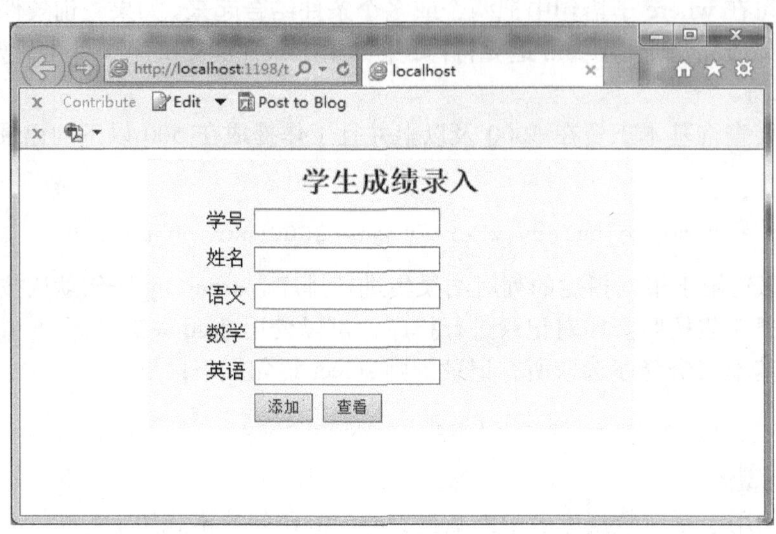

图 3.39　学生成绩录入页面

2）在学生成绩录入页面中，学号、姓名、语文、数学、英语要求必填，学号为 8 位数字，且语文、数学、英语填入的值必须为 1～100 的整数。

3）输入成绩后，单击“添加”按钮，弹出对话框提示“添加成功!”，单击“确定”按钮后跳转到本单元任务 1 制作的学生成绩查看页面，如图 3.40 所示。

图 3.40　添加成功时弹出提示

4）在学生成绩录入页面中，单击“查看”按钮或添加成功单击“确定”按钮后，可跳转到成绩管理页面，在成绩查看页面中新增“添加记录”按钮，单击“添加记录”按钮，可跳转到学生成绩录入页面，如图 3.41 所示。

图 3.41　学生成绩管理页面

任务 3　制作工资管理系统登录页

任务目标

本任务将继续本单元任务 2，实现在登录页面进行管理员用户名和密码的验证，若验证通过，则保存登录状态并跳转到本单元任务 2 制作的 t3_salary.aspx 工资管理页面；若验证不通过，则弹出提示框。在 t3_salary.aspx 工资管理页面中，若未经过登录则在页面加载时直接跳转到登录页面。登录页面如图 3.42 所示。

图 3.42　登录页面

任务说明

登录功能的实现可通过查询 SQL 语句判断输入的用户名与密码是否存在数据库管理

用户表中，若存在即可作出用户名密码是否正确的判断，并进行跳转。页面之间在跳转过程中经常需要传递一些重要数据，常用页面之间传送数据的方法有 URL 查询字符串传值、Session 传值、Cookies 传值等。本任务将使用 Response.Redirect()方法进行页面跳转，并使用 Session 对象保存用户数据。

实现步骤

01 使用 Visual Studio 2015 打开本单元任务 2 完成的网站，在文件资源管理器中打开 db.accdb 数据库文件，新建 tb_user 表，表设计如图 3.43 所示。

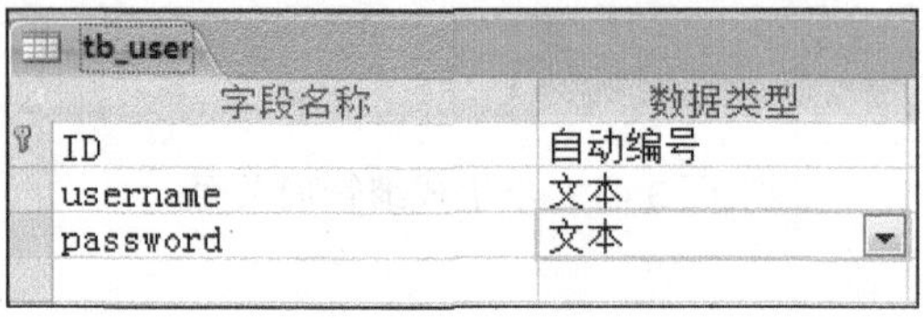

tb_user

字段名称	数据类型
ID	自动编号
username	文本
password	文本

图 3.43　tb_user 表设计

02 在 Access 数据表视图中为 tb_user 表添加两条记录用于验证结果，如图 3.44 所示。

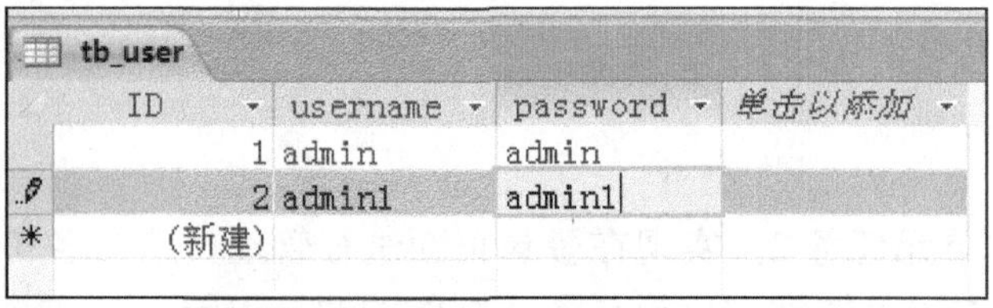

tb_user

ID	username	password	单击以添加
1	admin	admin	
2	admin1	admin1	
(新建)			

图 3.44　为 tb_user 表添加两条记录

03 在网站中新建 Web 窗体并命名为“t3_login.aspx”，用于设计登录页面。打开 t3_login.aspx 并进入其设计视图，在页面中插入一个宽为 400px、4 行 2 列、单元格间距为 5 的表格。将表格第 1 行的两个单元格合并并设置其文本对齐方式为“居中”，设置第 2、3 行第 1 列单元格文本对齐方式为“右对齐”。拖动两列之间的边框，将第 2~4 行的第 1 列宽度设置为“140px”，添加文本信息，如图 3.45 所示。

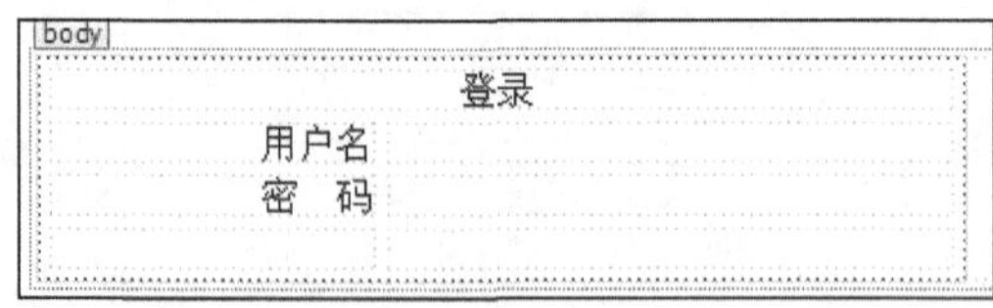

图 3.45　登录界面插入表和文本

04 打开工具箱，在表格第 2 行第 2 列添加文本框，设置其 ID 为“txtUsername”；第 3 行第 2 列添加文本框，设置其 ID 为“txtPassword”，并将其 TextMode 属性设置为“Password”，第 4 行第 2 列添加按钮，设置其 ID 为“btnLogin”，并将其 Text 属性设置为“登录”。添加的控件如图 3.46 所示。

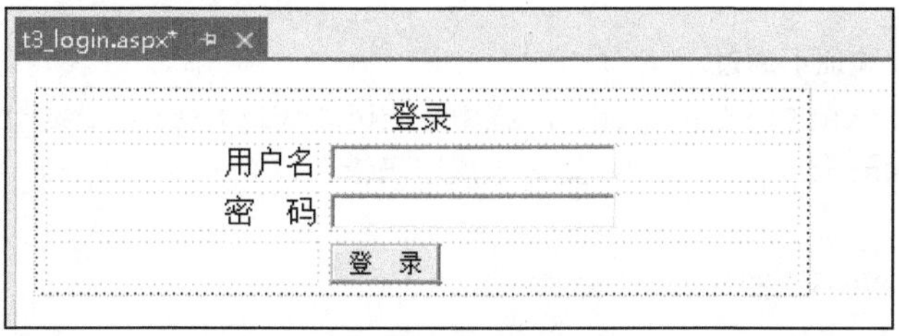

图 3.46　为 t3_login.aspx 添加控件

05 打开 t3_login.aspx.cs 进入代码视图，为其添加操作数据所需要的命名空间如下：

```
using System.Data;
using System.Data.OleDb;
using System.Configuration;
```

06 打开 t3_login.aspx 页面的设计视图，双击 btnLogin 按钮进入其单击事件逻辑代码编辑视图，输入代码连接数据库，并判断数据库中是否有与输入文本框数据相符的记录，当验证通过时使用 Session 保存用户名，以此来保存登录状态，代码如下：

```
protected void btnLogin_Click(object sender, EventArgs e)
   {
      string constr = ConfigurationManager.ConnectionStrings
      ["ConnectionString"].ConnectionString;
      OleDbConnection conn = new OleDbConnection(constr);
      conn.Open();
      //定义查询用户名和密码的 SQL 语句
      string sql = "select * from tb_user where username=@username and
      password=@password";
      OleDbCommand cmd = new OleDbCommand(sql, conn);
      cmd.Parameters.Add(new OleDbParameter("@username",
      txtUsername.Text));
      cmd.Parameters.Add(new OleDbParameter("@password",
      txtPassword.Text));
      //执行返回首行首列的执行方法 ExcuteScalar()
      //这里返回的是 ID 字段,若返回数值大于 0,表示用户名密码验证正确
      if (Convert.ToInt32(cmd.ExecuteScalar())>0)
      {
         //验证通过时,设置 Session 对象
         Session["username"] = txtUsername.Text;
         //弹出提示并跳转到页面 t3_salary.aspx
         ClientScript.RegisterStartupScript(this.GetType(), "", "<script>
         alert('登录成功!');location.href='t3_salary.aspx'</script>");
      }
      else
```

```
        {
            //验证不通过
            ClientScript.RegisterStartupScript(this.GetType(), "",
            "<script>alert('用户名或密码错误!');</script>");
        }
            conn.Close();
    }
```

07 打开 t3_salary.aspx，在其设计视图中页面最下方添加一个 Label 控件，设置其 ID 为“lblUsername”，用于显示登录者的用户名，如图 3.47 所示。

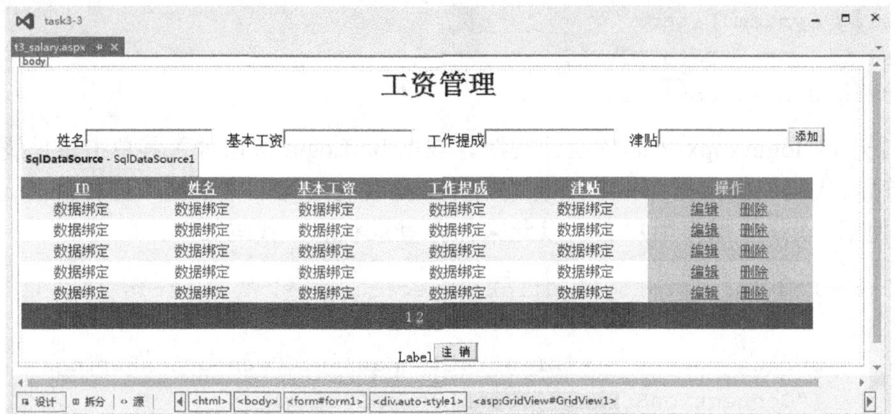

图 3.47　添加标签框

08 打开 t3_salary.aspx.cs，输入代码，实现在页面加载时通过 Session 对象判断页面登录状态的功能，若未经过登录，则 Session["username"]对象为空，直接跳转到登录页面；若已经登录，则 Session["username"]对象不为空，将登录者的用户名显示在页面下方。代码如下：

```
protected void Page_Load(object sender, EventArgs e)
    {
        //判断 Session 对象是否存在
        if (Session["username"]==null)
        {
            //跳转到登录页面
            Response.Redirect("t3_login.aspx");
        }
        else
        {
            //显示管理员的用户名
            lblUsername.Text = "管理员: " + Session["username"];
        }
    }
```

09 在 lblUsername 控件后添加一个“注销”按钮，设置其 ID 为“btnLogout”。双击 btnLogout 按钮，在代码编辑视图中添加注销用户的逻辑代码，即消除 Session["username"]。代码如下：

```
Protected void btnLogout_Click(object sender, EventArgs e)
   {
      Session.Remove("username");
      ClientScript.RegisterStartupScript(this.GetType(), "", "<script>
      alert('注销成功!');location='t3_login.aspx'</script>");
   }
```

10 预览页面 t3_login.aspx，在文本框中输入用户名和密码，单击“确定”按钮后，用户名、密码验证通过时弹出提示，如图 3.48 所示；单击提示对话框的“确认”按钮后跳转到 t3_salary.aspx 页面，并在页面下方显示用户名信息，如图 3.49 所示，单击“注销”按钮则消除 Session 返回登录页面，用户名、密码输入错误时也将弹出“用户名或密码错误！”提示对话框。

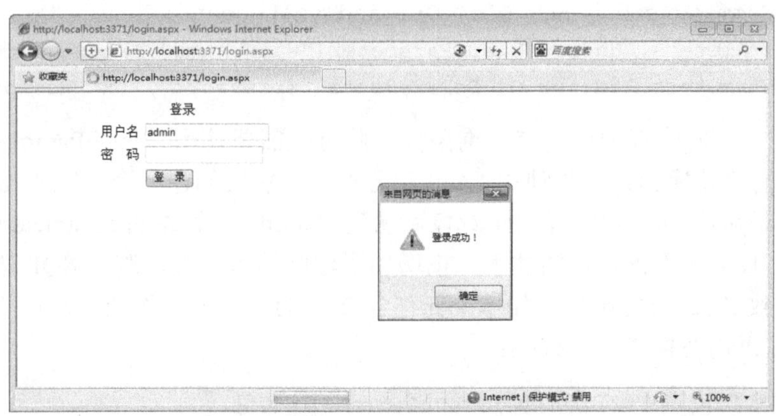

图 3.48　用户名密码正确时弹出提示

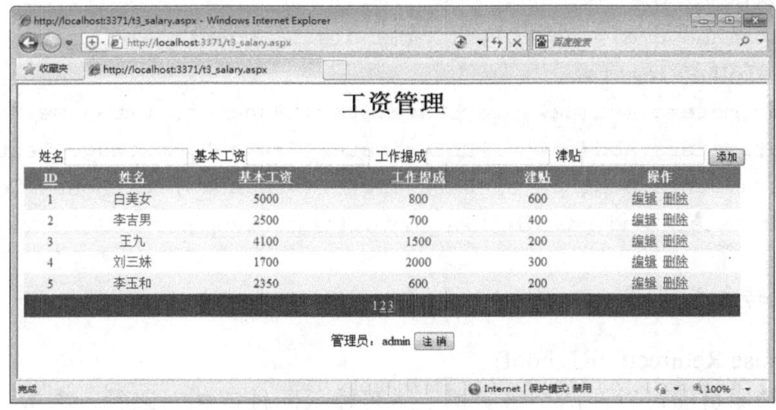

图 3.49　跳转后页面

相关知识

1. 参数化替换 SQL 语句

当查询数据的 SQL 语句中包含查询条件时，有可能出现 SQL 注入攻击漏洞，导致程序出现安全隐患。例如，本任务中在登录页面进行用户名、密码验证的 SQL 语句可写成如下代码：

```
string sql = "select * from tb_ user where username='" + txtUsername.Text
+"' and password='"+ txtPassword.Text +"'";
```

若写成以上代码，在登录页面中密码文本框输入“1' or '1”则可以获取数据表中所有记录，因此一般需要使用 OleDbParameter 对象进行参数化查询。代码如下：

```
string sql = "select * from tb_user where username=@username and
password=@password";
OleDbCommand cmd = new OleDbCommand(sql, conn);
cmd.Parameters.Add(new OleDbParameter("@username",txtUsername.Text));
cmd.Parameters.Add(new OleDbParameter("@password", txtPassword.Text));
```

上述代码中，SQL 查询语句有查询条件，此时就需要使用 OleDbParameter 对象来进行参数替换，在需要替换的条件中使用“@”符号标志，然后创建一个 OleDbParameter 对象替换查询条件，最后将 OleDbParameter 对象添加到 Command 对象的 Parameters 属性中。

参数化 SQL 语句不仅可以防注入，也增加了程序的可读性，避免 SQL 语句中与变量的连接过多而导致 SQL 语句错误，如本单元任务 2 中的“添加”按钮的单击事件代码可以使用参数化 SQL 语句替换成如下代码：

```
//查询字符串,其中@符号将接收 OleDbParameter 传值
string sql = "insert into tb_salary (sname,wage,bonus,allowance)
values (@sname,@wage,@bonus,@allowance)";
//声明执行 SQL 对象
OleDbCommand cmd = new OleDbCommand(sql, conn);
//添加 OleDbParameter
cmd.Parameters.Add(new OleDbParameter("@sname", txtSname.Text));
cmd.Parameters.Add(new OleDbParameter("@wage", txtWage.Text));
cmd.Parameters.Add(new OleDbParameter("@bonus", txtBonus.Text));
cmd.Parameters.Add(new OleDbParameter("@allowance", txtAllowance.Text));
```

2. 页面跳转方式

（1）Response.Redirect(URL,bool)

目标页面和原页面可以在两个服务器上，可输入网址或相对路径。参数中的 bool 值为是否停止执行当前页。当跳转向新的页面时，原窗口被代替，浏览器中的 URL 为新路径。

（2）Server.Transfer(URL,bool)

目标页面和原页面在同一个服务器上，跳转向新的页面，原窗口被代替，浏览器中的URL为原路径不变。

默认情况下，Server.Transfer 方法不会把表单数据或查询字符串从一个页面传递到另一个页面，但只要把该方法的第2个参数设置成True，就可以保留第1个页面的表单数据和查询字符串。同时，使用Server.Transfer时应注意，目标页面将使用原始页面创建的应答流，这导致ASP.NET的机器验证检查（Machine Authentication Check，MAC）认为新页面的ViewState已被篡改。因此，如果要保留原始页面的表单数据和查询字符串集合，必须把目标页面 Page 指令的EnableViewStateMac属性设置成False。

（3）Server.Execute(URL)

目标页面和原页面在同一个服务器上，跳转向新的页面，再跳转回原页面。浏览器中的URL 为原路径不变。当指定的.aspx 页面执行完毕，控制流程重新返回原页面发出Server.Execute调用的位置。

这种页面导航方式类似于针对.aspx 页面的一次函数调用，被调用的页面能够访问发出调用页面的表单数据和查询字符串集合，所以要把被调用页面Page指令EnableViewStateMac属性设置成“False”。

3. 常用页面传值方法

（1）QueryString传值

QueryString可以将传送的值显示在浏览器的地址栏中。当传递一个或多个安全性要求不高或结构简单的数值时，可以使用该方法。若要传递数组或对象则不适合使用该方法。以下是一个应用QueryString传值的例子。

a.aspx中代码如下：

```
private void Button1_Click(object sender, System.EventArgs e)
  {
   string s_url;
   s_url = "b.aspx?name=" + Label1.Text;
   Response.Redirect(s_url);
  }
```

b.aspx中代码如下：

```
private void Page_Load(object sender, EventArgs e)
  {
   Label2.Text = Request["name"].ToString();
  }
```

以上代码实现在a.aspx页面中单击Button1按钮，则将该页面中Label1控件的值传递到b.aspx页面中，打开页面时在Label2控件中显示出来。

（2）使用 Application 对象

Application 对象用来存储变量或对象内容，以便网页再次被访问时（不管是否为同一访问者），所存储的变量或对象内容还可以重新被调出来使用。由于在整个应用程序生命周期中 Application 对象都是有效的，因此在不同的页面中都可以对它进行存取，就像使用全局变量一样。其常用的属性和方法如表 3.8 所示。

表 3.8 Application 常用的属性和方法

属性和方法	说明
AllKeys	返回全部 Application 对象变量名到一个字符串数组中
Count	获取 Application 对象变量的数量
Item	允许使用索引或 Application 变量名称传回内容值
Add()	新增一个 Application 对象变量
Clear()	清除全部 Application 对象变量
Lock()	锁定全部 Application 对象变量
Remove()	使用变量名称移除一个 Application 对象变量
RemoveAll()	移除全部 Application 对象变量
Set()	使用变量名称更新一个 Application 对象变量的内容
UnLock()	解除锁定的 Application 对象变量

例如，使用 Application 对象进行网站在线统计访问人数的操作如下：

新建一个网页 Application.aspx，在网页中添加一个 ID 为 lblContent 的标签框，并在其 Page_Load 事件中添加以下代码：

```
protented void Page_Load(object sender,EventArgs e)
    {
        Application.Lock();
        Application["usercount"] = (Convert.ToInt32(Application
        ["usercount"])+1).ToString();
        Application.UnLock();
        lblContent.Text = Application["usercount"].ToString();
    }
```

此代码将记录访问该页面的人数，并显示在页面的 lblContent 标签框中。

（3）使用 Session 对象

Session 对象用于存储特定的信息。它和 Application 对象存储信息所使用的对象是完全不同的。Application 对象存储的是共享信息，而 Session 对象存储的是局部信息，随用户不同而不同的。如果只需要在不同页中共享数据，而不是需要在不同的客户端之间共享数据，可使用 Session 对象。

Session 对象的生命周期是有限的（默认值为 20min），可以在 Web.config 配置文件中使用 Timeout 属性进行设置。

```
<System.web>
    <sessionState mode = "InProc" timeout = "30"></sessionState>
</system.web>
```

以上代码中在 timeout="30"指的是 Session 过期时间为 30min，即 30min 后若当前用户没有操作，则 Session 自动过期。

以下是使用 Session 对象在两个页面中传值的例子：

在网站中添加名为“Session1.aspx”和“Session2.aspx”的两个网页，在 Session1.aspx 中添加一个文本框“txtUsern”和一个按钮“btnSubmit”，在 Session2.aspx 中添加一个标签框“lblUser”。

Session1.aspx 中 btnSubmit 按钮的单击事件代码如下：

```
private void btnSubmit_Click(object sender, System.EventArgs e)
    {
        Session["name"] = txtUsern.Text;
        Response.Redirect("Session2.aspx");
    }
```

Session2.aspx 中页面加载事件的代码如下：

```
private void Page_Load(object sender, EventArgs e)
    {
        lblUser.Text = Session["name"].ToString();
    }
```

运行 Session1.aspx 页面，在文本框中输入“123456”并单击 btnSubmit 按钮，将跳转到 Session2.aspx 并在页面中显示“123456”。

（4）使用 Cookie 对象

Cookie 通常用于存储少量的浏览者的信息，如浏览者的喜好、用户名、E-mail 等信息，以便于当浏览者再次登录网站时，不必再次填写这些信息。Cookie 其实只是一些小文本，将一些用户信息存储在客户端的机器中，以便于在每次请求时被服务器在设定的时期内进行读取。Cookie 的存储大小是有限制的，一般浏览器会将其大小控制在 4096B 以内。

Cookie 要配合 ASP.NET 内置对象 Request 和 Response 来使用。以下是使用 Cookie 对象在两个页面中传值的例子：

在网站中添加名为“Cookie1.aspx”和“Cookie2.aspx”的两个网页，并在 Cookie1.aspx 页面中添加一个文本框“txtName”和一个按钮“btnSubmit”，在 Cookie2.aspx 页面中添加一个标签框“lblName”。

Cookie1.aspx 中 btnSubmit 按钮单击事件的代码如下：

```
private void btnSubmit_Click(object sender, System.EventArgs e)
    {
       HttpCookie cookie_name = new HttpCookie("name");
       cookie_name.Value = txtName.Text;
      //创建新对象并将其添加到 Cookies 集合
       Response.Cookies.Add(cookie_name);
       Server.Transfer("Cookie2.aspx");
    }
```

Cookie2.aspx 中页面加载事件的代码如下：

```
private void Page_Load(object sender, EventArgs e)
    {
        lblName.Text= Request.Cookies["name"].Value.ToString();
    }
```

运行 Cookiel.aspx 页面，在文本框中输入“123456”并单击 btnSubmit 按钮，将跳转到 Cookie2.aspx，并在页面中显示“123456”。

使用 Cookie 对象和 Session 对象虽实现了同样的传值功能，它们的区别在于：

1）Cookie 数据存放在客户的浏览器上，Session 数据放在服务器上。

2）Cookie 安全性低，黑客可通过分析存放在本地的 Cookie，进行 Cookie 欺骗，考虑安全问题一般使用 Session。

3）Session 会在一定时间内保存在服务器上，当访问增多时会占用服务器性能，考虑到减轻服务器性能方面的问题，应使用 Cookie。

4）单个 Cookie 保存的数据不能超过 4KB，很多浏览器都限制一个站点最多保存 20 个 Cookie。

5）登录信息等重要信息保存应使用 Session，其他信息如果需要保存，可以使用 Cookie。

上机练习

为本单元任务 2 上机练习完成的学生成绩管理系统添加登录页面，并为本单元任务 1 中完成的成绩查看页面添加登录状态管理：在页面中单击“添加记录”按钮时，若未登录则弹出“请登录！”提示，如图 3.50 所示，并在确定后跳转到登录页面，登录页面设计如图 3.51 所示；若已登录单击“添加记录”按钮则跳转到本单元任务 2 完成的成绩录入页面中。

图 3.50　未登录时弹出提示

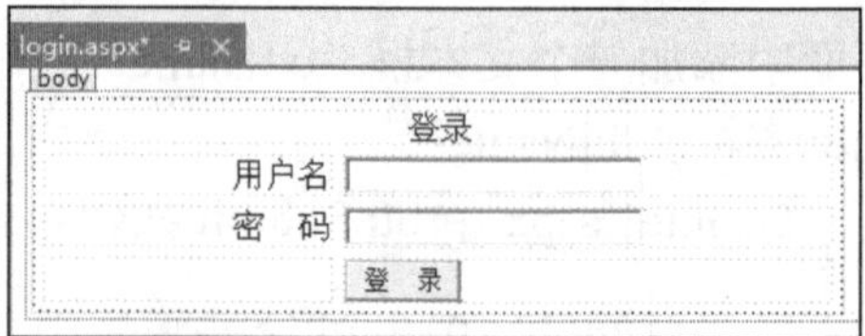

图 3.51　登录页面设计

提示

为完成本任务的用户登录页面，应先在数据库中新增用户表。

任务 4　制作工资管理系统信息编辑页面

任务目标

本任务将实现单击工资管理系统页面 GridView 控件中某条记录的“编辑”超链接，跳转到一个独立的编辑页面，该页面接收前一页面对应记录的数据，并提供更新数据的功能，编辑完成后弹出提示对话框并跳转到前一页面。结果如图 3.52 所示。

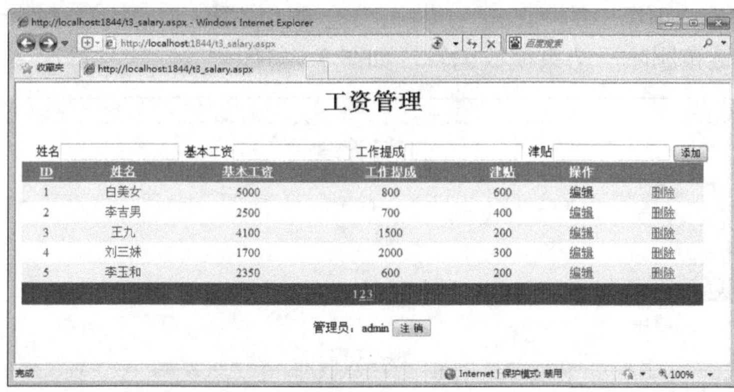

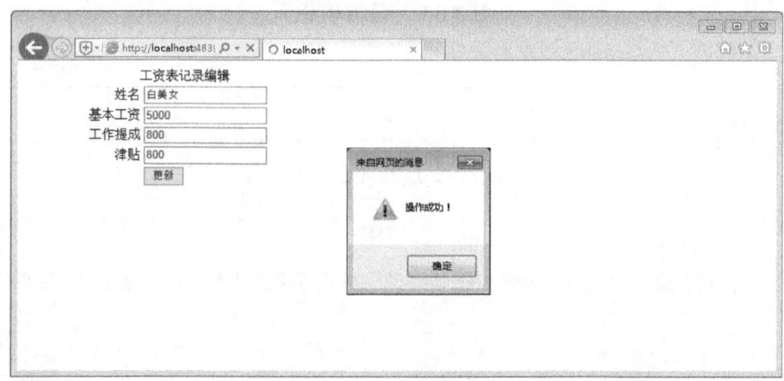

图 3.52　编辑记录流程

任务说明

在页面中单击“编辑”超链接时可以将该记录的 ID 传值到编辑页面，并在编辑页面通过数据库连接将该 ID 所在记录行显示在对应编辑控件中。在编辑页面中进行数据的修改后，单击“更新”按钮通过 SQL 语句更新数据库，更新完毕后返回显示页面。

实现步骤

01 在本单元任务 3 完成的的网站中打开 t3_salary.aspx 页面,并进入其设计视图。“在 GridView 任务”菜单中单击“编辑模板”超链接进入模板编辑模式，选择“显示”下拉列表“Column[5]-操作”选项组中的“ItemTemplate”选项，如图 3.53 所示。在 ItemTemplate 模板中将“编辑”超链接删除后结束模板编辑，如图 3.54 所示。

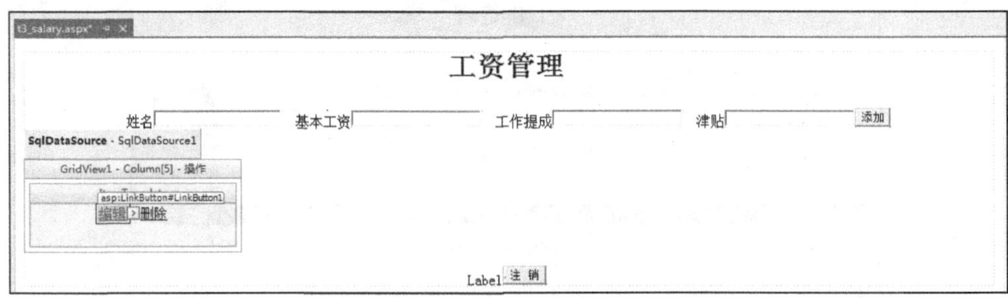

图 3.53　编辑模板

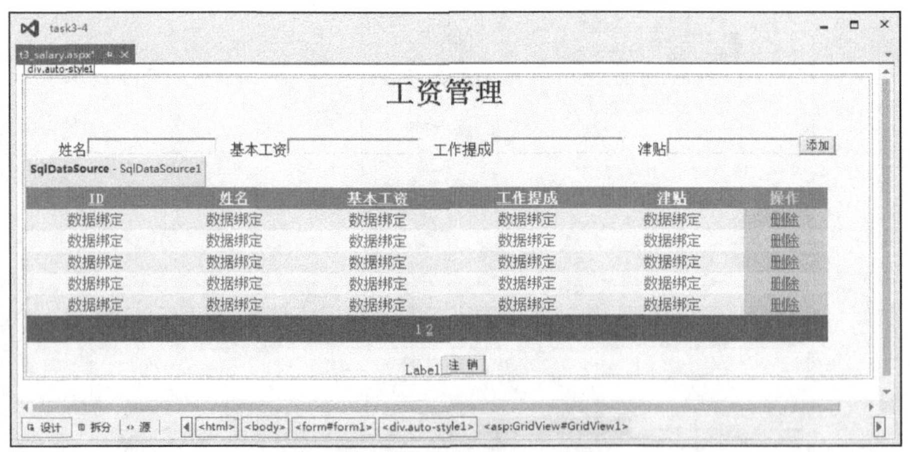

图 3.54　删除“编辑”按钮后

02 在“GridView 任务”菜单中选择“添加新列”选项，在弹出的“添加字段”对话框中选择字段类型为“HyperLinkField”，并将“页眉文本”文本框和“超链接文本”选项组中的“指定文本”单选按钮下的文本框设置为“编辑”，在“超链接 URL”选项组中“从数据字段获取 URL”单选按钮下的下拉列表中选择“ID”选项，将“URL 格式字符串”文本框设置为“t3_edit.aspx?ID={0}”，如图 3.55 所示，此设置将在 GridView 控件中添加包含 HyperLink 超链接控件新列，在用户单击 GridView 控件中某行的“编辑”超链接时将跳转到 t3_edit.aspx，同时传递该记录的 ID，操作结果如图 3.56 所示。

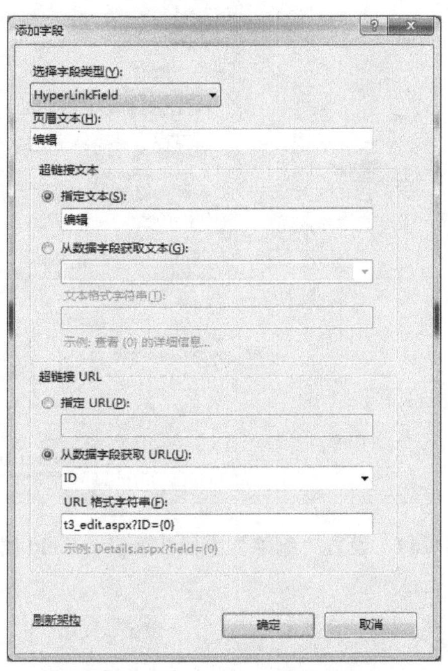

图 3.55　“添加字段”对话框

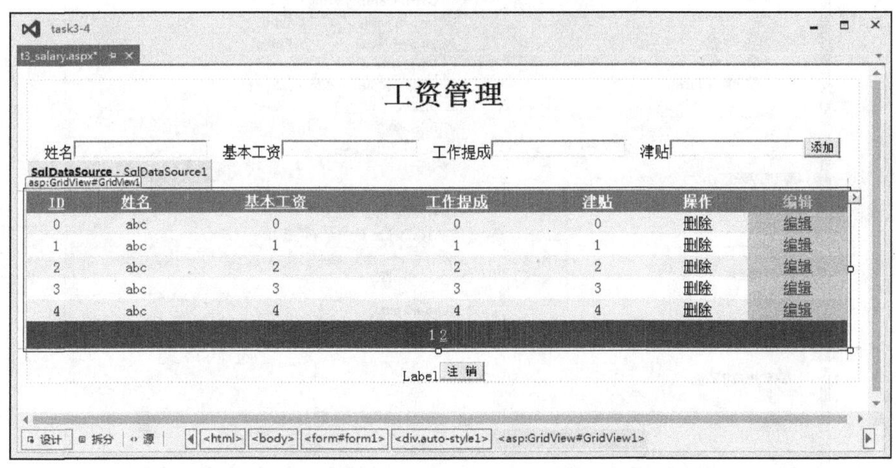

图 3.56　添加 HyperLinkField 完成后的显示

03 在“GridView 任务”菜单选择“编辑列”选项，弹出“字段”对话框，在“选定的字段”列表框中选择“操作”选项，将其 HeaderText 属性设置为“删除”，如图 3.57 所示。设置完毕后通过↓按钮调整其显示位置到最后，如图 3.58 所示。此时页面的设计视图如图 3.59 所示。

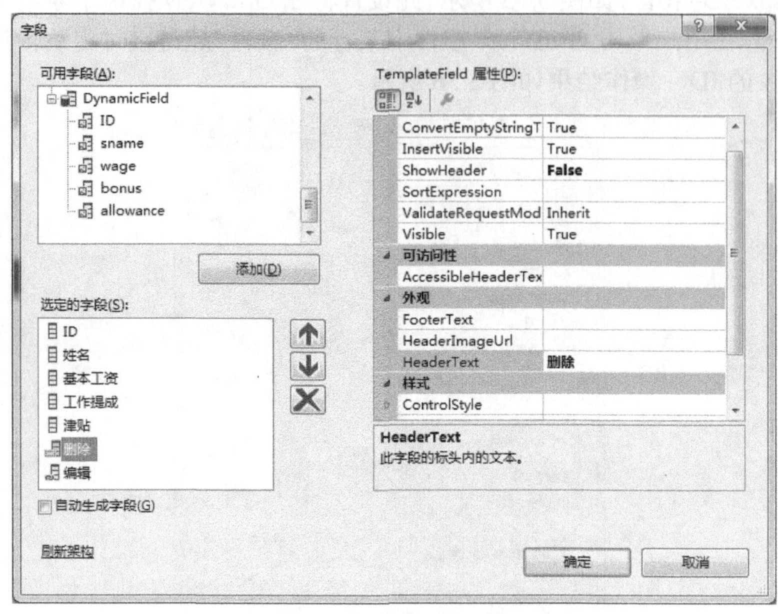

图 3.57 设置“删除”字段 TemplateField 属性

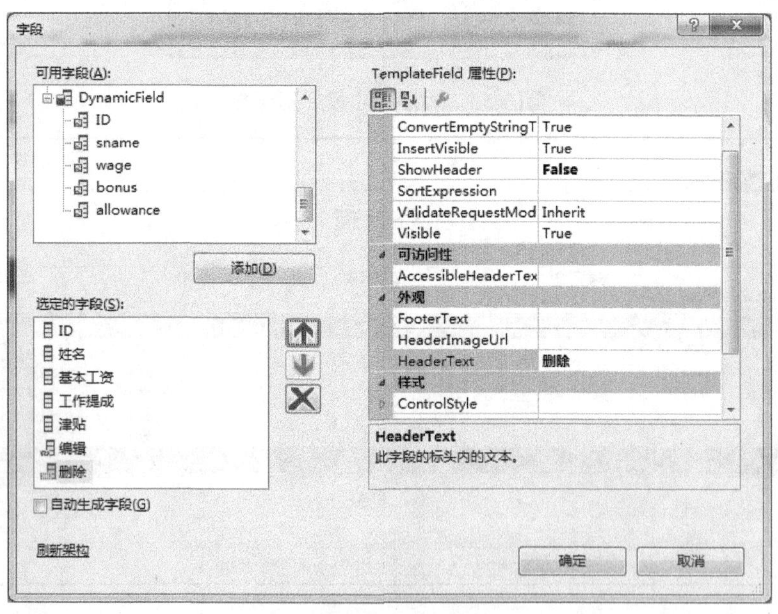

图 3.58 调整显示顺序

04 新建 t3_edit.aspx 窗体，打开并进入其设计视图，在页面中插入一个 6 行 2 列，宽度为 400px 的表格。合并第 1 行单元格，在单元格内输入文本并进行对齐设置后，添加文本框和“更新”按钮控件，控件 ID 设置如图 3.60 所示。

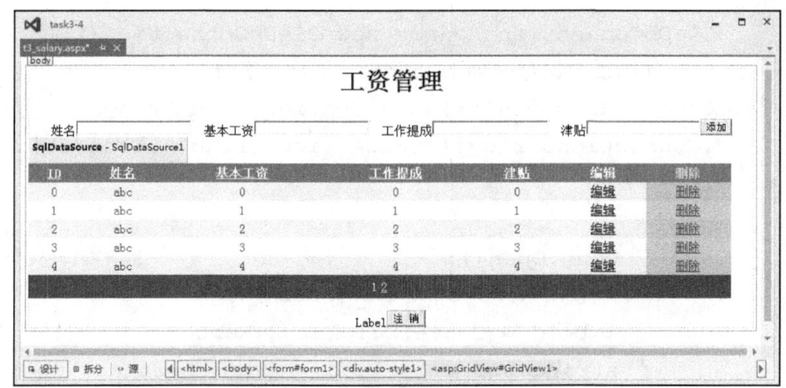

图 3.59　步骤 3 页面的设计视图

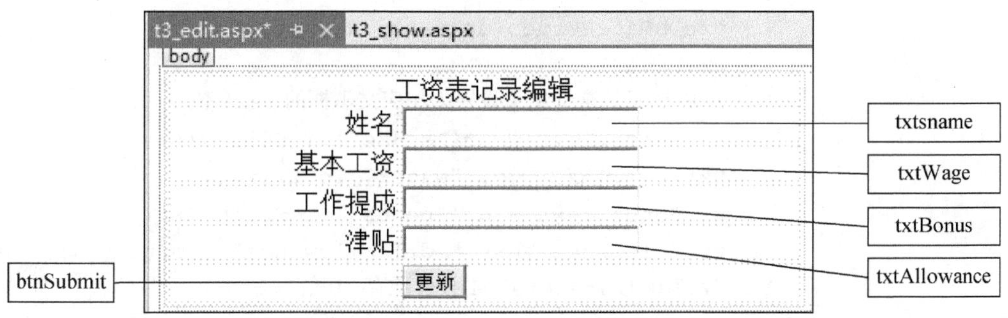

图 3.60　在 t3_edit.aspx 中添加控件

05 打开 t3_edit.aspx.cs 代码文件，编写代码，在页面加载事件中获取步骤 02 中 URL 查询字符串的传值 ID，并根据该 ID 获取数据表中相应记录数据，再将这些数据在页面中显示出来。引用如下命名空间：

```
using System.Data;
using System.Data.OleDb;
using System.Configuration;
```

在页面加载事件中编写代码，由于本页面需要从上一页面传值，当直接打开本页面时，若无传值会导致页面出错，因此在编写代码时，应考虑在页面第一次加载时，判断是否存在传值 ID，如果存在，则将其获取并在数据中取出相应数据显示在文本框中，否则跳转到 t3_salary.aspx 页面，代码如下：

```
protected void Page_Load(object sender, EventArgs e)
    {
            //判断是否第一次加载
    if (!IsPostBack)
    {
            //判断是否存在 URL 字符串
        if (Request["ID"] != null)
            { //取数据
```

```
            OleDbConnection conn = new OleDbConnection();
              //使用已经保存在 Web.config 的连接字符串
            conn.ConnectionString = ConfigurationManager
            .ConnectionStrings["ConnectionString"].ConnectionString;
                try
                {
                    conn.Open();
                    //使用 Request 对象获取 URL 字符串
                    int id = Convert.ToInt32(Request["ID"]);
                    string sql = "select * from tb_salary where ID=" + id;
                    OleDbCommand cmd = new OleDbCommand(sql, conn);
                    //使用 OleDbDataReader 读取一行记录
                    OleDbDataReader dr = cmd.ExecuteReader();
                    dr.Read();
                    //将返回的查询结果设置为相应文本框的 Text 值
                    txtSname.Text = dr["sname"].ToString();
                    txtWage.Text = dr["wage"].ToString();
                    txtBonus.Text = dr["bonus"].ToString();
                    txtAllowance.Text = dr["allowance"].ToString();
                    //使用 HiddenField1 控件保存 ID 值
                    Session["ID"] = id;
                    dr.Close();
                    conn.Close();
                }
                catch
                {
                    ClientScript.RegisterStartupScript(this.GetType(),
                    "警告", "<script>alert('数据操作异常！')</script>");
                }
            }
            else
            {
              //不存在 URL 则跳转到 t3_ salary.aspx 页面
              Response.Redirect("t3_salary.aspx");
            }
        }
    }
```

06 进入 t3_edit.aspx 的设计视图中，双击"更新"按钮控件进入代码编辑视图，在该事件中添加将修改后的数据更新到数据库的代码。代码如下：

```
protected void btnSubmit_Click(object sender, EventArgs e)
    {
        OleDbConnection conn = new OleDbConnection();
```

```
        //使用已经保存在Web.config的连接字符串
        conn.ConnectionString = ConfigurationManager.ConnectionStrings
        ["ConnectionString"].ConnectionString;
        try
        {
            conn.Open();
        //使用Request对象获取URL字符串
            string sname = txtSname.Text;
            int wage = Convert.ToInt32(txtWage.Text);
            int bonus = Convert.ToInt32(txtBonus.Text);
            int allowance = Convert.ToInt32(txtAllowance.Text);
            int id = Convert.ToInt32(Session["ID"]);
        //定义更新字符串
            string sql = string.Format("update tb_salary set sname=
            '{0}',wage={1},bonus={2},allowance={3} where ID={4}",
            sname, wage, bonus, allowance, id);
            OleDbCommand cmd = new OleDbCommand(sql, conn);
        //使用OleDbDataReader读取一行记录
            cmd.ExecuteNonQuery();
            ClientScript.RegisterStartupScript(this.GetType(), "提示",
            "<script>alert('操作成功！');location.href='t3_salary.aspx'
            </script>");
            conn.Close();
        }
        catch
        {
            ClientScript.RegisterStartupScript(this.GetType(), "警告",
            "<script>alert('数据操作异常！')</script>");
        }
    }
```

07 预览 t3_salary.aspx 页面，在登录后单击控件中的某一个“编辑”超链接，跳转到 t3_edit.aspx 页面，在页面中修改记录的值，再单击“更新”按钮，弹出提示并返回 t3_salary.aspx 显示结果，本任务完成。

相关知识

1. IsPostBack

IsPostBack 是一个标志，用于标示当前请求是否第一次打开。调用方法如下：Page.IsPostBack、IsPostBack、this.IsPostBack 或 this.Page.IsPostBack，这些调用方式等价。

IsPostBack 的值只有在第一次打开时是 False，其他时候都是 True。当通过浏览器的地址栏等方式打开一个 URL 时为第一次打开，此时 IsPostBack 的值为 False，而当通过页面的提交按钮或能引起提交的按钮以 POST 方式提交到服务器时，页面则不再是第一次打开，此时 IsPostBack 的值为 True。.NET 判断一个 Page 是否第一次打开的方法如下：

```
Request.Form.Count>0。
```

在实际应用中，每次页面加载时，可根据需要把每次都要加载的代码放在 if(IsPostBack)的条件判断中，只需要加载一次的代码放在 if(!IsPostBack)条件判断中。每次用户回传服务器任何信息时，都会引发 IsPostBack 属性用来判断此用户是否曾经发生登录或其他事件。

常用判断逻辑代码如下：

```
if(!IsPostBack)
{
  Response.Write("第一次提交!");
}
if(IsPostBack)
{
  Response.Write("页面回传!");
}
```

2. DataReader 对象

DataReader 对象是一个向前只读的记录指针，只允许以只读、顺向的方式查看其中所存储的数据，提供一个非常有效率的数据查看模式。

DataReader 对象可通过 Command 对象的 ExecuteReader()方法从数据源中检索数据来创建。DataReader 对象不像 Connection、Command 对象可以直接实例化，而是必须调用 Command 对象的 ExecuteReader()方法才能创建有效的 DataReader 对象。如果在 SqlCommand 对象中调用，则返回 SqlDataReader；如果在 OleDbCommand 对象中调用，返回的是 OleDbDataReader。不论是 SqlDataReader 还是 OledbDataReader，都可以调用 DataReader 的方法和属性迭代处理结果集。

DataReader 对象一旦被创建好，可用“对象名["字段名"]”来显示数据表的字段内容，如在本任务中创建 DataReader 对象 dr，可用 dr["sname"]读取表中的 sname 字段，也可使用“对象名[m]”来显示数据表中第 m+1 列的数据，如“dr[2]”表示读取表中第 3 列的数据。

在 DataReader 创建后，可使用其 Read()方法从查询获取一行记录。若返回的结果记录不止一行，为了获得所有的返回记录，可以不断调用 Read()方实现获取所有记录。例如，一个 Command 对象执行查询后返回 3 条记录，并使用 DataReader 对象获取结果，则执行一次 DataReader 对象的 Read()方法，读取第 1 条记录；再执行一次 Read()方法，读取第 2 条记录；执行第 3 次 Read()方法，返回第 3 条记录。只要还有记录未被读取，执行 Read()方法返回 True，若返回结果已经读完到最后一条记录，则 Read()方法将返回 False。

执行 Read()方法后，可用 DataReader 对象的高效查询字段的方法直接读取记录对应字段或列数对应字段的值。例如：

```
OleDbDataReader dr = cmd.ExcuteReader();
dr.Read();                          //执行第 1 次,读取返回结果的第 1 条记录
```

```
Response.Write(dr[2].ToString()); //输出返回结果第 1 条记录的第 3 列数据
dr.Read();                        //执行第 2 次,读取返回结果的第 2 条记录
Response.Write(dr["sname"].ToString());
                                  //输出返回记录第 2 条记录中字段名为 sname
                                  //的数据
```

在读取数据时，当 Commad 对象的 ExecuteReader()方法返回 DataReader 对象后，也可通过 while 循环，利用 DataReader 的 Read()方法来依次读取一条记录。当读取第 1 条记录想获得下条记录时，仍然用 Read()方法，每读取一条记录都将赋值到字符串变量中，下一条记录将追加在上一条记录的字符串变量后面，直到 Read()方法返回值是 False，即当前记录已经是最后一条，退出循环。

DataReader 对象在执行 SQL 命令时一直要保存与数据库的连接。在 DataReader 对象开启状态下，该对象对应的 Command 连接对象不能用来执行其他的操作，所以在用完 DataReader 对象之后，一定要使用 Close()方法关闭该对象。

DataReader 对象读取数据库数据的 6 个步骤如下：

1）建立数据库连接，文中使用 Access 数据库，因此数据库连接为 OledbConnection。

2）使用 OledbConnection 对象的 Open()方法打开数据库连接。

3）将查询保存 OledbCommand 对象中。

4）调用 OledbCommand 对象 ExecuteReader()方法，将数据读入 OledbDataReader 对象中。

5）使用循环语句，调用 OledDataReader 的 Read()方法读取数据集，读取完成后关闭 DataReader 对象。

6）调用 OledbConnection 对象的 Close()方法，关闭数据序连接。

DataReader 对象的优缺点如表 3.9 所示。

表 3.9 DataReader 对象的优缺点

项目	说明
优点	1．DataReader 对象一次只存放一行数据在内存中，因此使用 DataReader 对象可以提高应用程序的性能，减轻对内存的需求。 2．DataReader 对象读取速度快
缺点	1．DataReader 对象只能按从上向下的顺序逐条读取记录，不能随机读取。 2．DataReader 对象使用 Read()方法逐条读取记录，效率低。 3．DataReader 对象查询结果是只读的，不能被修改。 4．DataReader 为在线操作数据，DataReader 会一直占用数据库连接，在其获得数据过程中，其他操作不可以再使用数据库连接对象

使用 DataReader 对象，也可实现本单元任务 3 中的用户登录功能，方法是声明 OleDbDataReader 对象后直接将 dr.Read()作为判断条件，若为 True 则表示有记录，若为 False 则表示无记录，代码如下：

```
protected void btnLogin_Click(object sender, EventArgs e)
    {
        string constr = ConfigurationManager.ConnectionStrings
```

```
    ["ConnectionString"].ConnectionString;
    OleDbConnection conn = new OleDbConnection(constr);
    conn.Open();
    //定义查询用户名和密码的 SQL 语句
    string sql = "select * from tb_user where username=@username and
    password=@password";
    OleDbCommand cmd = new OleDbCommand(sql, conn);
    cmd.Parameters.Add(new OleDbParameter("@username",
    txtUsername.Text));
    cmd.Parameters.Add(new OleDbParameter("@password",
    txtPassword.Text));
    //执行返回首行首列的执行方法 ExcuteScalar()
    //这里返回的是 ID 字段,若返回数值大于 0,表示用户名密码验证正确
    //声明 OleDbDataReader 对象
    OleDbDataReader dr = cmd.ExecuteReader();
    //if (Convert.ToInt32(cmd.ExecuteScalar())>0)
    //若读取不为空
    if (dr.Read())
    {
        //验证通过时,设置 Session 对象
        Session["username"] = txtUsername.Text;
        //弹出提示并跳转页面到 t3_salary.aspx
        ClientScript.RegisterStartupScript(this.GetType(), "",
        "<script>alert('登录成功!');location.href='t3_salary.aspx'
        </script>");
    }
    else
    {
        //验证不通过
        ClientScript.RegisterStartupScript(this.GetType(), "",
        "<script>alert('用户名或密码错误!');</script>");
    }
      dr.Close();
    conn.Close();
  }
```

上机练习

制作学生成绩管理系统信息编辑页面，为学生成绩管理系统的成绩查看页面添加提供友好界面的编辑功能：从成绩查看页面单击某一记录的“编辑”超链接跳转到独立的编辑页面，如图 3.61 所示，单击“修改”按钮可修改数据，单击“查看”按钮则返回成绩查看页面。

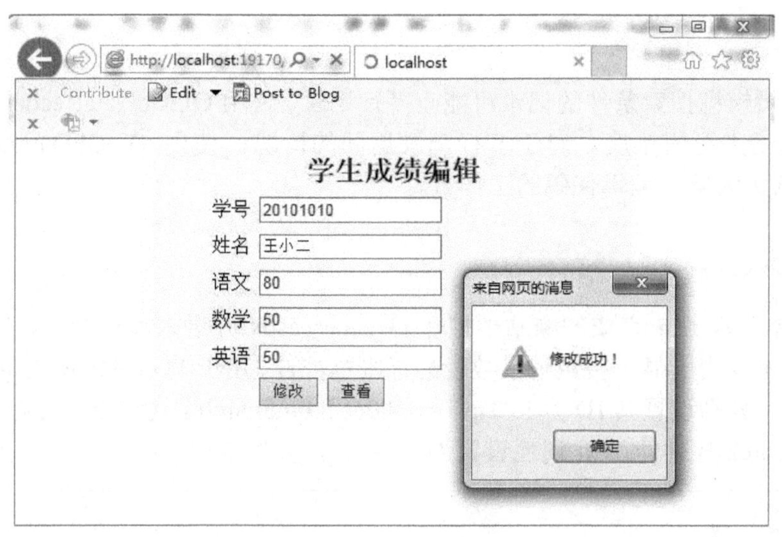

图 3.61　编辑页面

任务 5　搜索工资记录

任务目标

在工资管理中，由于员工的工资信息越来越多，由人工手动一条一条记录进行查找管理的方式已经大大降低了管理员的工作效率。本任务将实现根据管理员需要在数据库搜索符合条件的记录并在页面中显示搜索结果记录的功能，如图 3.62 所示。

工资管理

姓名　基本工资　工作提成　津贴　添加

ID	姓名	基本工资	工作提成	津贴	编辑	删除
2	李吉男	2500	700	400	编辑	删除
5	李玉和	2350	600	200	编辑	删除
7	李铁梅	4550	900	850	编辑	删除
10	李小明	4000	900	600	编辑	删除

共有4条搜索结果

请输入姓名 李　搜索

管理员：admin　注销

图 3.62　搜索结果显示

任务说明

符合管理员模糊搜索条件的记录可能有多行记录，使用 OleDbDataReader 对象逐行记录读取的方式将增大逻辑难度。对于多行记录返回的情况，使用 OleDbDataAdapter 对象和 DataSet 对象将大大降低编辑代码的工作量。

实现步骤

01 在本单元任务 4 完成的网站中打开 t3_salary.aspx 并进入设计视图，在 GridView 控件下方添加文本及用于显示搜索记录数量的标签框控件、用于输入模糊搜索条件的文本框控件和按钮控件，分别设置其 ID 为 lblTip、txtName、btnSearch，再将 lblTip 控件 Text 属性设置为空，btnSearch 控件的 Text 属性设置为“搜索”，如图 3.63 所示。

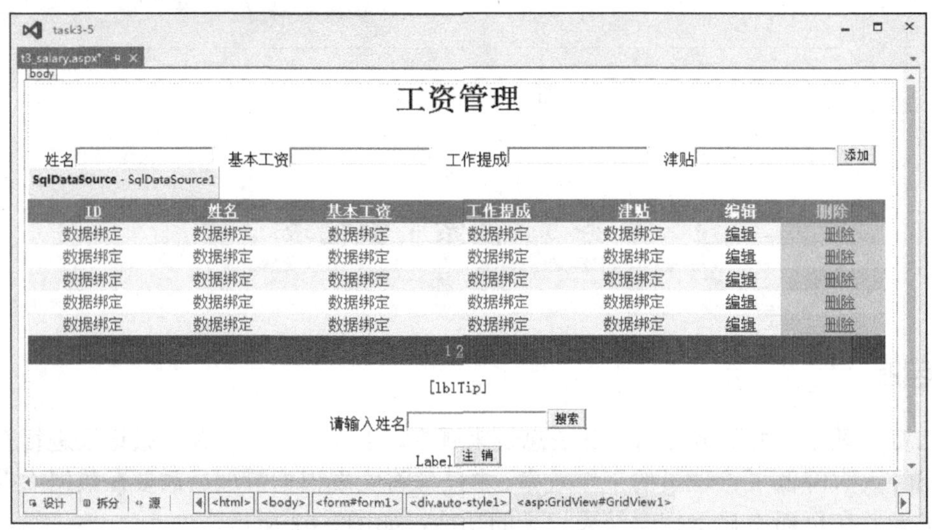

图 3.63　添加搜索需要的控件

02 编写代码实现搜索功能，在搜索时需要判断是否存在搜索返回结果，若存在，则显示在页面中；若不存在，则给出提示。在“搜索”按钮的单击事件中添加如下逻辑代码：

```
protected void btnSearch_Click(object sender, EventArgs e)
    {
        //创建连接对象 conn
        OleDbConnection conn = new OleDbConnection();
        //连接字符串使用本单元中保存在 web.config 配置文件中的连接字符串
        conn.ConnectionString = ConfigurationManager
        .ConnectionStrings["ConnectionString"].ConnectionString;
        conn.Open();
        //根据用户在 txtName 文本框中输入的内容返回选择显示的数据表字段,使 like
        //关键字和%通配符实现模糊搜索
```

```
        string sql = "select ID,sname,wage,bonus,allowance from
        tb_salary where sname like '%" + txtName.Text + "%'";
        //创建 OleDbDataAdapter 对象用于执行 SQL 语句并返回记录
        OleDbDataAdapter dt = new OleDbDataAdapter(sql, conn);
        //创建 DataSet 对象 ds 用于保存返回记录
        DataSet ds = new DataSet();
        //将返回记录写入 ds
        dt.Fill(ds);
        //判断是否存在返回记录
        if (ds != null)
        {
        //将 GridView 控件的数据源设置为保存着从数据库读取记录的 ds
          GridView1.DataSourceID = "";
          GridView1.DataSource = ds;
          //显示返回记录数量
          lblTip.Text = "共有" + ds.Tables[0].Rows.Count.ToString() +
          "条搜索结果";
          //绑定数据
          GridView1.DataBind();
        }
        else
        {
          ClientScript.RegisterStartupScript(this.GetType(), "js",
          "<script>alert('没有该记录!');</script>");
        }
      conn.Close();
    }
```

03 在浏览器中预览该页面，在文本框中输入搜索文字“李”，单击“搜索”按钮，如图 3.63 所示。

相关知识

1. DataSet 类

除了使用 DataReader 对象逐行从数据源中获取数据外，还可以使用 DataSet 对象将数据存到内存中进行处理。

DataSet 可以看作内存中的数据库，也可以说 DataSet 是数据表的集合，它可以包含任意多个数据表（DataTable），而且每一个 DataSet 中的数据表对应一个数据源中的数据表（Table）或数据视图（View）。数据表实质是由行（DataRow）和列（DataColumn）组成的集合，为了保护内存中数据记录的正确性，避免并发访问时的读写冲突，DataSet 对象中的 DataTable 负责维护每一条记录，分别保存记录的初始状态和当前状态。

DataSet 对象结构复杂，在 DataSet 对象的下一层是 DataTableCollection 对象、DataRelationCollection 对象和 ExtendedProperties 对象。每一个 DataSet 对象由若干个 DataTable 对象组成，DataTableCollection 对象用于管理 DataSet 对象中的所有 DataTable 对象，DataRelationCollection 对象用于管理 DataSet 对象中所有 DataTable 之间的 DataRelation 关系。

2. DataAdapter 类

DataSet 对象表示数据源中数据的本地副本，是.NET Framework 的一个主要创新。DataSet 对象本身可用来引用数据源，然而为了担当真正的数据管理工具，DataSet 对象必须能够与数据源交互。为了实现该功能，.NET 提供了 DataAdapter 类。

使用带 OleDb 数据提供程序的 DataSet 的步骤如下：

1）创建 OleDbConnection 对象，连接到 Access 数据库。

2）创建 OleDbDataAdapter 对象。

3）创建包含一个或多个表的 DataSet 对象。

4）使用 OleDbDataAdapter 对象，通过调用 Fill()方法来填充 DataSet 表。OleDbDataAdapter 隐式执行包含 select 语句的 OleDbCommand 对象。

5）修改 DataSet 中的数据。可以通过编程方式来执行修改，或者将 DataSet 绑定到用户界面控件（如 GridView 控件），在控件中更改数据。

6）在准备将数据更改返回数据库时，可以使用 OleDbDataAdapter 并调用 Update()方法。OleDbDataAdapter 对象隐式使用其 OleDbCommand 对象对数据库执行 insert、delete 和 update 语句。OleDbDataAdapter 类的常用属性和方法如表 3.10 所示。

表 3.10 OleDbDataAdapter 类的常用属性和方法

属性和方法	说明
SelectCommand	引用从数据源中检索行的 Command 对象
InsertCommand	引用将插入的行从 DataSet 写入数据源的 Command 对象
UpdateCommand	引用将修改的行从 DataSet 写入数据源的 Command 对象
DeleteCommand	引用从数据源中删除行的 Command 对象
Fill()方法	使用 OleDbDataAdapter 的这个方法，从数据源增加或刷新行，并将这些行放到 DataSet 表中。Fill()方法调用 SelectCommand 属性所指定的 select 语句
Update()方法	使用 DataAdapter 对象的这个方法，将 DataSet 表的更改传送到相应的数据源中。该方法为 DataSet 的 DataTable 中每一指定的行调用相应的 insert、update 或 delete 命令

DataSet 对象和 DataAdapter 对象配合，可以完成数据的查询和更新操作，如本单元任务 3 中的登录和任务 4 中的信息读取，均可使用 DataSet 对象和 DataAdapter 对象配合完成。

上机练习

继续本单元任务 4 的上机练习，为学生成绩管理系统的查看成绩页面添加学号及姓名的搜索功能，搜索结果显示在新页面：如图 3.64 所示，搜索“李”，将在图 3.65 所示的页面中显示包括关键字“李”的搜索结果及搜索结果记录数，单击“返回首页”超链接则可以返回到查看成绩页面。

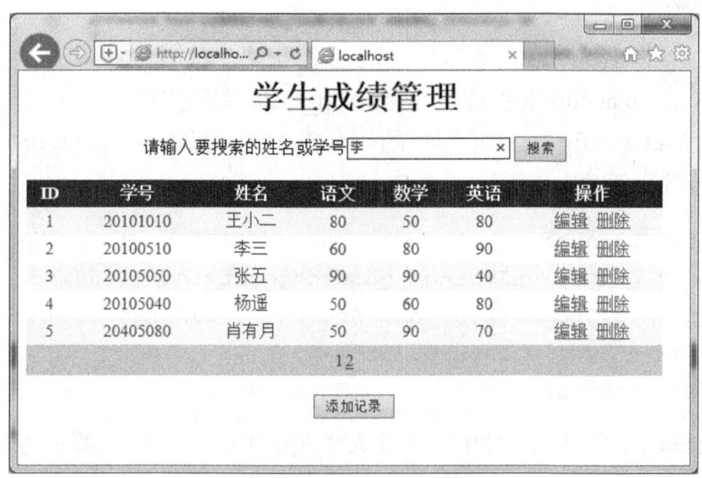

图 3.64　搜索页面

http://localho...　localhost

搜索结果：
共：2条记录

ID	学号	姓名	语文	数学	英语
2	20100510	李三	60	80	90
8	20101011	李小雅	60	80	60

返回首页

图 3.65　搜索结果页面

任务 6　使用类与构造函数简化代码

任务目标

操作数据库时重复代码较多，本任务将实现简化代码的编写，使操作数据的重复代码尽量减少，提高开发效率，在实现简化代码的基础上，重新完成工资管理系统的创建。

任务说明

由于操作数据库的代码很多是重复的，为了提高项目的开发效率，通常将常用的数据库操作封装到一个类中。类是指可以重复使用的功能代码，如数据库中的查询、增加、删除、修改操作。类在后续的开发中可以直接使用，无须重新编写相同代码。本任务将使用类与构造函数，重新调整梳理本单元任务1～任务5的功能，实现简化版的工资管理系统。

实现步骤

01 新建空网站，命名为“task3-6”，并在网站根目录中添加ASP.NET文件夹“App_Data”，复制本单元任务5的db.accdb数据库文件到App_Data文件夹中。

02 在网站的Web.config配置文件中的<configuration></configuration >之间添加如下代码用于快捷使用连接字符串：

```
<connectionStrings>
<add name="ConnectionString" connectionString="Provider
=Microsoft.ACE.OLEDB.12.0;Data Source=|DataDirectory|\db.accdb"
providerName="System.Data.OleDb"/>
</connectionStrings>
```

03 在网站根目录中新建ASP.NET文件夹“App_Code”。在“解决方案资源管理器”窗口中右击App_Code文件夹，在弹出的快捷菜单中选择“添加”→“添加新项”命令，弹出“添加新项-task3-6”对话框，在该对话框中选择“类”选项，将文件名命名为“co.cs”，单击“添加”按钮，如图3.66所示。

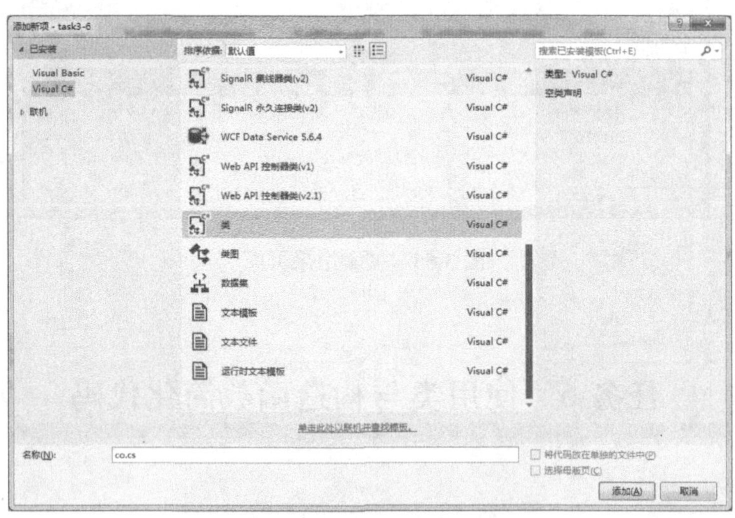

图3.66 新建“co.cs”类文件

04 双击打开co.cs类文件，为其添加引用命名空间：

```
using System;
using System.Collections.Generic;
using System.Linq;
using System.Web;
//增加3个命名空间
using System.Data;
```

```
using System.Data.OleDb;
using System.Configuration;
```

05 在打开的 co.cs 类文件中，使用 ConfigurationManager 类获取配置文件中的连接字符串。编写获取连接字符串的代码，具体如下：

```
public class co
    {
        public co()
        {
        //
        // TODO: 在此处添加构造函数逻辑
        //
        }
    //获取连接字符串
private static readonly string constr=ConfigurationManager.
ConnectionStrings["ConnectionString"].ConnectionString;
        //以下注释预留 co.cs 类中方法的位置
        // ExcuteNonQuery()
        // ExcuteScalar()
        // ExcuteReader()
        // ExcuteDataSet()
    }
```

06 使用在步骤 **05** 创建的 string 型 constr 变量获取连接字符串后，在 co.cs 类中继续定义一个用于执行对数据库增加、删除、修改操作的方法 ExcuteNonQuery()。具体代码如下：

```
//定义 ExcuteNonQuery()方法,用于执行增加、删除、修改操作,将返回影响行数
public static int ExcuteNonQuery(string sql, params OleDbParameter[] p)
    {
        //using 定义一个范围,在范围结束时自动调用实例的 Dispose 方法处理该对象
        using (OleDbConnection conn = new OleDbConnection(constr))
        {
            using (OleDbCommand cmd = new OleDbCommand(sql, conn))
            {
                if (p != null)
                {
                    cmd.Parameters.AddRange(p);
                }
                conn.Open();
            //执行 Sql 命令的 OleDbCommand 对象
                return cmd.ExecuteNonQuery();
            }
        }
    }
```

上述代码中 ExcuteNonQuery()方法用于对数据库进行增加、删除和修改操作，并返回对数据库的影响行数，可以通过此方法返回的 int 值判断操作是否成功，如果不需要使用影响行数，也可以直接执行该方法对数据库进行增加、删除和修改操作。其中，第 1 个参数"string sql"表示需要执行的 SQL 语句，其类型是字符串 string。第 2 个参数"params OleDbParameter[] p"表示 SQL 参数中需要替换的占位符及对应的值。

07 在 co.cs 类中实现 ExcuteReader()方法，用于获取一条或多条记录操作，并将查询记录以 OleDbDataReader 类型返回，返回后可以使用 Read()方法逐行读取查询记录。具体代码如下：

```
//定义 ExcuteReader()方法,用于返回 OleDbDataReader
public static OleDbDataReader ExcuteReader(string sql, params
OleDbParameter[] p)
    {
        OleDbConnection conn = new OleDbConnection(constr);
        using (OleDbCommand cmd = new OleDbCommand(sql, conn))
        {
            if (p != null)
            {
                cmd.Parameters.AddRange(p);
            }
            conn.Open();
            return cmd.ExecuteReader(System.Data.CommandBehavior.
            CloseConnection);

        }
    }
```

以上代码的 return 语句中，cmd 对象的 ExcuteReader()方法的参数值 System.Data.Command-Behavior.CloseConnection 为枚举类型，表示当 OleDbDataReader 对象执行 Read()方法时返回值为 False 时（即结果读取到记录末尾时），关闭 OleDbDataReader 对象，同时关闭数据库连接。

08 在 co.cs 类中实现 ExcuteDataSet()方法并保存类文件，用于将查询结果以 DataSet 类型返回。具体代码如下：

```
//定义 ExcuteDataSet()方法,用于返回 DataSet
public static DataSet ExcuteDataSet(string sql, params OleDbParameter[] p)
    {
        DataSet ds = new DataSet();
        using (OleDbDataAdapter dt = new OleDbDataAdapter(sql, constr))
        {
            if (p != null)
            {
```

```
                dt.SelectCommand.Parameters.AddRange(p);
            }
            dt.Fill(ds);
            return ds;
        }
    }
```

提示

此处的 ExcuteDataSet()方法中，没有显式打开和关闭 Connection 对象，因为在使用 Fill()方法时，若连接没有打开，它将隐式地打开 DataAdapter 正在使用的 Connection 对象，且在 Fill()方法完成时关闭连接，在处理单一操作时可简化代码，如在本任务中只需要用 DataAdapter 来完成搜索功能。当页面需要同时使用多个 DataAdapter 对象时，每次执行都会打开一个 Connection 对象，此时应显式打开和关闭 Connection 对象，即使用 “OleDbConnection conn = new OleDbConnection();” 语句创建 Connection 对象后通过 Open()方法对数据源进行操作，最后使用 Close()方法关闭 Connection 对象，以节省系统资源。

09 在网站根目录下创建新的 Web 窗体“t3_salaryManagement.aspx”，如图 3.67 所示，在设计视图中添加文本并设置它们的样式和对齐方式，并在页面中添加文本框控件、“查询”和“添加记录”按钮控件、GridView 控件，将它们的 ID 分别设置为 txtSname、btnSearch、btnAddrecord、GridView1，再将 GridView1 控件的 Width 属性设置为“900px”。

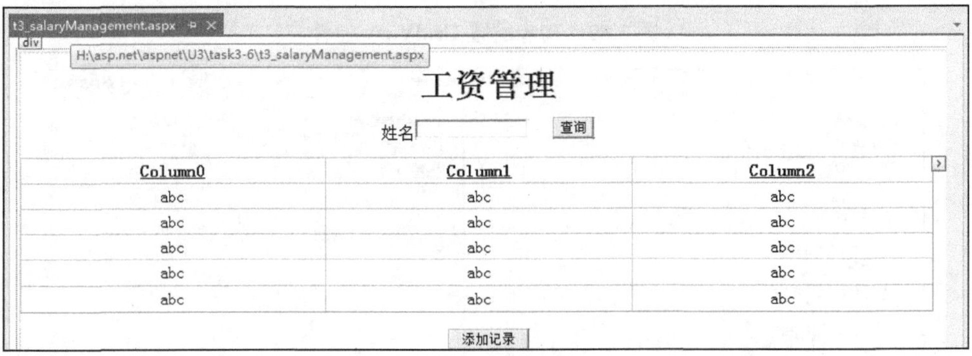

图 3.67　创建新窗体

10 为 GridView 控件新建数据源，新建数据源和配置过程参考本单元任务 1，配置测试如图 3.68 所示。

11 设置 GridView 字段的 HeaderText，并在“GridView 任务”菜单中选择“自动套用格式”选项，设置自动套用格式为“专业型”，勾选“启用分页”和“启用排序”复选框，再将 GridView 控件的 PageSize 属性值设置为“5”。初步配置 GridView 控件如图 3.69 所示。

12 选中 GridView 控件，在其任务菜单中选择“添加新列”选项，弹出“添加字段”对话框，为 GridView 控件添加两个新列，“添加字段”对话框的设置如图 3.70 所示。

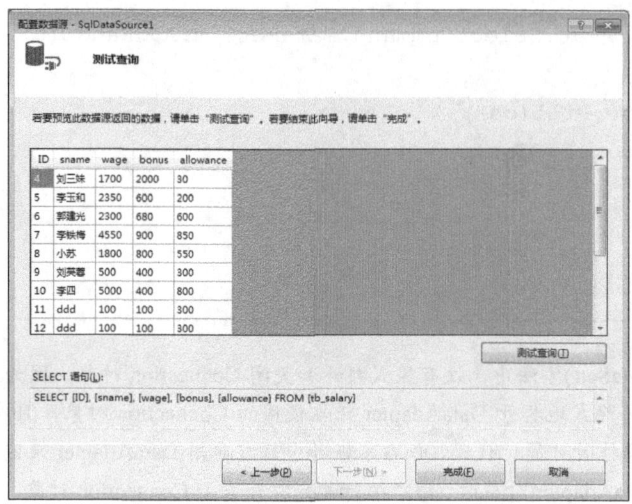

图 3.68　配置新建的数据源测试查询结果

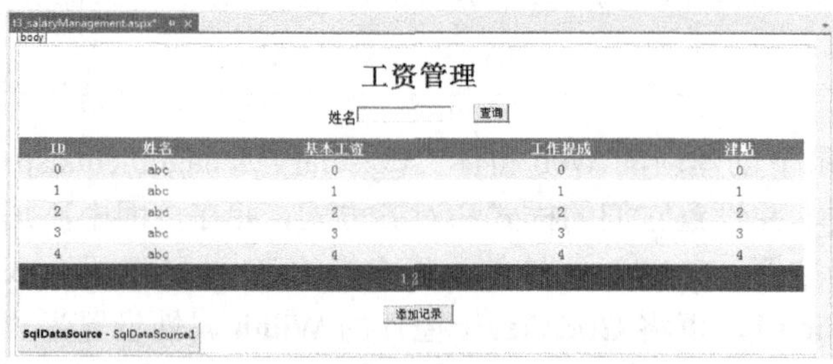

图 3.69　初步配置 GridView 控件

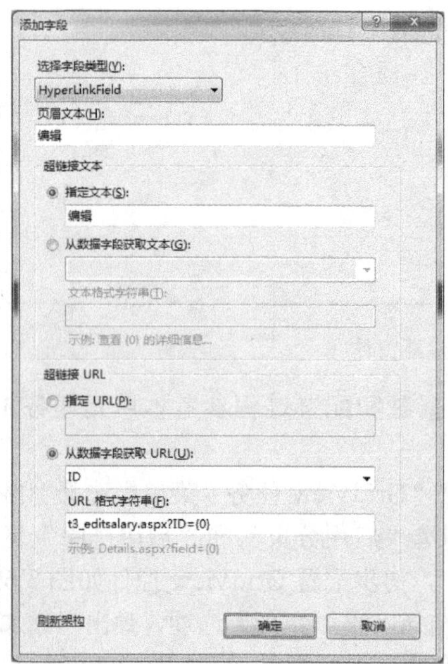

图 3.70　设置“添加字段”对话框

13 添加新列完成后，在“GridView 任务”菜单中单击“编辑模板”超链接，进入 GridView 控件的模板编辑模式，选中“Column(6)”，在其“GridView 任务”菜单的“显示”下拉列表中选择“ItemTemplate”选项，并在控件的 ItemTemplate 区域添加一个“LinkButton”控件，ID 为 lbtnDelete，该按钮属性设置如表 3.11 所示，添加后结果如图 3.71 所示。

表 3.11 lbtnDelete 属性设置

属性	设置值	说明
ID	lbtnDelete	设置 ID
Text	删除	设置显示在按钮上的文本
OnClientClick	return confirm('确认删除？')	设置单击该按钮时弹出确认提示框，用户单击“确认”按钮才触发该按钮的 C#事件，单击“取消”按钮时不作任何处理

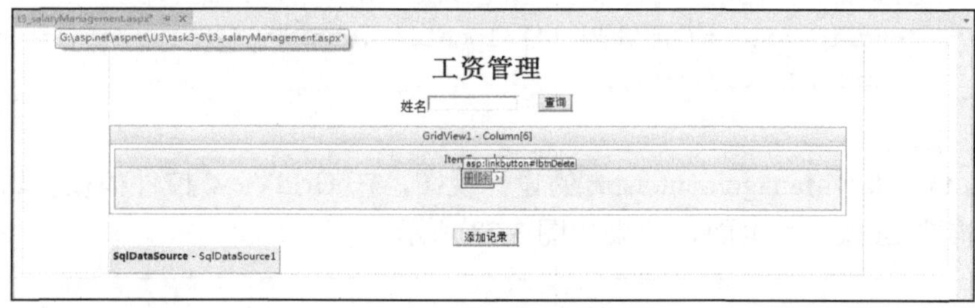

图 3.71 在 ItemTemplate 中添加按钮

14 选择 lbtnDelete 控件，在其任务菜单中选择“编辑 DataBindings”选项，弹出“lbtnDelete DataBindings”对话框，在“可绑定属性”列表框中选择“CommandArgument”选项，点选“字段绑定”单选按钮，在“绑定到”下拉列表中选择“ID”选项，如图 3.72 所示，设置完成后单击“确定”按钮。

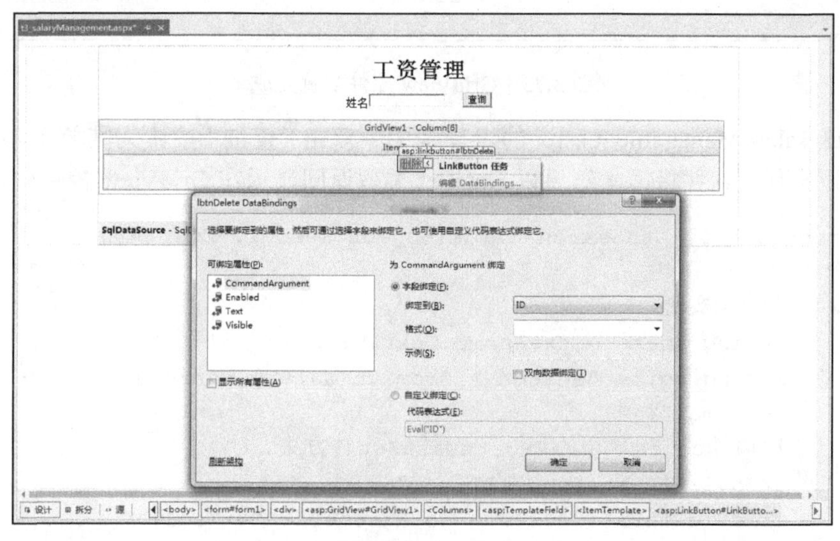

图 3.72 绑定 ID

15 在 t3_salaryManagement.aspx.cs 的代码视图中引入命名空间“using System.Data.

OleDb;”，返回 t3_salaryManagement.aspx 的设计视图后，双击 lbtnDelete 按钮进入其单击事件代码编辑视图，为其添加删除对应记录的逻辑代码，在此逻辑代码中调用定义在 co.cs 类文件中的 ExcuteNonQuery()方法，代码如下：

```
protected void lbtnDelete_Click(object sender, EventArgs e)
    {
    //获取绑定到按钮的 CommandArgument 值,将其作为 ID 条件删除对应记录!
        int id = Convert.ToInt32(((LinkButton)sender)
        .CommandArgument);
        string sql = "delete from tb_salary where ID = @ID";
    //调用定义在 co.cs 类文件中的 ExcuteNonQuery()方法
        co.ExcuteNonQuery(sql, new OleDbParameter("@ID", id));
        ClientScript.RegisterStartupScript(this.GetType(), "",
        "<script>alert('删除成功!');location.href='t3_salaryManagement
        .aspx';</script>");
    }
```

16 返回 t3_salaryManagement.aspx 的设计视图，在 GridView 控件模板编辑模式中选择“结束模板编辑”选项返回页面，结果如图 3.73 所示。

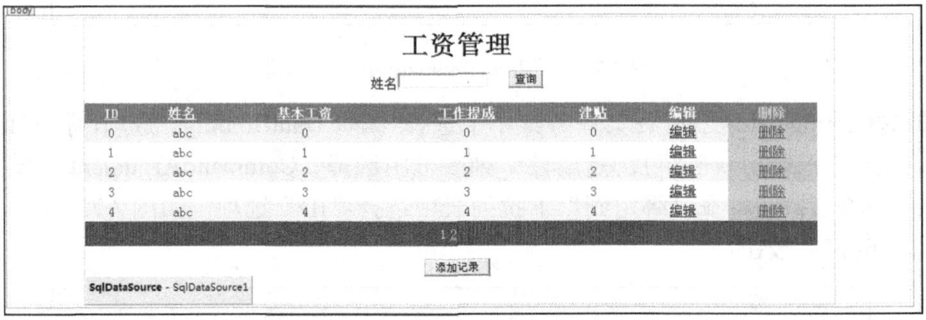

图 3.73　GridView 控件配置完成

17 在 t3_salaryManagement.aspx 的设计视图中双击“查询”按钮为其单击事件添加搜索记录功能的逻辑代码，并将搜索结果以 DataSet 类型返回显示在 GridView 控件中，代码如下：

```
protected void btnSearch_Click(object sender, EventArgs e)
    {
        //搜索实现
        string sname = txtSname.Text.Trim();
        string sql = "select * from tb_salary where sname like '%
        "+sname+"%'";
        //调用 co.cs 类中的 ExcuteDataSet()方法
        GridView1.DataSourceID = "";
        GridView1.DataSource = co.ExcuteDataSet(sql);
        GridView1.DataBind();
    }
```

18 在 t3_salaryManagement.aspx 页面中，双击“添加记录”按钮为其单击事件添加跳转到 t3_editSalary.aspx 页面的代码，具体如下：

```
protected void btnAddrecord_Click(object sender, EventArgs e)
    {
        //跳转到添加记录页面
        Response.Redirect("t3_editSalary.aspx");
    }
```

19 在网站根目录下添加一个新的 Web 窗体，命名为“t3_editSalary.aspx”，在其设计视图中为该窗体添加文本和常用控件，并设置它们的格式如图 3.74 所示，其中，标题部分的标签框 Label1 的 Text 属性设置为“添加记录”，Label2 的 Text 属性设置为“更新记录”，通过代码控制这两个标签的 Visible 属性用于根据需要完成的功能来显示提示标题。

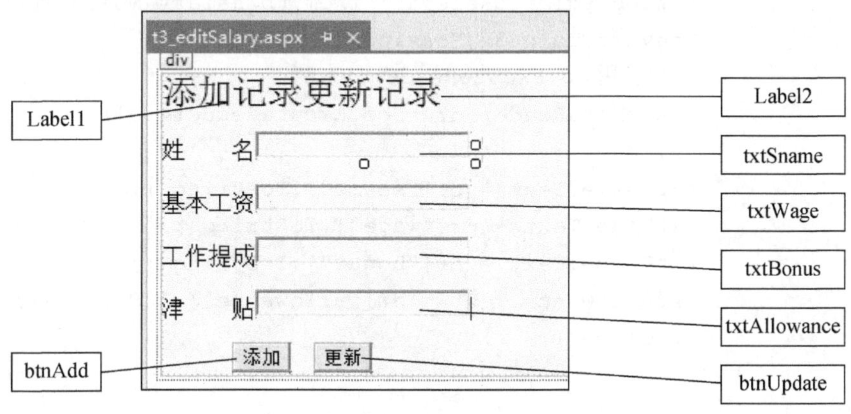

图 3.74　添加页面控件

20 进入 t3_editSalary.aspx.cs 的代码编辑视图，引入命名空间“using System.Data.OleDb;”后，在页面加载 Page_Load 事件中添加逻辑代码，实现若从 t3_salaryManagement.aspx 页面中的“编辑”超链接跳转到本页面，则在本页面中显示“更新”超链接，并根据 URL 传值字符串将数据表中相关记录直接显示在各个文本框中；若从 t3_salaryManagement.aspx 页面中的“添加”按钮跳转到本页面，则在本页面中显示“添加”按钮，代码如下：

```
protected void Page_Load(object sender, EventArgs e)
    {
        //页面第 1 次加载时进行判断
        if (!IsPostBack)
        {
                //如果在 URL 字符串中不存在 ID,则表示单击"添加"按钮跳转到该页面
            if (Request ["ID"] == null)
            {
                btnUpdate.Visible = false;
                btnAdd.Visible = true;
                //显示或隐藏标题标签
```

```
                Label1.Visible = true;
                Label2.Visible = false;
            }
                //如果在URL字符串中存在ID,则表示单击"编辑"超链接跳转到该页面,
                //显示相关记录到对应文本框
            else
            {
                btnUpdate.Visible = true;
                btnAdd.Visible = false;
                Label1.Visible = false;
                Label2.Visible = true;
                Session["ID"] = Request["ID"].ToString();
                string sql = "select * from tb_salary where ID=" +
                Convert.ToInt32(Session["ID"]);
                  //调用co.ExcuteReader()方法
                OleDbDataReader dr = co.ExcuteReader(sql);
                dr.Read();
                txtSname.Text = dr["sname"].ToString();
                txtWage.Text = dr["wage"].ToString();
                txtBonus.Text = dr["bonus"].ToString();
                txtAllowance.Text = dr["allowance"].ToString();
                dr.Close();
            }
        }
    }
```

21 在 t3_editSalary.aspx 页面的设计视图中，双击“添加”按钮为其添加单击事件逻辑代码，该逻辑代码将文本框中对应数据写入数据库，代码如下：

```
protected void btnAdd_Click(object sender, EventArgs e)
    {
        string sname = txtSname.Text.Trim();
        string wages = txtWage.Text;
        string bonuss = txtBonus.Text;
        string allowances = txtAllowance.Text;
        if (!String.IsNullOrEmpty(sname) && !String.IsNullOrEmpty
        (wages)&&!String.IsNullOrEmpty(bonuss)&&!String.IsNullOrEmpty
        (allowances))
        {
            string sql = "insert into tb_salary (sname,wage,bonus,
            allowance) values(@sname,@wage,@bonus,@allowance)";
                int wage = Convert.ToInt32(txtWage.Text);
                int bonus = Convert.ToInt32(txtBonus.Text);
```

```
            int allowance = Convert.ToInt32(txtAllowance.Text);
            //定义 OleDbParameter 数据,用于传递参数对 SQL 语句,注意符号
            OleDbParameter[] p = { new OleDbParameter("@sname", sname),
            new OleDbParameter("@wage", wage), new OleDbParameter
             ("@bonus", bonus), new OleDbParameter("@allowance",
            allowance)};
            //调用 ExcuteNonQuery()方法执行写入操作
            co.ExcuteNonQuery(sql, p);
            ClientScript.RegisterStartupScript(this.GetType(),
            "js", "<script>alert('添加成功!');location.href=
            't3_salaryManagement.aspx'</script>");
        }
        else
        {
            ClientScript.RegisterStartupScript(this.GetType(), "js",
            "<script>alert('所有信息不能为空!')</script>");
        }
}
```

22 在 t3_editSalary.aspx 页面的设计视图中，双击“更新”按钮为其添加单击事件逻辑代码，该逻辑代码将文本框中对应数据更新到数据库。代码如下：

```
protected void btnUpdate_Click(object sender, EventArgs e)
    {
        string sname = txtSname.Text.Trim();
        string wages = txtWage.Text;
        string bonuss = txtBonus.Text;
        string allowances = txtAllowance.Text;
        if (!String.IsNullOrEmpty(sname) && !String.IsNullOrEmpty
        (wages)&&!String.IsNullOrEmpty(bonuss)&&!String
        .IsNullOrEmpty(allowances))
        {
            int wage = Convert.ToInt32(txtWage.Text.Trim());
            int bonus = Convert.ToInt32(txtBonus.Text.Trim());
            int allowance = Convert.ToInt32(txtAllowance.Text.Trim());
            string sql = "update tb_salary set sname=@sname,wage=@wage,
            bonus=@bonus,allowance=@allowance where ID=" + Convert
            .ToInt32(Session["ID"]);
            OleDbParameter[] p = { new OleDbParameter("@sname",
            sname),new OleDbParameter("@wage", wage),new OleDbParameter
            ("@bonus", bonus),new OleDbParameter("@allowance",
            allowance)};
                //调用 co.ExcuteNonQuery()方法执行更新操作
```

```
            co.ExcuteNonQuery(sql, p);
            ClientScript.RegisterStartupScript(this.GetType(),
            "js", "<script>alert('更新成功!');location.href
            ='t3_salaryManagement.aspx'</script>");
        }
        else
        {
            ClientScript.RegisterStartupScript(this.GetType(), "js",
            "<script>alert('信息不能为空!')</script>");
        }
    }
```

23 添加新 Web 窗体“t3_login.aspx”，打开并进入其设计视图，参考本单元任务 3 添加控件及设置属性，如图 3.75 所示。

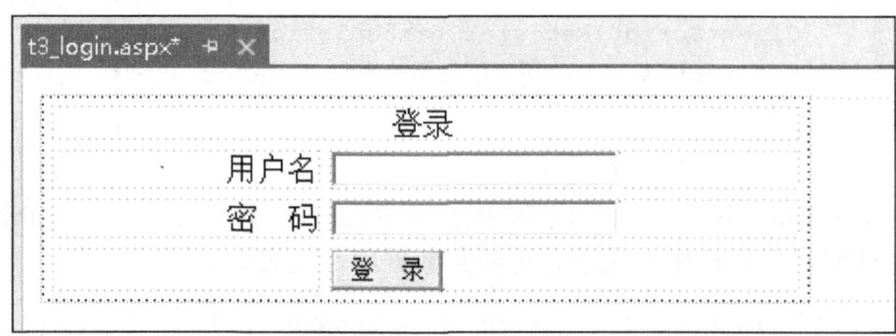

图 3.75　登录页面设计

24 在 t3_login.aspx.cs 的代码编辑视图中引入命名空间“using System.Data.OleDb;”后，在 t3_login.aspx 的设计视图双击“登录”按钮进入单击事件逻辑代码编辑视图，添加登录代码如下：

```
protected void btnLogin_Click(object sender, EventArgs e)
    {
        //定义查询用户名和密码的 SQL 语句
        string sql = "select * from tb_user where username=@username and
        password=@password";
        //定义 SQL 语句需要的 OledbParameter 数据
        OleDbParameter[] p = { new OleDbParameter("@username",
        txtUsername.Text),new OleDbParameter("@password",
        txtPassword.Text)};
        //调用 db.ExcuteReader()方法声明 OleDbDataReader 对象
        OleDbDataReader dr = co.ExcuteReader(sql, p);
        //执行 dr.Read()方法以判断是否有返回记录
        if (dr.Read())
        {
            Session["username"] = txtUsername.Text;
```

```
            //弹出提示并跳转页面到t3_salaryManagement.aspx
            ClientScript.RegisterStartupScript(this.GetType(), "",
            "<script>alert('登录成功!');location.href
            ='t3_salaryManagement.aspx'</script>");
        }
        else
        {
            //验证不通过
            ClientScript.RegisterStartupScript(this.GetType(), "",
            "<script>alert('用户名或密码错误!');</script>");
        }
        dr.Close();
        }
```

25 打开 t3_salaryManagement.aspx.cs，在其页面加载事件 Page_Load 中添加登录状态验证。代码如下：

```
protected void Page_Load(object sender, EventArgs e)
    {
        if (Session["username"] == null)
        {
            Response.Redirect("t3_login.aspx");
        }
    }
```

26 在浏览器中预览网站，测试登录、查询、添加、编辑、修改功能。

相关知识

1. 类

类是一种数据结构，可以包含数据成员、函数成员及嵌套类型。由于操作数据库代码多为重复，在实际开发中为提高效率，通常将常用的数据库操作封装在类中。

类使用关键字 class 来声明，如本任务中类文件中的 public class co{}，public 表示任何类都可以基于该类创建对象，co 为类名，{}中的内容为类体，用于定义行为和数据。常用类访问修饰符如表 3.12 所示。

表 3.12　常用类访问修饰符

修饰符	备注
public	允许所有类访问
private	只允许本类中的成员访问
protected	只有本类和派生类可以访问
internal	只有同一程序集的内部类或成员可以访问

类的字段、属性、方法和事件统称为“类成员”，如本任务中 co.cs 类包含 ExcuteNonQuery()、ExcuteReader()、ExcuteDataSet() 3 种方法，这 3 种方法将本单元任务 2、4、5 中的数据库操作代码封装到类中，而任务 3 中的登录功能由于可使用 ExcuteReader()方法来实现，因此未将代码封装到类中。如需重复使用 Command 对象的 ExecuteScalar()方法，可将其作为类成员封装到类中，代码如下：

```
//定义 ExcuteScalar()方法,用于返回单个值
public static object ExcuteScalar(string sql, params OleDbParameter[] p)
    {
        using (OleDbConnection conn = new OleDbConnection(constr))
        {
            using (OleDbCommand cmd = new OleDbCommand(sql, conn))
            {
                if (p != null)
                {
                    cmd.Parameters.AddRange(p);
                }
                conn.Open();
                return cmd.ExecuteScalar();
            }
        }
    }
```

上述代码的 ExcuteScalar()方法用于执行常用的查询单个数据的操作，如验证用户名和密码，并将查询结果中的首行首列以 object 类型返回。方法（如 ExcuteNonQuery()方法）中引用的参数使用方式相同。

2. String.IsNullOrEmpty

该 String 类的方法用来判断字符串是否为空字符串，空字符串有两种情况，一种是字符串里的值为空字符串，另一种是没有给字符串分配任何的值。

例如：

```
string s1="";
string s2;
Response.Write(String.IsNullOrEmpty(s1)+"<br/>");//返回 true
Response.Write(String.IsNullOrEmpty(s2)); //返回 true
```

此方法常用于判断用户是否在表单控件中输入数据。

3. using 关键字的使用

using 关键字不仅可以用来引入命名空间，还有释放数据连接等非托管资源的作用。在数据库操作中，完成对数据库的访问时一般都需要关闭数据连接，但在数据库相关连接对象使用 using 关键字可以在结束对数据库访问时，自动调用对象的 Dispose()方法或 Close()方法

关闭连接。例如，本任务中的 ExcuteNonQuery()方法在使用了 using 关键字后，conn 在数据库访问结束时将自动关闭，无须再对其进行 Close()关闭连接操作。

上机练习

使用类与构造函数简化任务 1～5 上机练习的学生成绩管理系统代码。

强华集团公司网站搭建实例

情景故事

小华的哥哥在强华集团公司信息部门工作，为了推广公司业务，提高公司知名度，公司决定让他物色人选一起制作公司网站。小华哥哥听说小华最近在自学 ASP.NET 动态网页制作，于是找小华帮忙。小华极快地答应了，并决定从网页前端开发做起，完成网站的基本框架搭建和相应模块的建设。

案例说明

一个网站的网页不少于 2 页，大型的网站甚至包含页面十几页。为了统一网站的布局，使得用户在访问网站时有良好的用户体验，可借助 ASP.NET 中的母版页技术统一网站的布局和风格问题。在本单元中将创建母版页把网页固定部分进行统一定义，搭建网站的基本框架。在“首页”及“公司新闻”“公司介绍”“商品展示”“联系我们”等子页面中套用母版页，利用 ContentPlaceHolder 占位符进行内容编辑。在网页内容设计时，利用数据控件、ADO.NET 数据库访问技术等在页面中读取数据库信息，搭建动态网站。

能力目标

1. 使用 DIV+CSS 的方式设计网站母版页。
2. 能创建内容页面，并选择对应的母版页。
3. 掌握 Literal 控件和 ListView 控件显示数据库中表的内容。
4. 能够利用 ADO.NET 数据访问技术连接数据库。
5. 能够借助超链接跳转页面并传递参数。

技能准备 1 利用 DIV+CSS 美化网页字体与段落

准备目标

使用样式表，美化网页字体和段落，如图 4.1 所示。

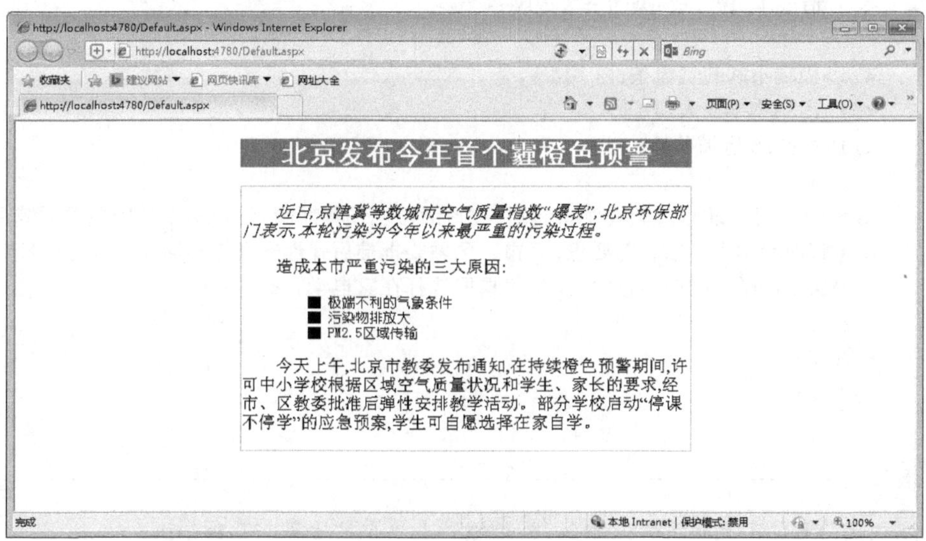

图 4.1 技能准备 1 效果图

准备说明

使用行内和内嵌样式表，设置页面的文字、段落、背景等样式。

实现步骤

01 新建空网站，命名为“prep1”，并添加新的窗体“Default.aspx”。

02 在 Default.aspx 窗体的源视图中<div></div>标签内，再加入一对<div></div>标签，两对<div></div>标签分别用于包含标题和内容，将它们的 ID 分别设置为“news”“content”。

```
<form id="form1" runat="server">
<div  id="news">
<div  id="content">
</div>
</div>
</form>
```

03 在 Default.aspx 窗体的源视图中继续输入<div></div>标签的内容，代码如下：

```
<form id="form1" runat="server">
<div id="news">
    <h1>北京发布今年首个霾橙色预警</h1>
    <%--使用行内样式表，设置灰色实线宽度 1px 的边框--%>
    <div id="content" style="border:1px dotted gray">
    <%--设置一个 p 标签的引用 p1 类--%>
    <p class="p1">近日,京津冀等数城市空气质量指数“爆表”,北京环保部门表示,本
    轮污染为今年以来最严重的污染过程。</p>
    <p> 造成本市严重污染的三大原因:</p>
    <ul>
    <li>极端不利的气象条件</li>
    <li>污染物排放大</li>
    <li>PM2.5 区域传输</li>
    </ul>
    <p>今天上午,北京市教委发布通知,在持续橙色预警期间,许可中小学校根据区域空气
    质量状况和学生、家长的要求,经市、区教委批准后弹性安排教学活动。部分学校启动
    “停课不停学”的应急预案,学生可自愿选择在家自学。</p>
    </div>
    </div>
    </form>
```

提示

.aspx 页面的 HTML 代码注释以“<%--”开始，以“--%>”结束，可以换行。

04 在 Default.aspx 窗体的源视图中<head></head>标签内加入<style></style>标签，在该标签内设置页面内嵌样式，对步骤 03 中页面标签 h1、p、ul、p1 类等进行包括字体颜色、字号，段落对齐方式、背景颜色等 CSS 样式设置，代码如下：

```
<%--设置字体，字号，背景颜色，居中显示--%>
<style type="text/css">
h1{
    font-family:黑体;
    color:white;
    background-color:#678;
    text-align:center;
   }
    /*设置文本字号、字体、段落缩进 2mm*/
p{
    text-indent:2em;
   /*font-family: Arial, "Times New Roman";font-size:20px;*/
   /*可改写为复合属性，但是需要注意顺序*/
    font:20px  "Times New Roman";
```

```
    }
    /*设置文本斜体*/
.p1{
       font-style:italic;
     }
 ul {
       /*设置左外边距 50px*/
         margin-left:60px;
         list-style-type:square;
         font-family:"幼圆";
    }

#news
     {
       /*设置居中*/
         margin:0 auto;
         width:520px;
      }
</style>
```

提示

CSS 样式代码注释以“/*”开始，以“*/”结束，可以换行。

05 在浏览器中预览“Default.aspx”页面，效果图如图 4.2 所示。

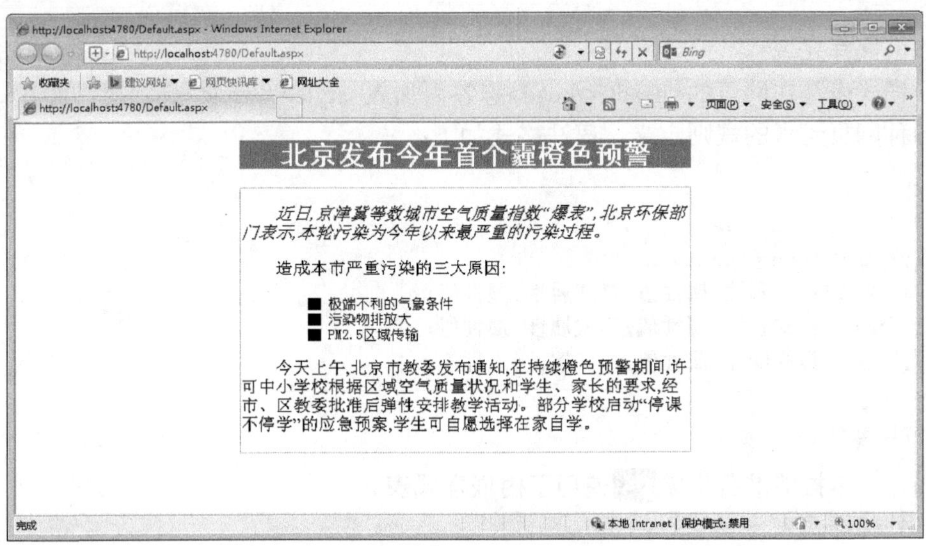

图 4.2　技能准备 1 效果图

相关知识

1. CSS 的概述

CSS 是 Cascading Style Sheets 缩写，即层叠样式表，可用来改善网页的显示效果。层叠样式表是指在 HTML 文件中引用多个样式，并成为一个整体。在 HTML 中，每一种样式都需要用一个样式名称和相关的设置值来表示。CSS 是对 HTML 的补充，可将重复使用的格式设定固定放在一个文件中，而这个文件就是 CSS 样式表，其中格式就是样式。

2. 样式表加到 HTML 文档的方法

CSS 提供 3 种方式将样式表加到 HTML 文件中。

（1）行内样式表

直接设置 HTML 正文标签的 style 属性的方法称为行内样式表。当希望某段文字和其他段落的文字显示风格不一样，可用这种方法。其语法格式如下：

```
<标签名称 style="样式属性：属性值；样式属性：属性值；… ">
```

其中，标签名称是要设置样式的标签名称，如 p 标签；样式属性是指设置的样式，如颜色、大小、对齐方式等。属性值是需要设置成什么样的样式，如设置段落颜色为“红色”，可用<p style="color:red"></p>。可以对一个标签设置多种样式，各个样式之间用分号隔开，样式属性和样式属性值之间用冒号隔开，要设置的样式应加上双引号。

例如，本准备中设置 DIV 的样式：

```
<div id="content" style="border:1px dotted gray">
</div>
```

（2）内嵌样式表

内嵌样式表是在网页的<head></head>标签内加入<style></style>标签对，并在该标签对中加入各种网页元素的规则定义。语法格式如下：

```
<head>
<title></title>
<style type="text/css">
选择器 1{样式属性:属性值;样式属性:属性值;…}
选择器 2{样式属性:属性值;样式属性:属性值;…}
选择器 3{样式属性:属性值;样式属性:属性值;…}
</style>
</head>
```

例如，在本技能准备步骤 04 使用了内嵌样式表。

（3）外部样式表

在使用外部样式表文件之前，必须先将所有的规则写到样式表中。

这个外部文件就是外部样式表文件，扩展名为.css。在 Visual Studio 2015 中，可通过选择“添加新项”→“样式表”命令新建外部样式表文件，将所有规则写到外部样式表中后，可通过拖动该样式表到.aspx 页面源视图的<head></head>之间来链接外部样式表，此时将在<head></head>中产生一个<link>标签，例如：

```
<head>
<title></title>
<link href="样式表文件.css"  rel="stylesheet" type="text/css"/>
</head>
```

其中“rel”指定链接到样式表，“type”指定链接进来的是 CSS 样式表，“href”指定 CSS 样式表所在的位置及名称。

以上 3 种样式表各有特点，如表 4.1 所示。

表 4.1　3 种样式表方法对比

名称 项目	行内样式表	内嵌样式表	外部样式表
特点	混合在 HTML 标记里使用，可以很简单地对某个元素单独定义样式	将 CSS 样式代码添加到<head></head>之间，可以设置一些比较简单的样式	页面内容和样式控制代码完成分离，并且可以实现多个 HTML 页面共用同一个样式表
优点级	最高	次高	最低

3. 选择器

选择器包括标签选择器、类选择器、ID 选择器、全局选择器及在这 4 种选择器上拓展的组合选择器、伪元素选择器，下面对这些选择器进行介绍。

（1）标签选择器

标签选择器以 HTML 文档中的元素作为选择符号，这是最基本的一种选择器。语法格式如下：

```
HTML 元素 {样式属性:属性值;样式属性:属性值;…}
```

例如，设置 p 标签的文本颜色为红色，具体设置如下：

```
p{color:red;}
```

本技能准备的内嵌样式表中使用了 3 次标签选择器，分别是“p”“ul”“h1”。

（2）类选择器

类选择器的定义方式以英文的“.”开头，后面加上用户自定义的类名，再加上样式的设置。语法格式如下：

```
.classname {样式属性:属性值;样式属性:属性值;…}
```

例如，用类选择器设置文本颜色红色、加粗显示，具体设置如下：

```
.myclass{color:red;font-weight:bold;}
```

如需在页面上引用该类，只需要将该类名设置为其对应的 class 属性值。例如，将上面的 myclass 应用到<p>标签，具体设置如下：

```
<p class="myclass"></p>
```

本技能准备的内嵌样式表中使用了“p1”类选择器。

（3）ID 选择器

ID 选择器的应用和类选择器几乎相同，只要将 class 名前面的“.”换成“#”符号，引用时将 class 改成 id 即可。例如，将 ID 选择器设置文本颜色红色、加粗显示，并在页面中引用该 ID 选择器。具体设置如下：

```
#myid{color:red;font-weight:bold;}
<p id="myid"></p>
```

相对而言，ID 选择器有较大的局限性，只能单独对某个元素进行样式设置，即在页面中只能引用一次，而类选择器可以重复使用。本准备中内嵌样式表设置的使用了“news”ID 选择器。

（4）全局选择器

如果想要所有的 HTML 标签使用同一种样式，可以使用全局选择器。其语法格式如下：

```
*{样式属性:属性值;样式属性:属性值;…}
```

其中“*”表示对所有元素起作用。

例如，将所有文本颜色设置为红色，具体设置如下：

```
*{color:red;}
```

（5）组合选择器

若多个选择器将应用同一个样式或某个元素后代元素需要应用样式，可使用组合选择器。常见的组合选择器如表 4.2 所示。

表 4.2　常见的组合选择器

选择器	描述
A,B	多元素选择器，同时设置 A 和 B 元素的样式，A 和 B 之间用逗号隔开
A B	后代元素选择器，设置 A 的后代元素 B 的样式，A 和 B 之间用空格隔开
A>B	子元素选择器，设置 A 的子元素 B 的样式，A 和 B 之间用“>”隔开
A+B	毗邻元素选择器，设置所有紧随 A 元素之后的同级元素 B 的样式，A 和 B 之间用“+”隔开
A~B	兄弟选择器，设置所有在 A 元素之后的同级元素 B 的样式，A 和 B 之间用“~”隔开

例如：

```
<div class="fumu">
<div id="div1">
<p>这是 p1</p>
<em>这是 em1</em>
<strong>strong</strong>
<em>这是 em2</em>
```

```
</div>
<p>这是 p2</p>
</div>
```

以上代码的样式表中，可作如下设置：

1）p, em{color:red}：设置 p 和 em 标签的文本颜色为红色，“这是 em1”“这是 em2”“这是 p1”“这是 p2”被设置为红色。

2）#div1 p{color:red}：设置 id=div1 的后代元素 p 的文本颜色为红色，“这是 p1”被设置为红色。

3）.fumu > p{color:red}：设置 class = fumu 的子元素 p 的文本颜色为红色，“这是 p2”被设置为红色。

4）p + em{color:red}：设置紧随 p 同级元素 em 的颜色红色，“这是 em1”被设置为红色。

5）p~em{color:red}：设置在 p 后面同级元素 em 的颜色红色，“这是 em1”“这是 em2”被设置为红色。

后代元素选择器和子元素选择器的区别在于，后代元素选择器包括孙子、曾孙、重孙标签等，而子元素选择器只是指代子元素，后代元素选择器比子元素选择器的作用范围广。

毗邻元素选择器是指紧随元素之后的同级元素，而兄弟元素选择器只需要在元素之后的同级元素即可，不需要紧随。兄弟元素选择器比毗邻元素选择器的作用范围广。

（6）伪元素选择器

伪元素选择器最经常用于标签<a>上，它表示链接的 4 种不同状态：未访问链接（link）、已访问链接（visited）、激活链接（active）、鼠标指针停留在链接上（hover）。

例如，以下代码将设置默认超链接的样式是颜色蓝色，不带下划线。当鼠标指针经过该超链接时，文本颜色变为红色，且文本加上下划线。

```
<html>
        <head>
        <title>伪元素选择器</title>
        <style type="text/css">
         a
         { /*设置超链接不带下划线*/
          color: blue;
          text-decoration: none;  /*文本修饰：无*/
         }
         a:hover
         {/*鼠标指针在超链接上方停留时,带下划线 */
          color: red;
          text-decoration:underline; /*文本修饰:下划线*/
          }
        </style>
        </head>
        <body>
            <form id="form1" runat="server">
            <div>
```

```
            <a href="a.htm" >俺是超链接,移过来我就显示下划线</a>
           </div>
           </form>
       </body>
</html>
```

4. CSS 文字美化

文字样式有字体样式、字体、文字大小等，CSS 在文字外观上提供的属性，如表 4.3 所示。

表 4.3 字体属性

属性	描述	设置
color	文本颜色	颜色名称、十六进制、RGB 码
font-family	字体	字体如“幼圆”“Arial”等
font-size	文本字号	数值+单位或数值+百分比
font-style	文本风格	normal（普通）、italic（斜体）、oblique（倾斜）
font-weight	文本粗体	bold（粗体）、bolder（超粗体）、lighter（细体）、normal（默认）
font	文本复合属性	排列顺序是 font-style、font-variant、font-weight、font-size、font-family

在表 4.3 的字体属性中，使用文本复合属性 font 时，排列顺序是 font-style、font-variant、font-weight、font-size、font-family，前 3 个的顺序可以自由调换，但是 font-size、font-family 必须按照固定的顺序出现，且这两个属性一定要出现在 font 属性中，否则整条样式规则将被忽略。

例如，在本准备中，设置 p 标签的字号和字体时，可用 font 复合属性。

```
p{
    /*font-family: Arial, "Times New Roman"; font-size:20px;*/
    /*可改写为复合属性,但是需要注意顺序*/
    font:20px  "Times New Roman";
  }
```

5. 段落美化

常用的段落属性如表 4.4 所示。

表 4.4 常用的段落属性

属性	描述	设置
text-align	文本水平对齐	left（左对齐）、center（居中对齐）、right（右对齐）、justify（两端对齐）
text-indent	首行缩进	数值+单位或者数值+百分比
letter-spacing	字符间距	数值+单位
word-spacing	英文单词间距	数值+单位
line-height	行高	数值+单位
word-wrap	是否换行	break-word（允许长单词换行到下一行）

在表 4.4 的段落属性中，可通过同时设置 text-align 和 line-height 使得文本水平和垂直对齐。例如，在页面中设置 DIV 的 CSS 样式如下，将得到图 4.3 所示的页面效果。

```
    <head>
     <title></title>
     <style>
        #div1 {
            height:100px;
            width:200px;
            border:1px solid red;
            text-align:center;
            line-height:100px;
        }
     </style>
 </head>
 <body>
     <form id="form1" runat="server">
     <div id="div1">
      欢迎来到 ASP.NET 世界！
     </div>
      </form>
 </body>
```

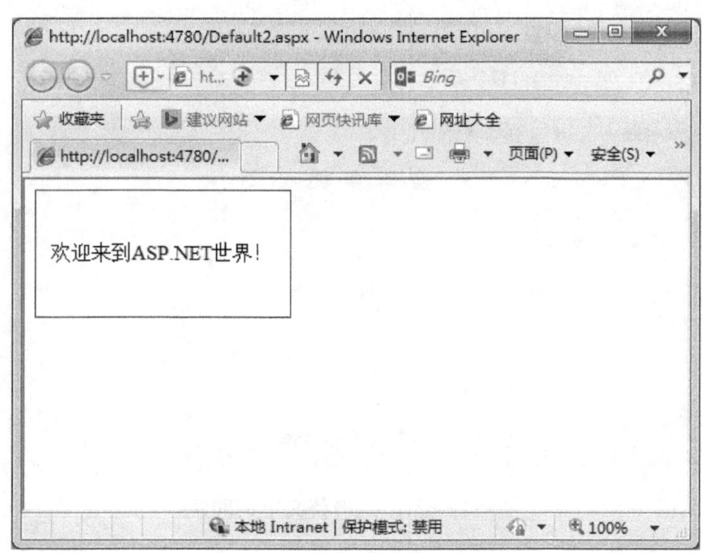

图 4.3　页面效果

在表 4.4 的段落属性中，letter-spacing 和 word-spacing 的区别在于，letter-spacing 用来设置字符与字符之间的间距，而 word-spacing 设置英文单词的间距。例如，在页面中设置段落的 CSS 样式如下，将得到图 4.4 所示的页面效果。

```
<head>
<style>
    #p1 {
        word-spacing:20px;
    }
    #p2 {
        letter-spacing:10px;
    }

</style>
</head>
<body>
    <form id="form1" runat="server">
    <div>
    <p id="p1">welcome to 强华集团公司</p>
    <p id="p2">welcome to 强华集团公司</p>
    </div>
    </form>
</body>
```

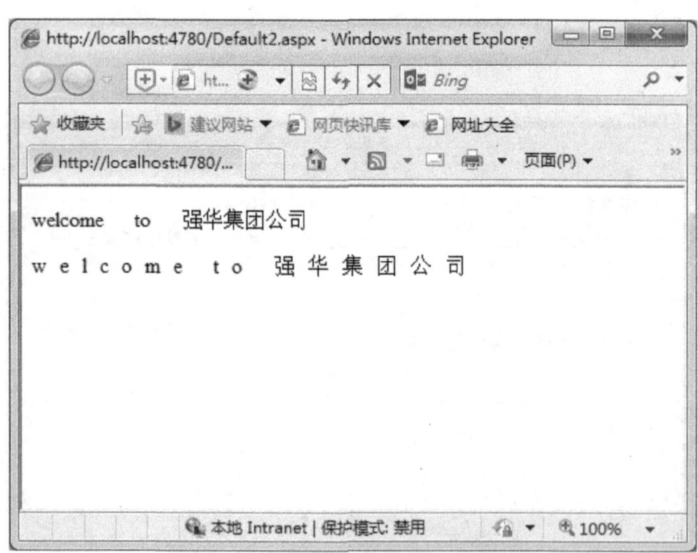

图 4.4 显示字符/英文单词间距

6. 背景美化

网页制作中不可缺少的是背景，在 CSS 中可设置背景的属性，如在本技能准备中使用 background-color 属性设置标签 h1 的背景颜色。背景的部分属性如表 4.5 所示。

表 4.5　背景的部分属性

属性	描述	设置
background-color	背景颜色	颜色名称、十六进制、RGB 码
background-image	背景图片	url（“图片”）
background-repeat	背景图片的平铺或重复属性	repeat-x（重复并排显示，这是默认值）； repeat-x（图片在 x 轴重复显示）； repeat-y（图片在 y 轴重复显示）； no-repeat（图片不平铺，且只显示一次）
background-position	背景图片位置	x 坐标+单位、y 坐标+单位或水平位置（left center right）、垂直位置（top center bottom）
background-attachment	背景图片的滚动和定位	scroll（背景图片随内容滚动，这是默认值）、fixed（背景图像固定）
background	综合属性	背景属性值，各个属性以空格隔开，没有顺序要求

在设置背景属性时需要注意的是，background-position、background-repeat、background-attachment 属性必须为其指定 background-image 属性值后才有效。

7. 无序列表美化

在 HTML 中，项目前面可以不带符号，或者带特殊的符号，可以通过 list-style-type 属性来定义无序列表前面的项目符号，如在本准备中，使用 list-style-type：square 将 ul 标签项目符号设置为实心方块。常见的 list-style-type 属性如表 4.6 所示。

表 4.6　常用的 list-style-type 属性

属性	描述
disc	实心圆
circle	空心圆
square	实心方块
none	不使用任何符号

技能准备 2　利用 DIV+CSS 进行坐标定位布局

准备目标

利用样式表制作页面，页面中有 4 个颜色为白色、灰色、黄色、天蓝色的 DIV，它们的位置及页面效果如图 4.5 所示。

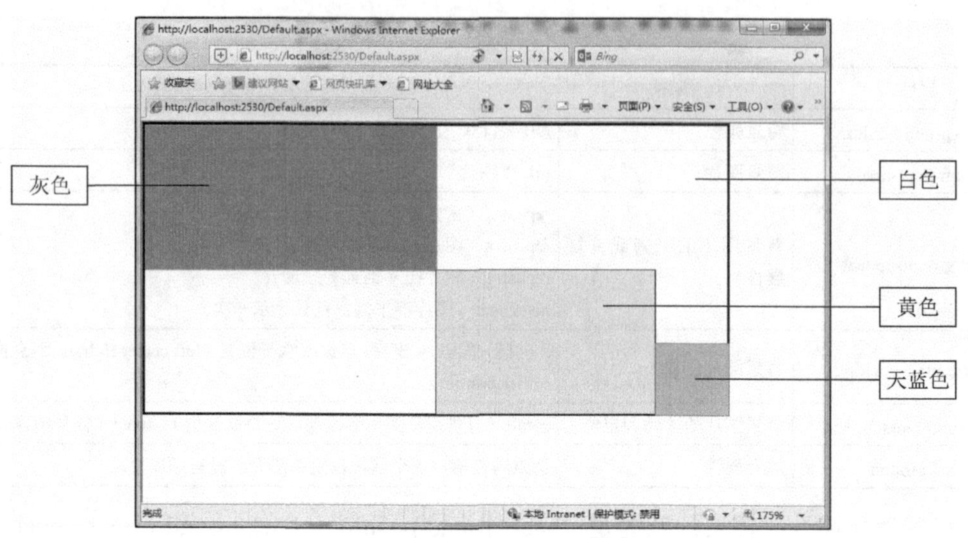

图 4.5　技能准备 2 页面效果

准备说明

使用外部样式表，设置 DIV 的 position 属性，结合 left、top、right 及 bottom 属性实现页面的坐标定位布局。

实现步骤

01 新建空网站，命名为“prep2”，并添加新的窗体“Default.aspx”。

02 在 Default.aspx 的源视图中，输入以下代码：

```
<form id="form1" runat="server">
<div id="div1">
  <div id="div2">
    <div id="div3">
      <div id="div4">
      </div>
    </div>
  </div>
</div>
</form>
```

03 在“解决方案资源管理器”窗口中右击“prep2”，在弹出的快捷菜单中选择“添加”→“新建文件夹”命令，新建文件夹并命名为“css”，如图 4.6 所示。

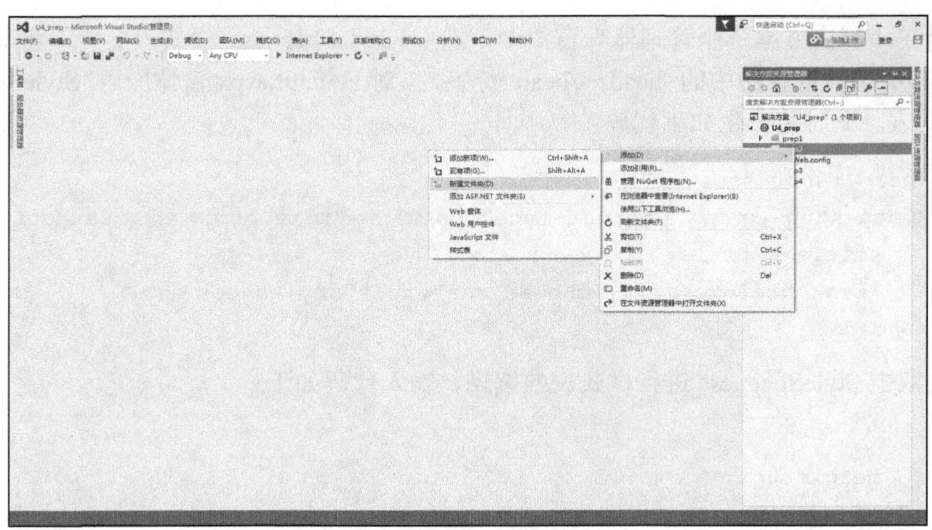

图 4.6　新建 css 文件夹

提示

为了使网站的目录条理清晰，可新建文件夹用于整理存放不同资源，如可新建 css 文件夹，用于存放样式文件；新建 images 文件夹，用于存放网站中除产品外的图片；新建 products 文件夹，用于存放产品图片；新建 html 文件夹用于存放前台页面等。

04 在“解决方案资源管理器”窗口中右击 css 文件夹，在弹出的快捷菜单中选择“添加”→“添加新项”命令，弹出添加新项对话框，选择“样式表”选项，修改样式表名称，默认名称为“StyleSheet.css”，如图 4.7 所示，单击“添加”按钮，完成样式表的创建。

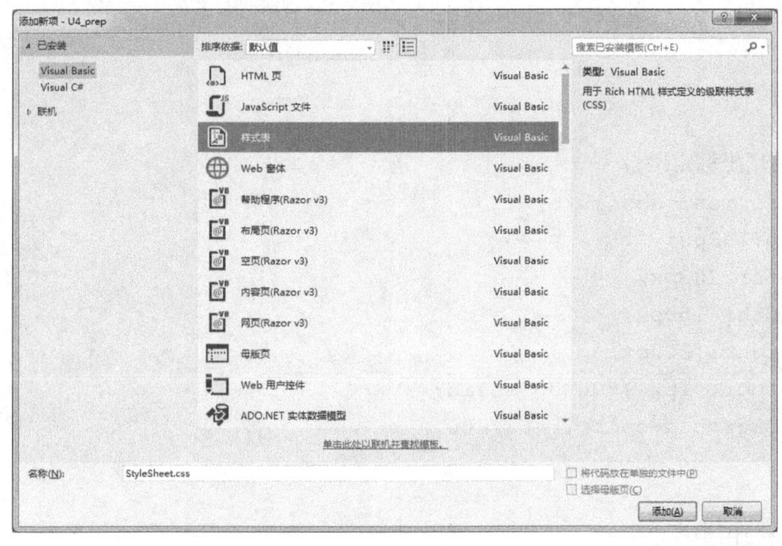

图 4.7　新建样式表

05在“解决方案资源管理器”窗口中，选中 StyleSheet.css 样式表文件，将其拖动到 Default.aspx 窗体源视图中的<head></head>标签内，对 Default.aspx 窗体应用“StyleSheet.css”外部样式表。此时将产生如下代码：

```
<head runat="server">
<meta http-equiv="Content-Type" content="text/html; charset=utf-8"/>
   <title></title>
   <link href="css/StyleSheet.css" rel="stylesheet" />
</head>
```

06双击 StyleSheet.css 进行样式表的编辑，输入代码如下：

```
*{
   margin:0px;
   padding:0px;
}
#div1
{
   border: 2px #000080 solid;
   width: 400px;
   height: 200px;
}
#div2
{
   width: 200px;
   height: 100px;
   border: 1px #00FF00 solid;
   background-color: #808080;
}
#div3
{
  /*使用坐标定位*/
   position: absolute;
   top:102px;
   left: 202px;
   width: 150px;
   height: 100px;
   border: 1px #800000 solid;
   background-color: #FFFF00;
}
#div4
{    /*使用坐标定位*/
   position: absolute;
   left: 150px;
```

```
        top:50px;
        width: 50px;
        height: 50px;
        border: 1px #FF00FF solid;
        background-color: #00FFFF;
    }
```

提示

外部样式表链接也可通过直接输入<link>链接标记在页面中链接外部样式表，需要注意的是，不管使用何种方法，链接语句必须放在页面的<head>标记区中。

07 在浏览器中查看页面，如图 4.5 所示。

相关知识

CSS 语法中与位置相关的部分属性，如表 4.7 所示。

表 4.7　位置属性

属性	描述	设置
position	设置组件位置的排列方式	可取值 absolute、relative
width	指定组件宽度	宽度数值，如 width: 400px
height	指定组件高度	高度数值，如 height: 200px
left	指定组件与左边界的距离（x 坐标）	距离数值，x 坐标越大，组件越往右
top	指定组件与上边界的距离（y 坐标）	距离数值，y 坐标越大，组件越往下

在表 4.7 所示的位置属性中，position 属性通常与<div>标记搭配使用，用来将组件精确定位，定位方式有 absolute（绝对定位）和 relative（相对定位）。

1）absolute（绝对定位）：以使用 position 定位的父组件的左上角的点进行定位。如果找不到父组件，则以<body>左上角的点进行定位。

2）relative（相对定位）：以组件本身的左上角点为原点来定位。

下面的例子使用了两层<div>标记来定位图片，以 absolute 定位，代码如下：

```
<head runat="server">
<meta http-equiv="Content-Type" content="text/html; charset=utf-8"/>
    <title></title>
   <%-- 内嵌样式--%>
    <style>
      * {
          margin:0px;
          padding:0px;
        }
```

```
        #a
        {
            width:100px;
            height:100px;
            background-color:Yellow;
            margin-left:10px;


        }
        #b
        {
            width:50px;
            height:50px;
            background-color:red;
            position:absolute;
            left:10px;
        }
        </style>
    </head>
        <%--主体部分--%>
    <body>
    <div id="a">
    <div id="b">
    </div>
    </div>
    </body>
```

上面例子以 absolute 定位，其效果如图 4.8 所示。若将 position 属性值更改为 relative，则效果如图 4.9 所示。由图可知 position 属性值为 absolute，则是以原始坐标（0,0）向右移动 10px；属性值为 relative，则是相对于父元素（黄色区域）移动向右移动 10px。

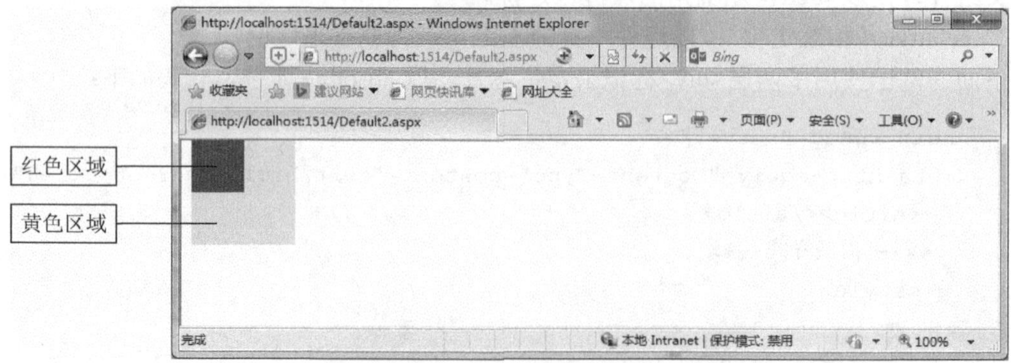

图 4.8　设置 position 属性值为 absolute 的效果

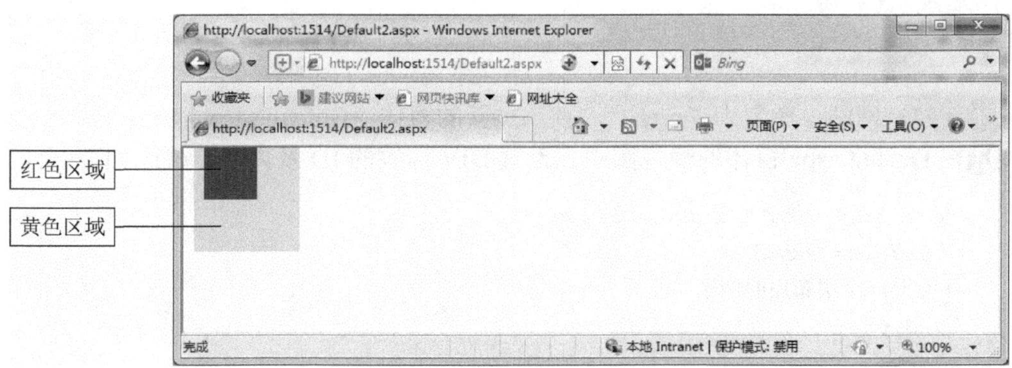

图 4.9　设置 position 属性值为 relative 的效果

技能准备 3　利用 DIV+CSS 进行边框和方框设置

准备目标

使用样式表，对页面进行边框和方框设置，如图 4.10 所示。

图 4.10　技能准备 3 实例

准备说明

使用外部样式表，设置页面元素的边框、边界、边界间距等 CSS 属性，进行边框和方框设置。

实现步骤

01 新建空网站，命名为“prep3”，并添加新的窗体“Default.aspx”。

02 在 Default.aspx 窗体的源视图中，设置 DIV 标签的 ID 及内容，代码如下：

```
<form id="form1" runat="server">
  <div id="sample">
   这是一个层布局的例子
  </div>
 </form>
```

03 在网站根目录下新建文件夹命名为“images”，将预先准备好的 bg1.jpg 图片放入该文件夹中。

04 在网站根目录下新建文件夹命名为“css”，在该文件夹中新建样式文件 StyleSheet.css，将 StyleSheet.css 拖动到 Default.aspx 窗体源视图中的<head></head>标签内，对该窗体应用 StyleSheet.css 外部样式表。

05 双击样式表进行样式编辑，代码如下：

```
    /*将页面内外边距设置为 0*/
* {
    margin:0px;
    padding:0px;

   }
 #sample
    {
        /*设置内外边距*/
        margin: 30px;
        padding: 60px 10px 10px 60px;

        /*设置边框样式*/
        border-top:2px solid #00C000;
        border-right:2px dashed #00C000;
        border-bottom:2px dotted #00C000;
        border-left:2px double #00C000;

        /*设置背景图片样式*/
        background:url(../images/bg1.jpg)  no-repeat right bottom;

        /*设置字体颜色*/
        color: #666;
```

```
    /*设置宽度和高度*/
    height: 200px;
    width: 60%;
}
```

提示

以上 CSS 代码中，width 设置为 60%是指 DIV 宽度能够根据浏览器窗口的大小，自动改变 DIV 的宽度为浏览器窗口的 60%。

06 预览页面效果如图 4.10 所示。

相关知识

1. 边框美化

边框的属性包括宽度、样式、颜色等，部分属性设置如表 4.8 所示。

表 4.8　边框属性

属性	描述	设置
border-style	边框样式	solid、double、groove、ridge、inset、outset、dashed、dotted
border-top-style、 border-left-style、 border-bottom-style、 border-right-style	上、左、下、右边框样式	同 border-style
border-color	边框颜色	颜色名称，如 red 十六进制，如#FFFFFF RGB，如 RGB（255，255，185）
border-top-color、 border-left-color、 border-bottom-color、 border-right-color	上、左、下、右边框颜色	同 border-color
border-width	边框宽度	宽度数值+单位，如 1px
border-top-width、 border-left- width、 border-bottom- width、 border-right-width	上、左、下、右边框宽度	同 border-width
Border	综合设置	如 border:1px solide red
border-top、 border-left、 border-bottom、 border-right	上、左、下、右边框综合设置	如 border-top:2px solide white 表示上边框宽度 2px，白色实线

在表 4.8 所示的边框属性中，border-style 属性设置不同的值，其边框效果不同，如图 4.11 所示。

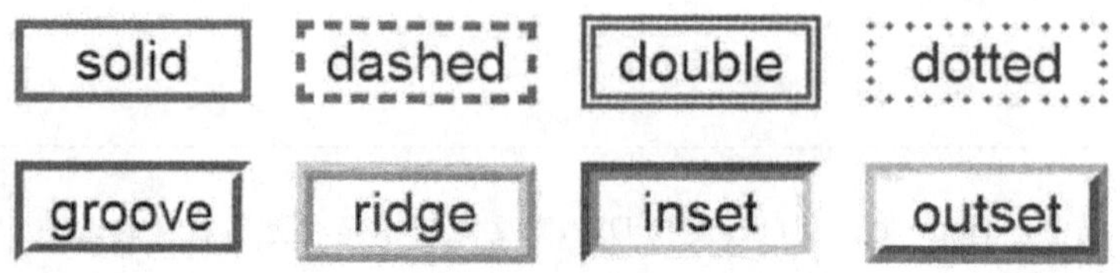

图 4.11 边框效果

边框样式可单独对上、左、下、右边框进行设置，如使用 border-top、border-right、border-bottom、border-left 对 sample 进行边框样式设置，达到图 4.10 所示的效果。

2. 边界属性

CSS 中把所有块元素（DIV 等）都当作一个方框包围，可对每一块元素设置外边距和内边距大小。

（1）外边距 margin

外边距 margin 的属性如表 4.9 所示。

表 4.9 外边距的属性

属性	描述	设置
margin-top	上边界	长度单位 px、百分比%、auto（默认值）
margin-right	右边界	同上边界
margin-bottom	下边界	同上边界
margin-left	左边界	同上边界
margin	综合设置	上边界值 右边界值 下边界值 左边界值

在表 4.9 所示的外边距属性中，使用“margin:0 auto”可以使得设置对象居中显示。此外，margin 可以一次设置好边界的属性值，但是必须按照“上边界值 右边界值 下边界值 左边界值”顺序进行排列，以空格隔开。如果仅输入一个值，则 4 个边界值会同时设置为此值。如果仅输入两个值，则缺少的值会以对边的设置值进行填充设置。例如：

```
div{margin:5px 10px 15px 20px}    /*上 5px、右 10px、下 10px、左 10px*/
div{margin:5px }                  /*上/右/左/下 5px*/
div{ margin:5px 10px}             /* 上 5px、右 10px、下 5px、左 10px */
div{ margin:5px 10px 15px}        /*上 5px、右 10px、下 15px、左 10px */
```

（2）内边距 padding

内边距 padding 的属性如表 4.10 所示。

表 4.10　内边距属性

属性	描述	设置
padding-top	上边界间距	长度单位 px、百分比%、auto（默认值）
padding-right	右边界间距	同上边界
padding-bottom	下边界间距	同上边界
padding-left	左边界间距	同上边界
padding	综合设置	上边界间距值 右边界间距值 下边界间距值 左边界间距值

padding 也可一次设置好边界间距的属性值，设置方式可参考 margin 的设置。

在使用全局选择器时，设置内外边距为 0 可以实现元素紧贴着页面，代码如下：

```
* {
   margin:0px;
   padding:0px;
 }
```

（3）margin、padding、border 的综合使用

边界、边框、边界间距等属性通常都是搭配使用的，下面以技能准备 3 的例子进行讲解，如图 4.12 所示。

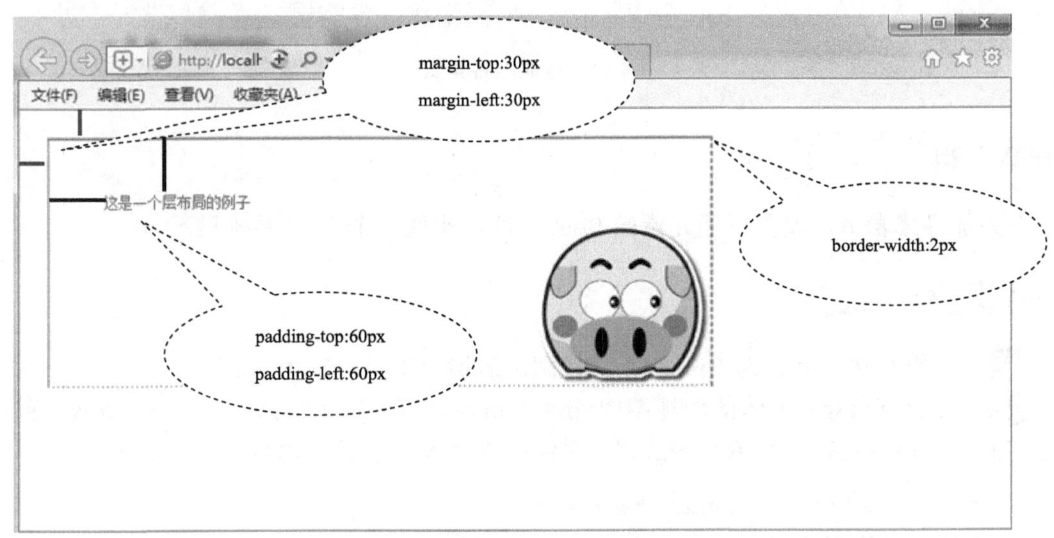

图 4.12　margin、padding、border 设置结果

技能准备 4　利用 DIV+CSS 设置浮动布局方式

准备目标

利用样式表，在页面中控制网页元素的对齐和定位，如图 4.13 所示。

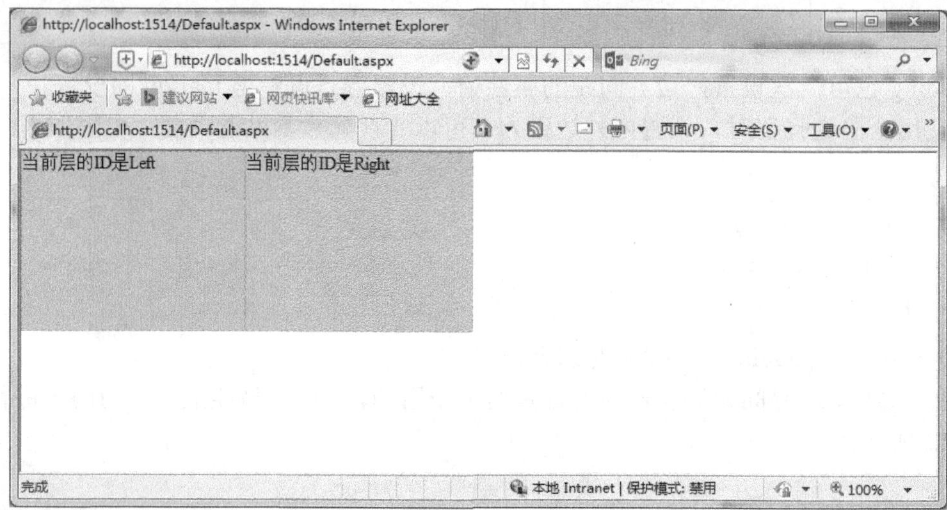

图 4.13　技能准备 4 实例

准备说明

在外部样式表中，设置页面元素的 float 属性，实现两个 DIV 并排显示。

实现步骤

01 新建空网站，命名为“prep4”，并添加新的窗体“Default.aspx”。

02 在 Default.aspx 窗体的源视图中<div></div>标签内，再加入一对<div></div>标签，将它们的 ID 分别设置为“left”“right”，在标签内输入文字显示内容，代码如下：

```
 <form id="form1" runat="server">
 <div id="left">
当前层的 ID 是 Left
</div>
<div id="right">
当前层的 ID 是 Right
</div>
</form>
```

03 在网站根目录下新建文件夹“css”，并在该文件夹中新建样式文件“StyleSheet.css”，将 StyleSheet.css 文件拖动到 Default.aspx 源视图中的<head></head>标签内，对 Default.aspx 文件应用 StyleSheet.css 外部样式表。

04 双击样式表进行样式编辑，代码如下：

```
* {
    margin:0px;
    padding:0px;
}
#left
{
    border: 1px dashed #33CCFF;
    width: 200px;
    height: 160px;
    background-color: #CECECE;
    float: left;
}
#right
{
    border: 1px dashed #33CCFF;
    width: 200px;
    height: 160px;
    background-color: #CECECE;
    margin-left:200px;
 }
```

05 将 StyleSheet.css 拖动到 Default.aspx 源视图中的<head></head>标签内，对 Default.aspx 文件应用 StyleSheet.css 外部样式表。

06 在浏览器中预览页面，如图 4.13 所示。

相关知识

float（浮动）属性在对齐和定位网页元素方面起到重要的作用，任何元素都可以浮动，其属性值设置如表 4.11 所示。

表 4.11　float 属性值设置

属性	设置值	描述
float	auto	默认值
	left	元素向左浮动，内容在设置浮动的元素的右侧
	right	元素向右浮动，内容在设置浮动的元素的左侧

在未设置 float 属性时，默认的 DIV 显示方式是两个 DIV 上下显示。在本技能准备中，设置了左边 DIV 的左浮动，设置右边 DIV 的 margin-left 为左边 DIV 的宽度，即可实现两个 DIV 并排显示。

任务 1　制作网站母版页

任务目标

为了统一网站的页面风格，方便后续网站风格的维护。本任务将创建一个网页模板即母版页，供后续“强华集团公司”实例应用到网页中，如图 4.14 所示。

图 4.14　母版页

任务说明

利用 DIV+CSS 设计强华集团公司母版页。

实现步骤

01 新建空网站，命名为“U4U5”，并在该文件夹中新建子文件夹“html”“css”“images”“product”，分别用于存放前台网页文件、CSS 样式表文件、图片文件、商品图片，将预先准备好的 banner 图片 banner.png 复制到 images 文件夹中，需要显示的商品图片复制到 product 文件夹中。

02 在“解决方案资源管理器”窗口中，右击 html 文件夹，在弹出的快捷菜单中选择“添加”→“添加新项”命令，弹出“添加新项-U4U5”对话框，选择“母版页”选项，单击“添加”按钮，如图 4.15 所示。

图 4.15　新建母版页 MasterPage.master

提示

母版页默认名称可在添加新项对话框“名称”文本框中进行修改。本任务中直接使用母版页默认名称 MasterPage.mater。

03 在母版页中，将自动创建 ContentPlaceHolder 内容占位符控件，如图 4.16 所示。在占位符控件中插入 4 个 DIV 用来显示公司名称、banner 图片、导航条、底部版权信息，分别为每个 DIV 指定 ID 为“top”“banner”“nvg”“bottom”，具体代码如下：

```
<form id="form1" runat="server">
<div id="top"></div>
<div id="banner"></div>
<div id="nvg"></div>
<div id="content">
<asp:ContentPlaceHolder id="ContentPlaceHolder1" runat="server">
</asp:ContentPlaceHolder>
</div>
<div id="bottom" > </div>
</form>
```

图 4.16 默认母版页设计视图

04 为了页面布局，插入外层 DIV，设置其宽度和外边距，具体代码如下：

```
<form id="form1" runat="server">
<div style="width:960px; margin: 15px auto;">
<div id="top"></div>
<div id="banner"></div>
<div id="nvg"></div>
<div id="content">
<asp:ContentPlaceHolder id="ContentPlaceHolder1" runat="server">
</asp:ContentPlaceHolder>
</div>
<div id="bottom" > </div>
</div>
</form>
```

05 在 ID 为“top”的 DIV 中，为页面顶部信息添加公司名称“强华集团公司”，代码如下：

```
<div id="top">
<p>强华集团公司</p>
</div>
```

06 在 ID 为“banner”的 DIV 中，利用代码将 images 文件夹中的 banner.png 图片显示在母版页中，代码如下：

```
<div id="banner">
<img src="../images/banner.png" style="width: 960px;" />
</div>
```

07 在 ID 为“nvg”的 DIV 中，添加导航条，并将导航条链接设置为空，代码如下：

```
<div id="nvg">
<ul>
    <li><a href="#">首页</a></li>
    <li><a href="#">公司新闻</a></li>
    <li><a href="#">公司介绍</a></li>
    <li><a href="#">商品展示</a></li>
    <li><a href="#">联系我们</a></li>
 </ul>
</div>
```

提示

“首页”“公司新闻”“公司介绍”“商品展示”“联系我们”页面尚未创建，因而这里用“#”链接到本页面暂时代替这 5 个页面的路径。

08 在 ID 为“bottom”的 DIV 中，为页面设置底部版权信息，代码如下：

```
<div id="bottom" >
<p style="text-align:center">
    版权所有：强华集团有限公司<br />
    地址：某某路 188 号 908 室电话：400-000-000
</p>
</div>
```

09 在 css 文件夹中新建外部样式表文件，命名为“index.css”。在母版页 MasterPage.master 中引入样式表 index.css，代码如下：

```
<head runat="server">
<meta http-equiv="Content-Type" content="text/html; charset=utf-8"/>
<title></title>
<link href="../css/index.css" rel="stylesheet" type="text/css" />
<asp:ContentPlaceHolder id="head" runat="server">
</asp:ContentPlaceHolder>
</head>
```

10 在 index.css 文件中设置母版页的 CSS 样式代码如下：

```
/* 设置所有标签的样式 */
*{
```

```
    margin:0px;
    padding:0px;
    text-decoration:none;
    list-style:none;
    text-align: justify;
}
/*设置母版页头*/
#top
{
    width:960px;
}
#top>p
{
    font:bold 45px /100px 微软雅黑;
    color:#042858;
}
/*设置母版页横幅图*/
#banner
{
    height:244px;
    width:960px;
}
/*设置母版页导航*/
#nvg
{
    background-color:#033266;
    height:40px;
    width:960px;
    border-top:2px solid white;
}
#nvg>ul>li
{
    float:left;
    font:bold 13px /40px arial;
    width:120px;
    text-align:center;
    border-right:1px solid #ccc;
}
#nvg>ul>li a
{
    color:White;
```

```
}
/*设置母版页底部*/
#bottom
{
    width:960px;
    margin-top:15px;
    padding-top:15px;
    font:13px /25px arial;
    border-top:2px solid #033266;
    float:left;
     clear:both
}
```

11 最终得到母版页的布局如图 4.14 所示。

提示

在添加新项对话框中新建窗体时，勾选“选择母版页”复选框后单击“添加”按钮，在弹出的“选择母版页”对话框中选择已有的母版页，如选择本例创建的 MasterPage.master 后，单击“确定”按钮即可完成使用母版页的操作。

相关知识

1. 母版页的定义和特点

母版页是一个网页模板，母版页中可以包含静态文本、HTML 元素、ASP.NET 服务器控件等各种内容，为开发人员提供了页面上进行统一布局的功能。通常情况下，母版页中包括各个页面的通用部分，如导航条、网页表头、版权信息等，而标新立异的内容写入 ContentPlaceHolder 占位符控件中即可，如本任务中的步骤 **03**～步骤 **08**。

2. 使用自动创建的母版页

在 Visual Studio 2015 中新建 ASP.NET Web 窗体网站时，已经自动创建了一个母版页“Site.master”，如图 4.17 所示，可以在该母版页基础上进行修改或直接使用该母版页。新建 ASP.NET Web 窗体网站的方法：选择“文件”→“新建”→“网站”命令，弹出“新建网站”对话框，选择“ASP.NET Web 窗体网站”选项，即可创建 ASP.NET Web 窗体网站。Site.master 母版页中包括了静态文本、HTML 元素和 ASP.NET 的 ScriptManger 控件等。在该站点中，Default.aspx 页面套用 Site.master 母版页内容后，在 ID 为“MainContect”的 ContentPlaceHolder 控件中写入该页面相关内容，如图 4.18 所示。

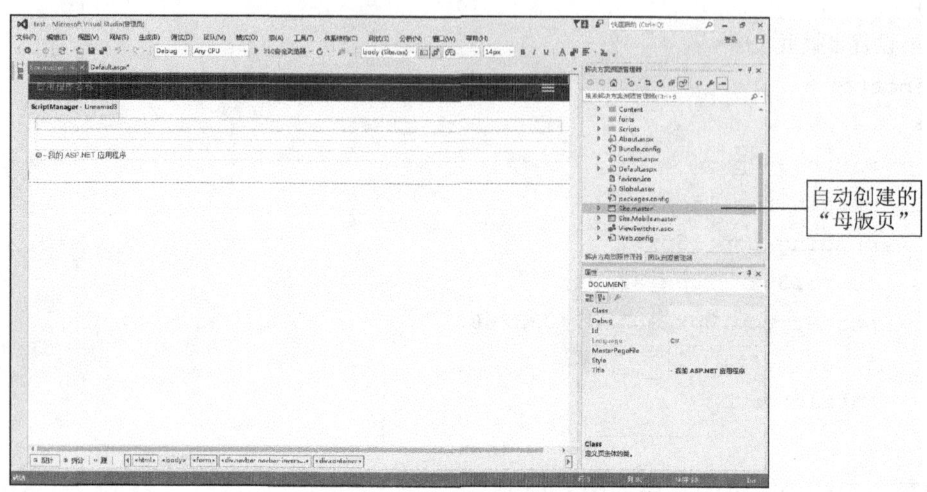

图 4.17 Site.master 母版页

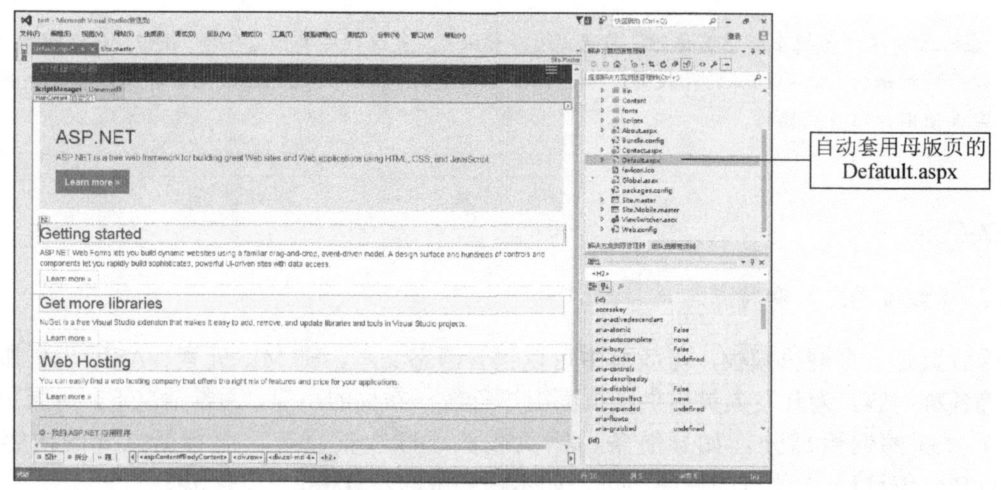

图 4.18 套用母版页的 Default.aspx

3. 母版页的工作过程

1）用户在浏览器中输入 URL 请求访问套用母版页 A.master 的 B.aspx 页面。

2）获取该页后，读取页面的 page 指令。该.aspx 页面套用 A.master 母版页，则读取相应的母版页。

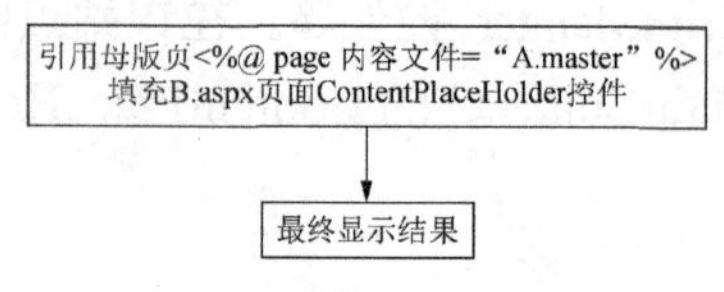

图 4.19 母版页的工作过程

3）将 B.aspx 中各个内容合并到母版页 A.master 中相应的 ContentPlaceHolder 控件中，生成结果页。

4）用户浏览器中显示由服务器返回的由母版页与内容页合并的结果页。母版页的工作过程如图 4.19 所示。

上机练习

利用 DIV+CSS 创建母版页，套用母版页制作强华集团公司“首页”“公司介绍”“联系我们”静态页面，如图 4.20～图 4.22 所示。

注意

在制作完成后，将母版页中的导航菜单链接更改为相应的页面。

图 4.20　首页

图 4.21　公司介绍页面

图 4.22　联系我们页面

任务 2　读取首页“新闻资讯”模块的数据库

任务目标

使用母版页，新建强华集团公司首页，并将首页划分为 3 个模块，在“新闻资讯”模块中按时间倒序显示数据库相关表中的新闻标题和时间，当标题过长时，截取适当的标题显示，如图 4.23 所示。

图 4.23　任务 2 效果

任务说明

本任务将在本单元任务 1 新建的网站中新建首页，并使用已新建的母版页。如图 4.23 所示，首页内容由 3 个模块组成，分别是“公司介绍”“用户登录”和“新闻资讯”模块，这 3 个模块的布局由 DIV+CSS 样式来控制。在“新闻资讯”模块中，将执行 SQL 命令读取 Access 数据库中新闻表的记录，并利用 Literal 控件显示数据，因此在学习本任务前，应先搭建好数据库，此部分内容在步骤中将不再赘述。本任务中连接的数据库名称为 db_QHGroup.accdb，其中新闻表名称为 tb_news，该表的数据结构如表 4.12 所示。

表 4.12　新闻表数据结构

字段名	字段类型	字段说明	备注
id	自动编号	新闻 ID	主键
title	文本	新闻标题	
content	文本	新闻内容	
date	日期/时间	新闻发布日期	默认值 Date()

实现步骤

01 打开本单元任务 1 中新建的网站，在 html 文件夹中，新建一个 Web 窗体，文件名为“Default.aspx”，并选择母版页 MasterPage.master，如图 4.24 和图 4.25 所示。

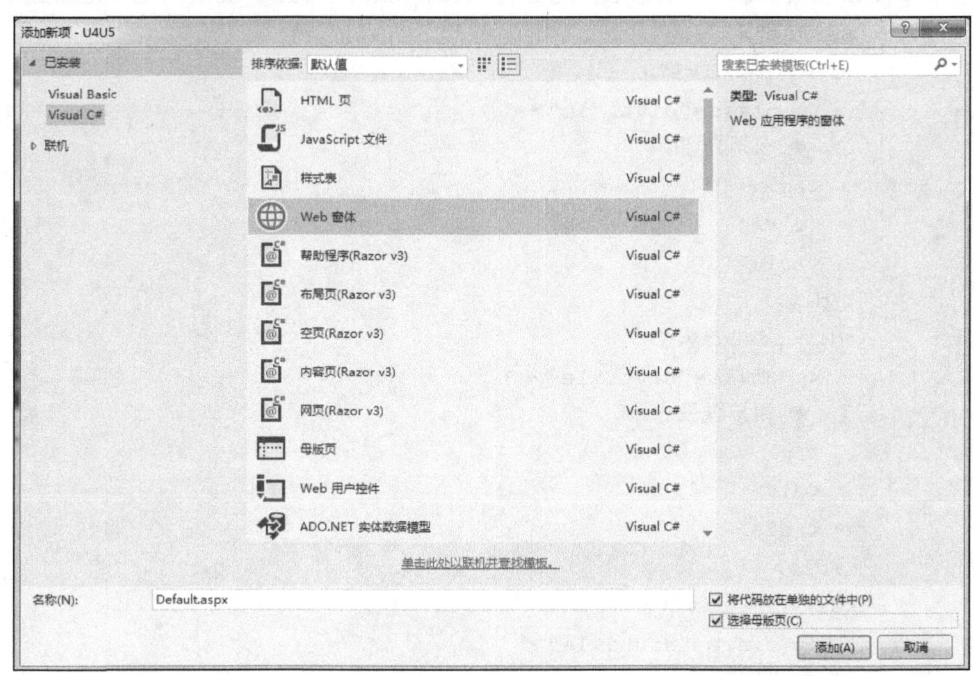

图 4.24　添加新项

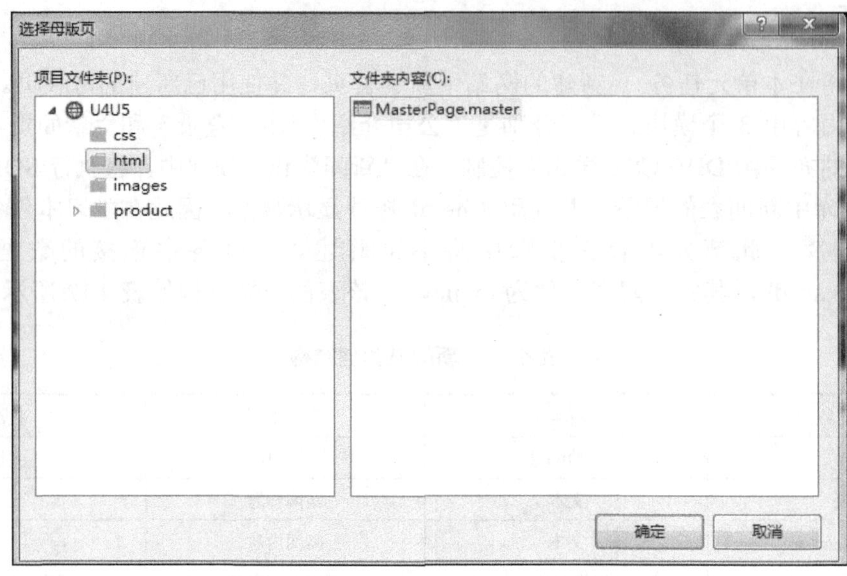

图 4.25　选择母版页 MasterPage.master

02 在 Default.aspx 页面的 ContentPlaceHolder1 内容占位符中，插入 3 个 DIV，分别用来显示“公司介绍”“用户登录”“新闻资讯”模块，页面效果如图 4.26 所示，实现代码如下：

```
<asp:Content ID="Content2" ContentPlaceHolderID="ContentPlaceHolder1"
Runat="Server">
        <div id="div1">
           <p class="divtitle">
            ◆ 公司介绍
           </p>
           <div>
           </div>
        </div>
        <div id="div2">
           <p class="divtitle">
            ◆ 用户登录
           </p>
           <div>
           </div>
        </div>
        <div id="div3">
           <p class="divtitle">
           ◆ 新闻资讯
           </p>
```

```
    <div>
     <ul>
    </ul>
  </div>
 </div>
  </asp:Content>
```

图 4.26　步骤02运行效果

03在 css 文件夹中打开 index.css 样式表，在样式表中输入样式代码对“公司介绍”“用户登录”“新闻资讯”模块进行 CSS 布局设计，实现图 4.27 所示的效果，index.css 样式表代码如下：

```
/*固定每一个部分的宽度 300px，高度 200px。左、右外边距 8px,上边距 15px,浮动方
  式：left*/
 #div1,#div2,#div3
{
   margin-top:15px;
   width:300px;
   margin-right:8px;
   margin-left:8px;
   height:200px;
   float:left;
}
/*设置每一部分的标题样式*/
.divtitle
```

```
{
    border-bottom:2px solid #033266;
    height:25px;
    font:13px /25px arial;
}
/*设置“新闻资讯”模块的列表样式*/
#div3>div>ul
{
    padding-left:15px;
}
#div3>div>ul>li
{
    font:13px /30px arial;
    list-style-type:square;
}
```

图 4.27　步骤 03 实现效果

04 在“解决方案资源管理器”窗口中，右击“U4U5”，在弹出的快捷菜单中选择“添加”→“添加 ASP.NET 文件夹”→“App_Data”命令，新建 App_Data 文件夹，如图 4.28 所示。

05 在 App_Data 文件夹中右击，在弹出的快捷菜单中选择“在资源管理器中打开文件夹”命令，将已有的数据库文件 db_QHGroup.accdb 复制到 App_Data 目录中。

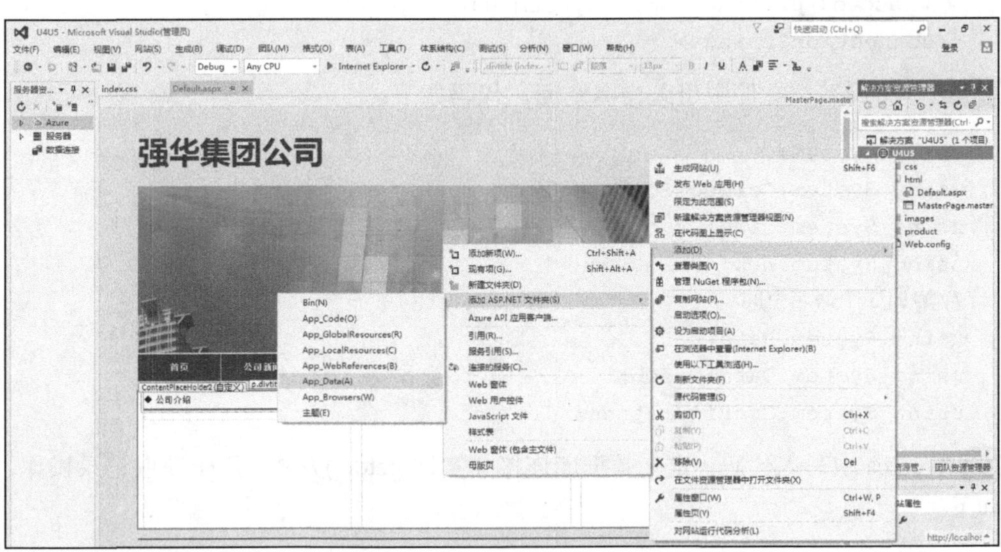

图 4.28　新建 App_Data 文件夹

06 使用步骤 **04** 的方法，在网站根目录中新建一个 App_Code 文件夹。右击 App_Code，在弹出的“添加新项-U4U5”对话框中选择“类”选项，并将文件名命名为“co.cs”，如图 4.29 所示。

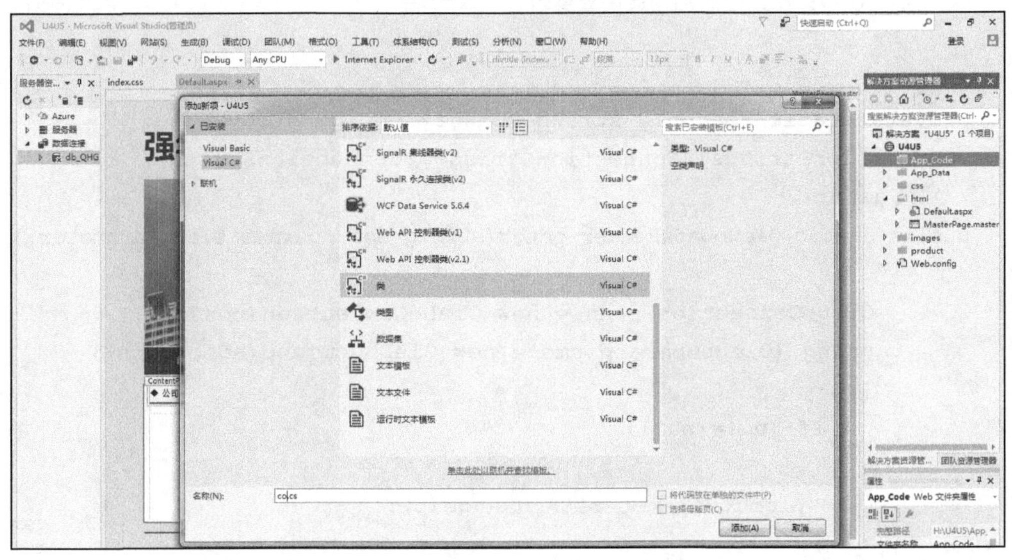

图 4.29　新建类

07 在网站根目录的配置文件 Web.config 中，添加连接字符串代码如下：

```
<connectionStrings>
    <add name="ConnectionString"  connectionString="Provider
    =Microsoft.ACE.OLEDB.12.0;Data Source=|DataDirectory|\db_QHGroup
```

```
    .accdb" providerName="System.Data.OleDb"/>
</connectionStrings>
```

08 在“co.cs”类文件中引入命名空间，代码如下：

```
using System;
using System.Collections.Generic;
using System.Linq;
using System.Web;
//增加 3 个命名空间
using System.Data;
using System.Data.OleDb;
using System.Configuration;
```

09 在 co.cs 中写入代码，定义数据库连接并实现 getdr()方法，用于获取记录操作，具体代码如下：

```
public class co
{
public co()
{
    //
    // TODO: 在此处添加构造函数逻辑
    //
 }
private static readonly string constr=ConfigurationManager
.ConnectionStrings["ConnectionString"].ConnectionString;
//定义 getdr ()
public static OleDbDataReader getdr(string sql, params OleDbParameter[] p)
    {
        OleDbConnection conn = new OleDbConnection(constr);
        using (OleDbCommand cmd = new OleDbCommand(sql, conn))
        {
            if (p != null)
            {
                cmd.Parameters.AddRange(p);
            }
                conn.Open();
                return cmd.ExecuteReader(System.Data.CommandBehavior
                .CloseConnection);
            }
        }
    }
```

10 双击进入 Default.aspx 页面，将光标定位在该页面“新闻资讯”模块的<ul>标签内，双击工具箱中的 Literal 控件将其添加到<ul>标签中，此时在页面源视图中将产生如下代码：

```
<div id="div3">
<p class="divtitle">
◆ 新闻资讯</p>
 <div>
<ul>
   <asp:Literal ID="Literal1" runat="server"></asp:Literal>
  </ul>
  </div>
</div>
```

11 在 Default.aspx.cs 文件中使用以下语言引入命名空间，代码如下：

```
using System;
using System.Collections.Generic;
using System.Linq;
using System.Web;
using System.Web.UI;
using System.Web.UI.WebControls;
//增加 2 个命名空间
using System.Data.OleDb;
using System.Data;
```

12 双击进入 Default.aspx.cs 文件的代码编辑视图，在页面加载事件填入如下代码，此时运行 Default.aspx 页面，将在“新闻资讯”中显示一条新闻，如图 4.30 所示。

```
protected void Page_Load(object sender, EventArgs e)
    {
    // 使用 iif()和 left()对字段 title 长度进行判断,若长度大于 15 个字符,则显示
    //前 15 个字符+"…"
        string sql = "select top 6 iif(len(title)>15,left(title,15)
        +'...' ,title) as title, date from tb_news order by date desc";
        OleDbDataReader dr = co.getdr(sql);
        dr.Read();
        Literal1.Text = "<li><span>" + dr["title"] + "</span><span
        style='float:right;'>" + ((DateTime)dr["date"]).ToString
        ("yyyy-MM-dd") + "</span></li>";
        dr.Close();
    }
```

图 4.30 步骤 12 效果

13 为使“新闻资讯”模块中的 Literal 控件显示查询出的 6 条记录，使用 while 语句重复读取，并将 Literal 控件的 Text 属性重新赋值。具体代码如下：

```
protected void Page_Load(object sender, EventArgs e)
    {
        string sql = "select top 6 iif(len(title)>15,left(title,15)+
        '...' ,title) as title, date from tb_news order by date desc";
        OleDbDataReader dr = co.getdr(sql);
        dr.Read();
        Literal1.Text = "<span>" + dr["title"] + "</span><span style
        ='float:right;'>" + ((DateTime)dr["date"]).ToString("yyyy-MM-dd")
        + "</span>";
        //读取 6 条记录
        string st = "";
        //使用 Read()依次读取数据源记录,并赋值给 st 字符串中
        while (dr.Read())
            {
        //使用 string.Format()对记录显示方式进行格式限定
                st += string.Format("<li><span >{0}</span><span
                style='float:right;'>{1}</span></li>", dr["title"],
                ((DateTime)dr["date"]).ToString("yyyy-MM-dd"));
            }
            Literal1.Text = st;
            dr.Close();
    }
```

14 打开 MasterPage.master，将母版页中首页的导航链接设置为 Default.aspx：在 ID 为“nvg”的 DIV 中，将“<li><a href="#">首页</a></li>”修改为“<li><a href="Default.aspx">首页</a></li>”。

15 将母版页中导航链接预览 Default.aspx 页面，如图 4.23 所示。

相关知识

1. Literal 控件

Literal 是服务器控件，运行在服务器端。通常情况下，当希望文本和控件直接呈现在页面中而不使用任何附加标记时，可使用 Literal 控件。例如，在本任务中，将读取的结果绑定在 Literal 控件的 Text 属性中。

1）Literal 控件的属性如表 4.13 所示。

表 4.13　Literal 控件的属性

属性	描述
Mode	如何呈现 Literal 控件的内容，可设置为 Transform、PassThrough 或 Encode
runat	规定该控件是服务器控件，必须设置为 server
Text	规定要显示的文本

2）Literal 控件和 Label 控件的区别。Literal 控件与 Label 控件的区别在转换成客户端 HTML 代码后，Label 控件将转换成<span></span>，而 Literal 控件则什么标记都不带。因此，Literal 控件不支持包括位置属性在内的任何样式属性。但是，Literal 控件允许指定是否对内容进行编码，如在本任务中，使用了<span></span>、<li>标签等对内容进行格式控制。

2. SQL 语句中 iif 及的 left()函数的使用

（1）iif()函数

用法：iif (条件表达式,条件表达式为真时返回值，条件表达式为假时返回值)。

功能：根据表达式的值来返回两部分中的其中一个。

例子：表达式 iif (a>=60, '合格', '不合格')。

说明：如果变量 a>=60，则输出“合格”，否则输出“不合格”。

（2）left()函数

用法：left (string, n)。

功能：得到字符串左部指定个数的字符。

例如：

```
string  a="happy day!";
string  b="";
b=left(a,2);
```

说明：函数执行成功时返回“happy day!”字符串左边 2 个字符“ha”并赋值给字符串 b。

在本任务中，tb_news 表中 title 字段的长度长短不一，长度过长如果还是原样输出显示，会破坏页面的布局，因此采取如果 title 的长度大于 15，则取前 15 个字符+“…”显示；否则取原长度显示。例如，iif(len(title)>15,left(title,15)+'…' ,title) as title,date,id from wenzhang，使用 iif()和 left()可以实现上述功能。

3. 格式化字符串 string.Format()

用法：string.Format(String, Object)。

功能：指定的 String 中的格式项替换为指定的 Object 实例的值的文本等效项。

例如：

```
string a="joy";
string b="ASP.NET";
Response.Write(string.Format("Hello,{0}.Welcome to{1}.",a,b));
```

说明：显示结果为“Hello,joy.Welcome to ASP.NET.”。

在本任务中，使用格式化字符串 string.Format()，依次将前 6 条记录按照 st = string.Format("<li> <span>{0}</span><span>{1}</span></li>", dr["title"],dr["date"]) 格式保存在变量 st 中并赋值给 Literal 控件，以保证在预览页面时每条记录按照 string.Format 中预设的格式输出。

上机练习

完善本单元任务 1 上机练习的首页，完成“新闻资讯”模块的动态数据读取和“用户登录”模块功能，并完善“公司介绍”模块。

为完成本上机练习，除在 Access 数据库中新建新闻表外，还应新建用户表用于存放用户信息，用户表数据结构如表 4.14 所示。

表 4.14 用户表数据结构

字段名	字段类型	字段说明	备注
ID	自动编号	用户 ID	主键
username	文本	账号	字段大小 20
password	文本	密码	字段大小 16
authority	是/否	用户权限	默认值 0
name	备注	姓名	

页面具体要求如下：

1）完成首页的“公司介绍”模块，单击“公司介绍”模块的“更多”超链接，跳转到“公司介绍”页面，如图 4.31 所示。

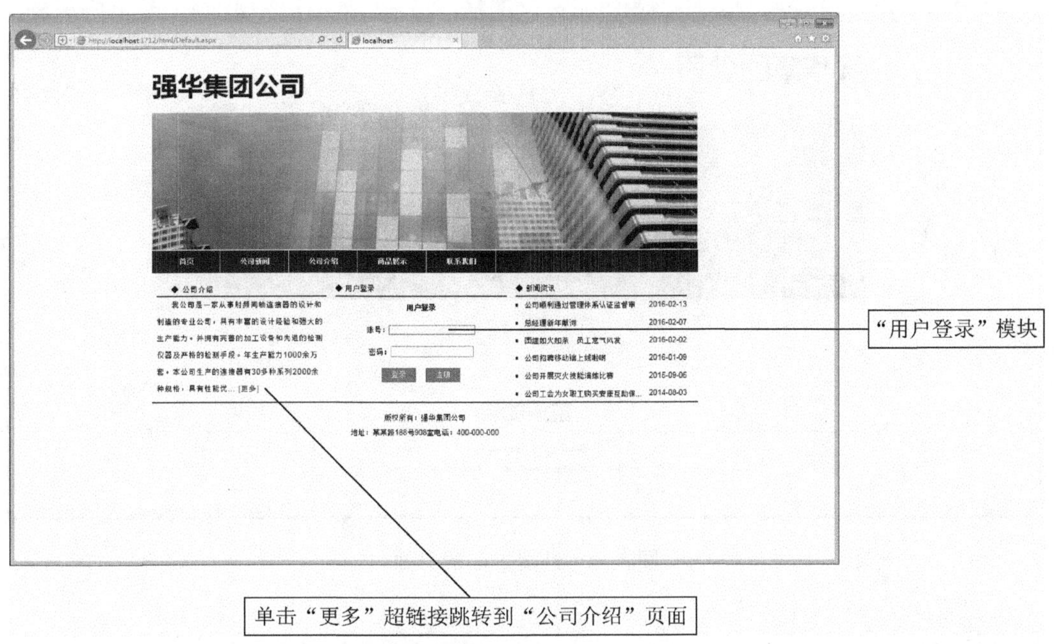

图 4.31　首页效果

2）完成首页的“用户登录”模块，如图 4.31 所示。单击“用户登录”模块的“登录”按钮，先判断账号和密码两个文本框是否为空，当其中一个为空时，弹出提示对话框“请输入账号和密码！”；当账号和密码文本框内容与用户数据表中记录相一致时，即弹出提示对话框“登录成功”并跳转到后台管理页面 admin/admin.aspx，否则弹出提示对话框“用户名或密码输入错误”。

提示

后台管理页面将在下一单元中学习，可先新建普通 Web 窗口暂时代替。

3）单击“用户登录”模块的“注册”按钮，跳转到注册页面，注册页面的界面如图 4.32 所示。在注册页面中，判断“账号”文本框的值是否在用户表中已经存在，如果存在则弹出提示对话框“当前用户名已经存在，不可注册！”，否则将“账号”“密码”“姓名”文本框的值作为用户表的字段内容插入表中，弹出提示对话框“注册成功”并跳转到首页。

4）新注册的用户在“用户登录”模块登录时会弹出提示对话框“请联系管理员取得权限！”，因为默认新注册用户在数据表中代表权限的字段 authority 的值是 False，需要管理员在后台手动更改权限 authority 的值为 True，方可跳转到后台管理页面。

图 4.32 注册页面的界面

任务 3 制作新闻内容页

任务目标

在首页“新闻资讯”模块中，单击新闻标题对应行，可以跳转到相应的新闻内容页，如图 4.33 和图 4.34 所示。

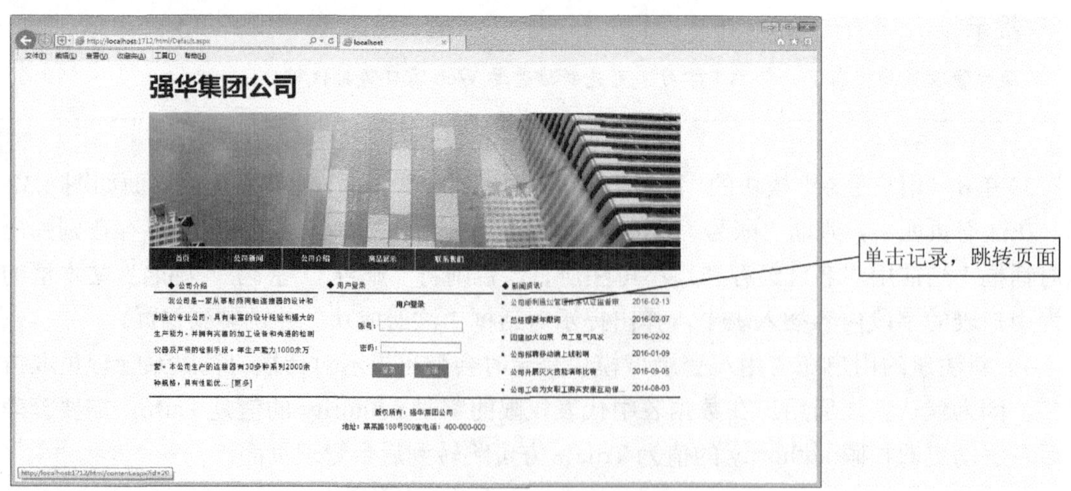

图 4.33 单击“新闻资讯”模块新闻标题

图 4.34　新闻内容页

任务说明

本任务基于本单元任务 2 新建的网站首页，为在首页中使用 Reader["id"]读取 db_QHGroup.accdb 数据库 tb_news 表字段 ID 的值，并将该值作为页面链接的参数部分传递 id 到新闻内容页。内容页则通过 Request["id"]获取该参数的值，并使用 Literal 控件读取数据库显示对应新闻的详细信息。

实现步骤

01 打开任务 2 完成的网站，在 html 文件夹中新建 Web 窗体，命名为“content.aspx”，并选择使用母版页 MasterPage.master。

02 将光标定位在 content.aspx 页面的 ContentPlaceHolder1 内容占位符中，打开工具箱，将“Literal”控件添加在页面中。

03 进入 Default.aspx.cs 的代码编辑视图，修改 Page_Load()中 SQL 语句，添加 ID 查询字段，代码如下：

```
string sql = "select top 6 id, iif(len(title)>15,left(title,15)
+'...' ,title) as title, date from tb_news order by date desc";
```

04 在 Default.aspx.cs 的代码编辑视图的 Page_Load()中，修改 st 变量赋值代码，实现为首页“新闻资讯”模块中的每一条记录增加超链接，单击记录即可链接到 content.aspx 页面，代码如下：

```
while (dr.Read())
{
    st += string.Format("<li><a href='content.aspx?id={0}'><span>
```

```
        {1}</span><span style='float:right;'>{2}</span></a></li>",
        dr["id"], dr["title"], ((DateTime)dr["date"]).ToString("yyyy-MM-dd"));
    }
```

05 双击打开 css 文件夹中的 index.css 样式表，在样式表中添加超链接样式，代码如下：

```
      #div3>div>ul>li>a
    {
        color:Black;
    }
        #div3>div>ul>li>a:hover
    {
        color:Red;
    }
```

06 在 content.aspx.cs 文件的代码编辑视图中，引用命名空间“using System.Data.OleDb;”，利用 Request 对象获取从 Default.aspx 中传递过来的参数 id。在 Page_Load()中输入代码如下：

```
protected void Page_Load(object sender, EventArgs e)
    {
        string sql = "select * from tb_news where id=" + Request["id"];
        OleDbDataReader reader = co.getdr(sql);
        reader.Read();
        string title = reader["title"].ToString();
        string content = reader["content"].ToString();
//读取 tb_news 表中字段 titile、content 的内容赋值给 Literal1
        Literal1.Text = string.Format("<br /><p style='text-align:
        center;'><b>{0}</b></p><br /><p style='text-indent:2em;
        letter-spacing:1px'>{1}</p>", title, content);
        reader.Close();
    }
```

07 在浏览器中预览 Default.aspx 页面，光标定位在新闻标题时文字颜色改变，单击该标题时跳转到相对应的 content.aspx 页面显示新闻详细内容。其效果如图 4.33 和图 4.34 所示。

相关知识

在本任务中，页面 content.aspx 利用 Request["id"]获取前一个页面 Default.aspx 传递过来的参数 id。在步骤 04 中的代码段“content.aspx?id={0}”中，问号后面的变量 id 就是参数名，该参数名可根据需要取有意义的名称，与表中的字段名并无直接关系。在该完整代码段中，“=”号后面的是传递的参数值，dr["id"]将{0}替换作为参数值。在页面间进行数据传递时需要注意的是，为避免重复，应尽可能传递表中的唯一标志字段，即主键字段，如本任务中，在 tb_news 表中，ID 字段是主键，是表中记录的唯一标志，所以该字段作为参数传递给下一个页面，可以实现准确记录的详细信息。

上机练习

1）在本单元任务 2 上机练习中的基础上完成新闻内容页。

2）修改本单元任务 1 制作的“公司介绍”页面，使用 Literal 控件动态显示公司介绍内容，如图 4.21 所示。为完成本上机练习，应在数据库中新建公司介绍数据表，该表数据结构如表 4.15 所示。

表 4.15　公司介绍表数据结构

字段名	字段类型	字段说明	备注
ID	自动编号	公司新闻 ID	主键
content	备注	公司新闻内容	

任务 4　制作新闻列表页

任务目标

在首页中选择导航条的“公司新闻”选项卡，进入“公司新闻”子页面。在页面中分页显示新闻的标题与发布时间，单击标题行可进入新闻详细页面，如图 4.35 所示。

图 4.35　“公司新闻”页面效果图

任务说明

使用 ListView 控件和 SqlDataSource 数据源控件可实现分页显示标题和发布时间的功能。

实现步骤

01 打开本单元任务 3 完成的网站，在 html 文件夹新建 Web 窗体，命名为“news.aspx”，并选择使用母版页 MasterPage.master。

02 将光标定位在 news.aspx 页面的 ContentPlaceHolder1 内容占位符中，打开工具箱，将数据栏中的 ListView 控件添加到 Web 窗体中。

03 在“news.aspx”页面的内容占位符中，加入一对<div></div>标签用于包含 ListView 控件，代码如下：

```
<div class="list">
<asp:ListView ID="ListView1" runat="server" >
</asp:ListView>
</div>
```

04 双击 CSS 文件夹中的 index.css 文件，进入样式表的编辑模式，对 list 样式进行设置，代码如下：

```
.list
    {
        font:13px /20px arial;
        padding:10px;
        margin:0 auto;
    }
```

05 选中 ListView 控件后，单击右上角的▷按钮打开“ListView 任务”菜单，在“选择数据源”下拉列表中选择“新建数据源”选项，如图 4.36 所示。

图 4.36 新建数据源

06 在弹出的“数据源配置向导”对话框的“选择数据源类型”界面中选择数据库类型为“SQL 数据库”，单击“确定”按钮，如图 4.37 所示。

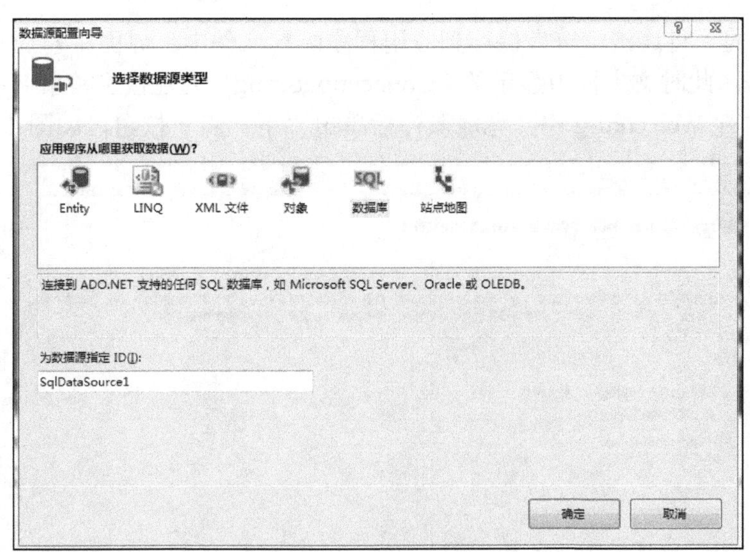

图 4.37　选择 SQL 数据库

07 在弹出的“配置数据源-SqlDataSource1”对话框中，选择“db_QHGroup.accdb”数据库，单击“下一步”按钮，如图 4.38 所示。

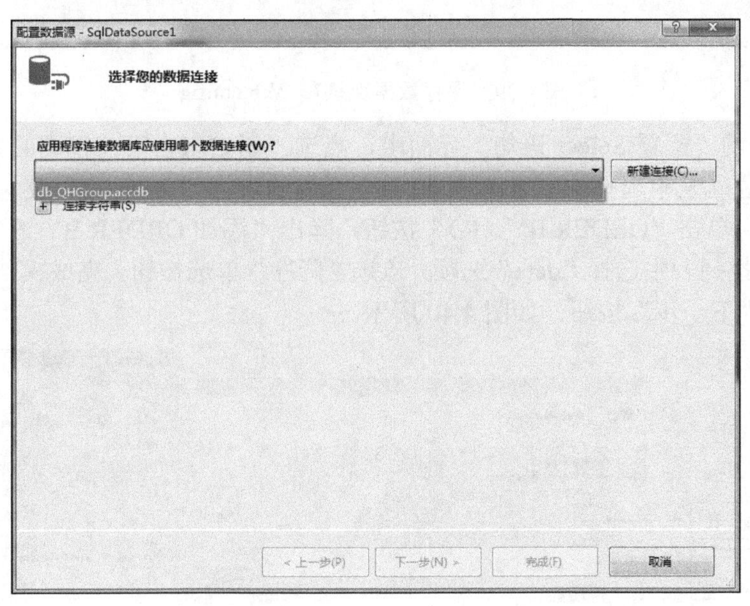

图 4.38　选择数据连接

提示

展开“连接字符串”前面的“+”，即可看到自动生成的连接字符串，若要连接其他数据库，可单击该对话框的“新建连接”按钮。

08在打开的“将连接字符串保存到应用程序配置文件中”界面中勾选“是，将此连接另存为”复选框，此时文本框中显示的“ConnectionString”为连接字符串名称，并将保存在应用程序配置文件Web.config中，完成操作后单击“下一步”按钮，如图4.39所示。

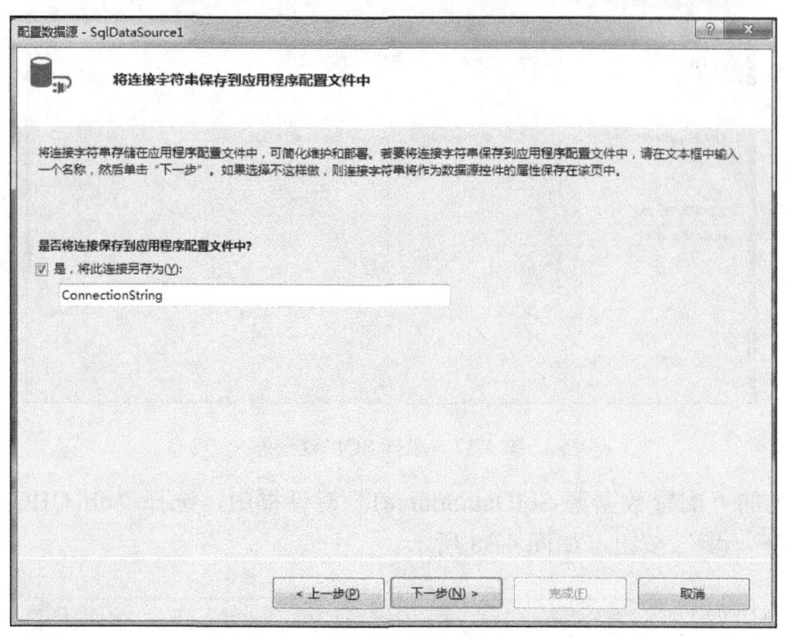

图4.39 保存数据连接在Web.config

09在打开的“配置Select语句”界面中，点选“指定来自表或视图的列”单选按钮，在“名称”下拉列表中选择ListView控件中要查询的表名“tb_news”及勾选“id”“title”“date”复选框，单击“OEDER BY（R）”按钮，弹出“添加ORDER BY语句”对话框，在“排序方式”下拉列表中选择“date”选项，点选“降序”单选按钮，完成操作后单击“确定”按钮，再单击“下一步”按钮，如图4.40所示。

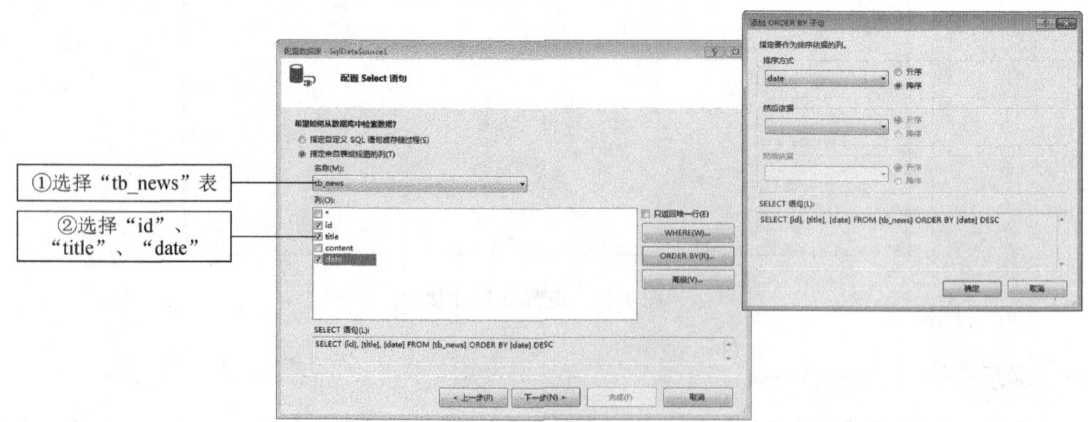

图4.40 配置Select语句

> **提示**
>
> 更改排序方式也可通过在页面源视图中更改 SqlDataSource1 控件的 SelectCommand 属性来实现，完成数据源配置后，在页面源视图中将 SqlDataSource1 控件的 SelectCommand 属性更改为
>
> ```
> <asp:SqlDataSource ID="SqlDataSource1" runat="server"
> ConnectionString="<%$ ConnectionStrings:ConnectionString %>"
> ProviderName="<%$ ConnectionStrings:ConnectionString
> .ProviderName %>" SelectCommand="SELECT [id], [title], [date] FROM
> [tb_news] ORDER BY [date] DESC"></asp:SqlDataSource >
> ```

10 在打开的“测试查询”界面中，单击“测试查询”按钮测试查询语句，如图 4.41 所示。单击“完成”按钮结束数据源配置，此时将在页面中增加一个 SqlDataSource 数据源连接控件。

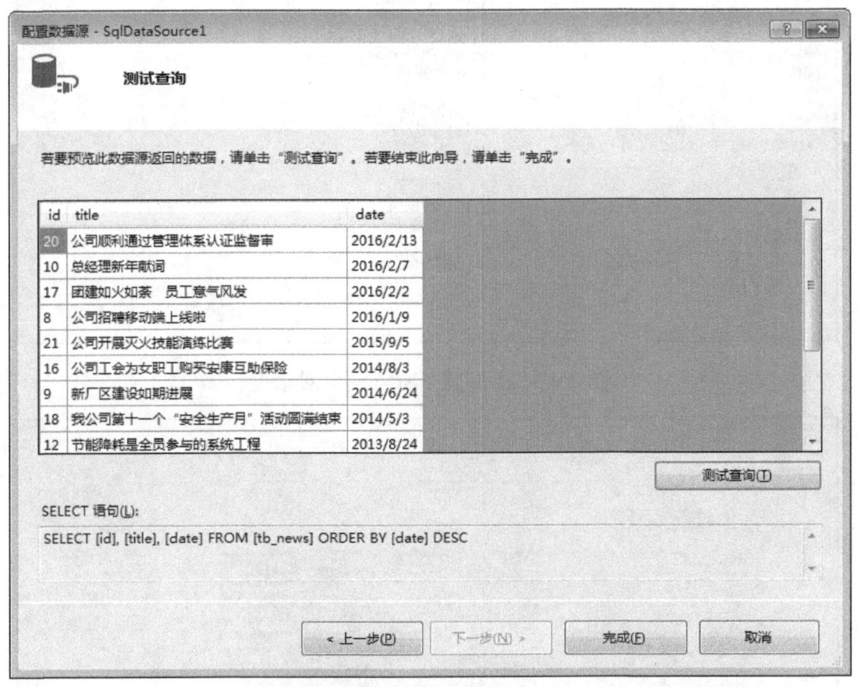

图 4.41　测试查询结果

11 进入 news.aspx 的设计视图，打开“ListView 任务”菜单，单击“配置 ListView”超链接，如图 4.42 所示。

12 在弹出的“配置 ListView”对话框中，选择“选择布局”列表框中的“项目符号列表”选项，勾选“启用分页”复选框，单击“确定”按钮，如图 4.43 所示。此时页面显示效果如图 4.44 所示。

图 4.42　ListView 的配置

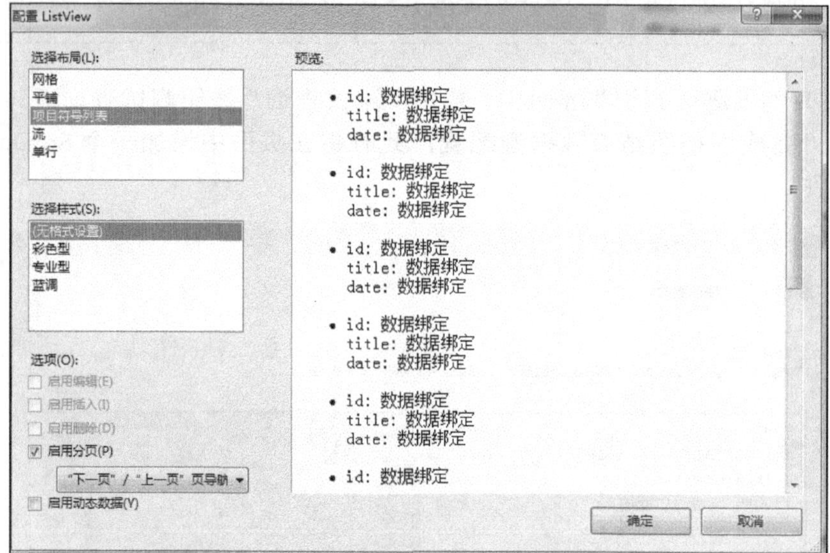

图 4.43　"配置 ListView"对话框

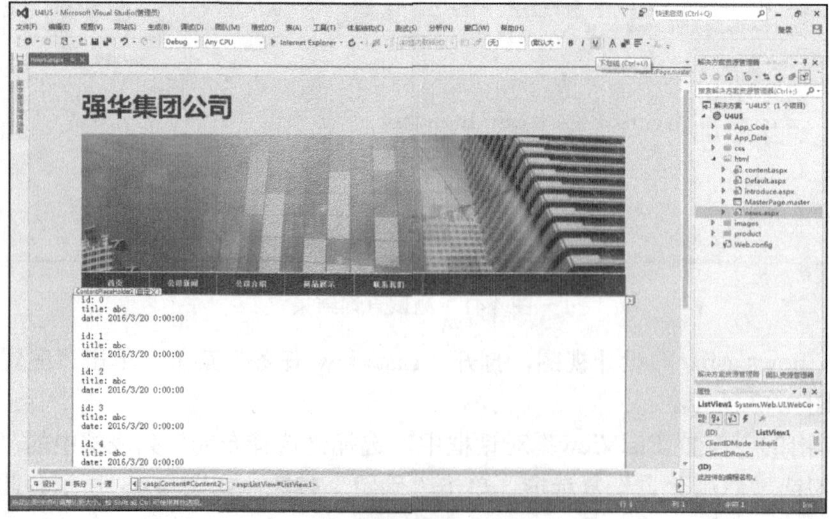

图 4.44　步骤 12 显示效果

13 为使标题最多显示 20 个字符且使日期显示为短时间类型，在 news.aspx 的页面源视图中将 SqlDataSource1 控件的 SelectCommand 属性更改为

```
SelectCommand="select [id],iif(len(title)>20,left(title,20)+'...',
title) as [title],Format(date,'yyyy-MM-dd')as [date] from [tb_news]
order by date desc"
```

14 双击进入 news.aspx 的源视图，修改 ListView 控件的 ItemTemplate 单行模板的样式，具体代码如下：

```
<ItemTemplate>
<li style="list-style:square inside" >
<a href="content.aspx?id=<%#Eval("id") %>">
  <span>
  <asp:Label ID="titleLabel" runat="server" Text='<%# Eval("title") %>' />
  </span>
  <span style="float:right;">新闻发布时间:
  <asp:Label ID="dateLabel" runat="server" Text='<%# Eval("date") %>' />
  </span>
  </a>
</li>
     </ItemTemplate>
```

15 在 news.aspx 的源视图中，设置 AlternatingTemplate 双行模板样式。由于单双行布局一样，因此 AlternatingTemplate 双行模板样式代码和 ItemTemplate 单行模板样式代码相同，可直接复制、粘贴。具体代码如下：

```
<AlternatingItemTemplate>
     <li style="list-style:square inside" >
     <a href="content.aspx?id=<%#Eval("id") %>">
    <span>
     <asp:Label ID="titleLabel" runat="server" Text='<%# Eval
         ("title") %>'/>
         </span>
         <span style="float:right;">新闻发布时间:
         <asp:Label ID="dateLabel" runat="server" Text='<%# Eval
         ("date") %>'/>
      </span>
      </a>
    </li>
    </AlternatingItemTemplate>
```

16 为了将页脚居中，在 news.aspx 的源视图中，将 LayoutTemplate 模板中包含 DataPager 对象的 DIV 的 class 设置为“foot”，代码如下：

```
<LayoutTemplate>
<ul id="itemPlaceholderContainer" runat="server" style="">
    <li runat="server" id="itemPlaceholder"/>
</ul>
    <div class="foot">
        <asp:DataPager ID="DataPager1" runat="server">
        <Fields>
        <asp:NextPreviousPagerField ButtonType="Button" ShowFirstPageButton
        ="True" ShowLastPageButton="True" />
        </Fields>
        </asp:DataPager>
    </div>
</LayoutTemplate>
```

17 打开 css 文件夹中的 index.css 样式表文件，写入样式代码实现页脚居中布局，代码如下：

```
.foot
{
    text-align:center;
}
```

18 打开 MasterPage.master，将母版页中“公司新闻”的导航链接设置为“news.aspx”：在 id 为“nvg”的 DIV 中，将“<li><a href="#">公司新闻</a></li>”修改为“<li><a href="news.aspx">公司新闻</a></li>”。

19 预览 news.aspx 页面，效果如图 4.35 所示。单击新闻列表中的记录，将跳转到 content.aspx 页面显示具体的新闻内容。

相关知识

1. ListView 的使用

ListView 控件是一个相当灵活的数据绑定控件，该控件不具有默认的格式呈现，当 ListView 选择数据源之后，在页面源视图中将会出现以下代码：

```
<asp:ListView ID="ListView1" runat="server" >
</asp:ListView>
```

由以上代码可见，ListView 控件虽已连接数据源，但所有格式及相关内容需要进行模板设计才能显示，可在选中 ListView 控件后通过单击其右上角▷按钮打开“ListView 任务”菜单，在弹出的下拉列表中选择“配置 ListView”选项，在弹出“配置 ListView”的对话框中

选择布局和样式，如在本任务中，选择“项目符号列表”选项布局后，页面源视图代码将会修改为

```
<asp:ListView ID="ListView1" runat="server" DataKeyNames="id"
DataSourceID="SqlDataSource1">
        <AlternatingItemTemplate>
            <li style="">id:
                <asp:Label ID="idLabel" runat="server" Text='<%# Eval
                ("id") %>'/>
                <br/>
                title:
        <asp:Label ID="titleLabel" runat="server" Text='<%# Eval
        ("title") %>'/>
                <br/>
                date:
        <asp:Label ID="dateLabel" runat="server" Text='<%# Eval
        ("date") %>'/>
                <br/>
        </li>
            </AlternatingItemTemplate>
            <EditItemTemplate>
                <li style="">id:
                <asp:Label ID="idLabel1" runat="server" Text='<%# Eval
                ("id") %>'/>
                <br/>
                title:
        <asp:TextBox ID="titleTextBox" runat="server" Text='<%# Bind
        ("title") %>'/>
                <br/>
                date:
    <asp:TextBox ID="dateTextBox" runat="server" Text='<%# Bind
    ("date") %>'/>
                <br/>
        <asp:Button ID="UpdateButton" runat="server" CommandName
        ="Update" Text="更新"/>
        <asp:Button ID="CancelButton" runat="server" CommandName
        ="Cancel" Text="取消"/>
            </li>
            </EditItemTemplate>
            <EmptyDataTemplate>
                未返回数据。
            </EmptyDataTemplate>
            <InsertItemTemplate>
```

```
                <li style="">title:
            <asp:TextBox ID="titleTextBox" runat="server" Text='<%#
            Bind("title") %>'/>
                    <br/>date:
             <asp:TextBox ID="dateTextBox" runat="server" Text='<%#
             Bind("date") %>'/>
                    <br/>
                    <asp:Button ID="InsertButton" runat="server"
                    CommandName="Insert" Text="插入"/>
        <asp:Button ID="CancelButton" runat="server" CommandName
        ="Cancel" Text="清除"/>
                </li>
              </InsertItemTemplate>
              <ItemSeparatorTemplate>
                     <br/>
              </ItemSeparatorTemplate>
              <ItemTemplate>
                  <li style="">id:
                    <asp:Label ID="idLabel" runat="server" Text='<%#
                    Eval("id") %>'/>
                    <br/>
                    title:
             <asp:Label ID="titleLabel" runat="server" Text='<%# Eval
             ("title") %>'/>
                    <br/>
                    date:
              <asp:Label ID="dateLabel" runat="server" Text='<%# Eval
              ("date") %>'/>
                    <br/>
                          </li>
              </ItemTemplate>
              <LayoutTemplate>
                  <ul id="itemPlaceholderContainer" runat="server" style="">
                      <li runat="server" id="itemPlaceholder"/>
                  </ul>
                  <div style="">
                      <asp:DataPager ID="DataPager1" runat="server">
                          <Fields>
                              <asp:NextPreviousPagerField ButtonType="Button"
                              ShowFirstPageButton="True" ShowLastPageButton
                              ="True"/>
                          </Fields>
```

```
            </asp:DataPager>
        </div>
    </LayoutTemplate>
    <SelectedItemTemplate>
        <li style="">id:
            <asp:Label ID="idLabel" runat="server" Text='<%#
            Eval("id") %>'/>
            <br/>
            title:
         <asp:Label ID="titleLabel" runat="server" Text='<%#
         Eval("title") %>'/>
            <br/>
            date:
        <asp:Label ID="dateLabel" runat="server" Text='<%#
        Eval("date") %>'/>
            <br/>
        </li>
    </SelectedItemTemplate>
</asp:ListView>
```

若要进一步修改 ListView 的显示样式，则需要在页面源视图中修改模板的样式，ListView 控件包含以下 11 个模板：

1）LayoutTemplate：布局模板，为 ListView 的内容指定包含元素。

2）ItemTemplate：格式化 ListView 单行项内容。

3）ItemSeparatorTemplate：显示 ListView 所呈现的项之间的内容。

4）GroupTemplate：为 ListView 所呈现的分组项指定包含的元素。

5）GroupSeparatorTemplate：显示 ListView 显现的分组项之间的内容。

6）EmptyItemTemplate：指定 ListView 控件的数据源为空时所显示的内容。

7）EmptyDataTemplate：定义在数据源未返回数据时要呈现的内容。

8）SelectedItemTemplate：指定 ListView 中的选中项所显示的内容。

9）AlternatingTemplate：格式化 ListView 双行项内容。

10）EditItemTemplate：呈现 ListView 编辑项的内容。

11）InsertTemplate：呈现 ListView 中插入项的内容。

在本任务中，需要显示表 tb_news 的标题和发布时间，因此需要设置单行数据的显示模板 ItemTemplate 和双行数据显示模板 AlternatingTemplate。

2. DataPager 对象

DataPager 对象为分页控件。在 Visual Studio 2015 中 DataPager 控件已经集成在 ListView 的 LayoutTemplate 模板中。用户可通过更改 DataPager 控件所在 DIV 的样式，使得分页栏居中显示，如在本任务中对 DIV 添加 foot 类。同时也可以通过设置 pagesize 设置每页记录条数，如以下代码将设置每页记录条数为 10 条：

```
<LayoutTemplate>
    <ul id="itemPlaceholderContainer" runat="server" style="">
        <li runat="server" id="itemPlaceholder"/>
    </ul>
<div style="text-align:center">
        <asp:DataPager ID="DataPager1" runat="server" PageSize="10">
            <Fields>
                <asp:NextPreviousPagerField ButtonType="Button"
                ShowFirstPageButton="True" ShowLastPageButton="True" />
            </Fields>
         </asp:DataPager>
        </div>
</LayoutTemplate>
```

上机练习

继续本单元任务 3 的上机练习，套用母版页制作公司新闻列表页并美化页面，如图 4.45 所示。

图 4.45 美化公司新闻列表页效果

提示

可通过设置分页按钮、鼠标经过新闻标题时的样式来美化页面。

任务 5　制作商品展示页

任务目标

在首页中选择导航条的“商品展示”选项卡，进入“商品展示”子页面。该页面以每行 4 张、每页 3 行显示商品图片，并在图片下方显示图片的名称，如图 4.46 所示。

图 4.46　“商品展示页”效果

任务说明

本任务通过 ListView 控件读取 Access 数据库中商品表的记录，更改 ListView 控件的

ItemTemplate 模板和 AlternatingItemTemplate 模板，使得每行 4 张图片显示图片，并在图片下面显示图片的名称。在学习本任务前，应在 db_QHGroup.accdb 数据库中新建商品表 tb_product，该表的数据结构如表 4.16 所示。

表 4.16　商品表数据结构

字段名	字段类型	字段说明	备注
ID	自动编号	商品 ID	主键
name	文本	商品名称	
pic	文本	商品图片	

实现步骤

01 打开本单元任务 4 完成的网站，在 html 文件夹新建 Web 窗体，命名为"product.aspx"，并选择使用母版页 MasterPage.master。

02 在 product.aspx 窗体的 ContentPlaceHolder1 内容占位符中添加 ListView 控件，按照本单元任务 4 的步骤，配置 ListView 的数据源，在"配置 Select 语句"界面中选择 tb_product 表中"name"和"pic"字段，如图 4.47 所示。打开"配置 ListView"对话框，选择"项目符号列表"选项并勾选"启用分页"复选框。

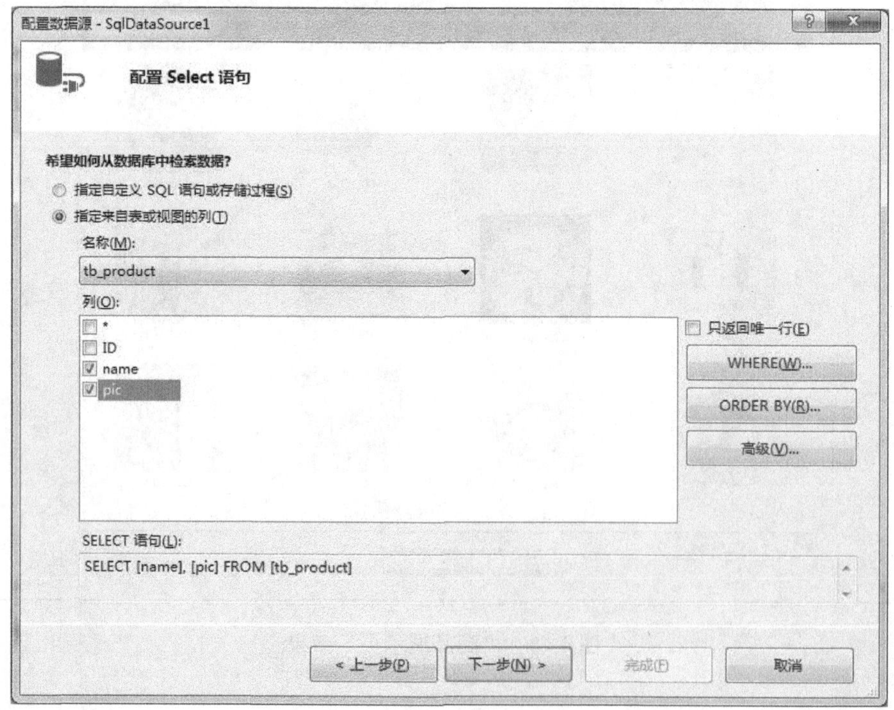

图 4.47　配置 Select 语句

03 为了实现图片的显示，进入 product.aspx 窗体的源视图窗口，修改 ListView 控件的 ItemTemplate 模板，再将模板内容复制到 AlternatingItemTemplate 模板，代码如下：

```
<ItemTemplate>
<%--  设置 li 的样式,使得每行显示 4 张图片--%>
    <li style="width:25%;float:left">
<%--设置每一行图片的间隔--%>
        <div style="text-align:center;margin-bottom:15px;
        margin-top:15px">
<%--设置图片固定宽度和高度,加边框--%>
            <img src="../product/<%# Eval("pic") %>" style="height:145px;
            width:145px;border:1px solid #ccc"/>
                <br/>
              <asp:Label ID="产品名称 Label" runat="server" Text='<%#
              Eval("name") %>'/>
            <br/>
           </div>
        </li>
            </ItemTemplate>
```

04 为使图片对齐，在 product.aspx 窗体的源视图中，删除 ListView 控件 ItemSeparatorTemplate 模块中的
代码如下：

```
<ItemSeparatorTemplate>
<%--<br/>--%>
</ItemSeparatorTemplate>
```

05 为调整每页显示的图片数并将页脚居中，在 product.aspx 窗体的源中，修改 ListView 控件的 LayoutTemplate 模板代码如下：

```
    <LayoutTemplate>
      <ul id="itemPlaceholderContainer" runat="server" style="">
          <li runat="server" id="itemPlaceholder"/>
      </ul>
<%--当最后一页图片不足一行时,会导致发送走位,因此需要设置页脚样式--%>
      <div class="foot" style="clear:both;width:960px;">
     <%--需要设置每页 12 条记录--%>
          <asp:DataPager ID="DataPager1" runat="server" PageSize="12">
              <Fields>
                  <asp:NextPreviousPagerField ButtonType="Button"
                  ShowFirstPageButton="True" ShowLastPageButton="True" />
              </Fields>
          </asp:DataPager>
      </div>
    </LayoutTemplate>
```

06 打开 MasterPage.master，将母版页中“商品展示”的导航链接设置为 product.aspx：在 id 为“nvg”的 DIV 中，将“<li><a href="#">商品展示</a></li>”修改为“<li><a href="product.aspx">商品展示</a></li>”。

07 预览页面，可得到图 4.46 所示的效果。

相关知识

在 ASP.NET 中，数据绑定表达式使用 Eval()方法和 Bind()方法将数据绑定到控件，并将更改提交回数据库。Eval()方法是静态单向（只读）方法，所以 Eval()方法用于单向（只读）绑定，该方法用数据字段的值作为参数并将其作为字符串返回。Bind()方法支持读/写功能，所以 Bind()方法用于双向绑定，该方法可以检索数据绑定控件的值并将任何更改提交回数据库。在本任务中只需显示图片和图片名称，因此用 Eval()方法单向绑定。

（1）使用 Eval()方法

1）数据绑定表达式的格式。数据绑定表达式必须包含在<%# %>之间，如本任务中<%# Eval("name") %>'和<%# Eval("pic") %>，用于绑定数据表中的 name 字段和 pic 字段。

2）数据绑定表达式出现的位置。

① 数据绑定表达式包含在 html 元素的属性值，如本任务中，<asp:Label ID="产品名称Label" runat="server" Text='<%# Eval("name") %>' />。

② 数据绑定表达式包含在页面中的任何位置。如本任务中<img src="../product/<%# Eval("pic") %>" />。

（2）使用 Bind()方法

Bind()方法与 Eval()方法有一些相似之处，可以像使用 Eval()方法一样使用 Bind()方法来检索数据绑定字段的值，但当数据可以被修改时，还是需要使用 Bind()方法。在 ASP.NET 中，数据绑定控件如 GridView 可自动使用数据源控件的更新、删除和插入操作。当用户进行修改、插入记录操作时，即在数据绑定控件的 EditItemTemplate 或 InsertItemTemplate 模块中需要使用 Bind()方法。

上机练习

继续本单元任务 4 的上机练习，套用母版页制作产品展示页，将商品按 ID 倒序排序，并实现单击产品展示页面中的商品缩略图可在新页面中打开大图，如单击第 1 行第 3 列图片（图 4.48），跳转到图 4.49 所示的页面显示大图。

提示

可利用新闻列表页单击新闻进入新闻内容页的方法进行传值跳转并读取数据。

图 4.48　商品展示页

图 4.49　商品展示大图

强华集团公司网站后台管理设计实例

情景故事

小华如期完成了强华集团公司网站的基本框架搭建，他知道一个完整的动态网站不仅要提供管理网站的入口，还应提供一个强大的后台管理系统，以方便内部员工对网站相关信息进行更新操作，于是他决定继续探索公司后台管理系统的设计。

案例说明

本单元任务建立在单元 4 内容的基础之上进行后台管理系统的设计。网站后台管理界面同前台一样，有固定的布局，因此在本单元中将继续使用母版页将网页固定部分进行统一定义，利用 GridView、ListVIew 等数据控件及 ADO.NET 数据访问技术对公司新闻、商品展示两大模块进行添加、删除、修改等后台管理操作。

能力目标

1. 深化使用 ListView、GridView 显示数据库中内容。
2. 深化使用 ADO.NET 数据访问技术链接数据库。

任务 1　制作公司新闻管理页

任务目标

新建公司新闻管理页面，在页面中可分页显示所有新闻的标题和添加时间，并且提供新闻的修改或删除操作的入口，如图 5.1 所示，单击“修改”超链接可跳转到图 5.2 所示的页面完成对新闻的修改操作，单击“删除”超链接则可删除该条新闻。

图 5.1　公司新闻管理页面

图 5.2　修改新闻

任务说明

本任务将新建两个页面，分别为 news_manage.aspx 和 news_edit.aspx，其中 news_manage.aspx 页面使用 ListView 控件实现分页显示新闻，并利用 SQL 语句执行删除新闻操作，以及选定新闻 ID 的传值跳转，而 news_edit.aspx 则通过 SQL 语句实现新闻的修改制作。为了后台管理系统的界面统一，在新建页面之前，还需先建立后台母版页。

实现步骤

01 打开单元 4 新建的网站"U4U5"，在网站中新建文件夹命名为"admin"，将 html 文件夹中的 MasterPage.master 和 MasterPage.master.cs 文件复制到 admin 文件夹中。在"解决方案资源管理器"窗口中右击 MasterPage.master，在弹出的快捷菜单中选择"重命名"命令，将 MasterPage.master 重命名为"admin.master"。

02 双击打开 admin.master 文件，在其代码视图中修改 div 为"nvg"中导航菜单的文字及超链接 URL，代码如下：

```
<div id="nvg">
     <ul>
        <li><a href="..\html\Default.aspx">返回首页</a></li>
        <li><a href="news_manage.aspx">公司新闻管理</a></li>
        <li><a href="news_insert.aspx">公司新闻添加</a></li>
        <li><a href="product_ manage.aspx">商品展示管理</a></li>
        <li><a href="product_insert.aspx">商品展示添加</a></li>
        </ul>
  </div>
```

03 套用母版页 admin.master，在 admin 文件夹中依次创建公司新闻管理页面 news_manage.aspx、公司新闻添加页面 news_insert.aspx、商品展示管理页面 product_manage.aspx、商品展示添加页面 product_insert.aspx。

04 双击打开 news_manage.aspx 页面，进入其源视图，在 ContentPlaceHolder 占位符中增加图 5.1 所示的列表表头，具体代码如下：

```
<asp:Content ID="Content2" ContentPlaceHolderID="ContentPlaceHolder1"
Runat="Server">
    <ul id="headerul">
        <li style="width: 552px; ">标题</li>
        <li style="width: 221px;">时间</li>
        <li style="width: 187px;">操作</li>
    </ul>
</asp:Content>
```

05 对步骤 **04** 增加的表头样式进行设置，代码如下：

```
<asp:Content ID="Content1" ContentPlaceHolderID="head" Runat="Server">
  <style type="text/css">
    #headerul
    {
        margin-top: 20px;
        width: 100%;
        height: 30px;
        border-top: 1px solid black;
        border-bottom: 1px solid black;
        background-color:#6699cc;
        color:white;
        font:14px/30px 宋体;
        font-weight:bold;
    }
      #headerul li
      {
          float: left;
          height: 100%;
      }
  </style>
</asp:Content>
```

06 在 news_manage.aspx 的表头下方拖入 ListView 控件，单击 ListView 控件右上角的▷按钮打开“ListView 控件任务”菜单，在“选择数据源”下拉列表中选择“新建数据源”选项，按单元 4 任务 4 中的步骤配置数据源，其中在配置 Select 语句时勾选“tb_news”表中的“id”“title”“date”复选框，单击“OEDER BY（R）”按钮，弹出“添加 DRDER BY 子句”对话框，在“排序方式”下拉列表中将“date”字段按“降序”排序。

07 打开“ListView 任务”菜单，单击“配置 ListView”超链接，弹出“配置 ListView”对话框，选择“选择布局”列表框中的“项目符号列表”选项，勾选“启用分页”复选框，单击“确定”按钮，完成 ListView 控件的配置。

08 在 news_manage.aspx 的源视图中，删除 ListView 控件 ItemSeparatorTemplate 模块中的
。

提示

在本任务中只需要显示 tb_news 表的单双行记录，也可将 ListView 控件的 SelectedItemTemplate、ItemSeparatorTemplate、InsertItemTemplate、EditItemTemplate 4 个模板删除以方便操作。

09在 news_manage.aspx 的源视图中，修改 ListView 控件的 ItemTemplate 模板内容，将显示的时间格式转换为短时间类型，并在该模板中拖入两个 LinkButton 控件用以实现“修改”和“删除”功能。ListView 控件的 ItemTemplate 模板内容修改如下：

```
<ItemTemplate>
 <ul id="contentuls">
   <li style="width: 552px;"><%#Eval("title") %></li>
   <li style="width: 221px;"> <%#Eval("date","{0:yyyy-MM-dd}")%> </li>
   <asp:LinkButton  ID="LinkButton1"  runat="server" CssClass=
   "mylinkbtns" CommandArgument='<%# Eval("id") %>' OnClick
   ="xg_function">修改</asp:LinkButton>
   <asp:LinkButton  ID="LinkButton2" runat="server" CssClass=
   "mylinkbtns" CommandArgument='<%# Eval("id") %>' OnClientClick
   ="javascript:return confirm('此操作不可恢复，确定删除？')" OnClick
   ="sc_function" >删除</asp:LinkButton>
 </ul>
</ItemTemplate>
```

10复制步骤09中 ItemTemplate 模板的代码内容，粘贴到 AlternatingItemTemplate 模板中，并将 ul 的 ID 修改为 contentul，代码如下：

```
<AlternatingItemTemplate>
  <ul id="contentul">
      <li style="width: 552px;"><%#Eval("title") %></li>
      <li style="width: 221px;"> <%#Eval("date","{0:yyyy-MM-dd}")%>< /li>
   <%--添加"修改"链接按钮,点击按钮执行 xg_function(),链接按钮--%>
   <%--CommandArgument 属性绑定    tb_news 表的 id--%>
      <asp:LinkButton  ID="LinkButton1"  runat="server" CssClass
      ="mylinkbtns" CommandArgument='<%# Eval("id") %>' OnClick
      ="xg_function">修改</asp:LinkButton>
   <%--添加"删除"链接按钮,点击按钮先执行客户端脚本 OnClientClick 进行--%>
   <%--弹框,再执行 sc_function()--%>
       <asp:LinkButton  ID="LinkButton2" runat="server" CssClass
       ="mylinkbtns" CommandArgument='<%# Eval("id") %>' OnClientClick
       ="javascript:return confirm('此操作不可恢复,确定删除？')" OnClick
       ="sc_function" >删除</asp:LinkButton>
    </ul>
   </AlternatingItemTemplate>
```

11设置 contentuls、contentul、mylinkbtns 3 个 ID 的样式，用于美化单、双行模板及 LinkButton 控件的显示，在步骤05的内部样式表中添加如下代码：

```
/*单行模式的样式设置*/
#contentul
{
   width: 100%;
   height: 30px;
   background-color:#FFFFFF;
   color: black;
   font: 14px/30px 宋体;
}
#contentuls li
{
   float: left;
   height: 100%;
}
/*双行模式的样式设置*/
#contentuls
   {
   width: 100%;
   height: 30px;
   background-color: #99CCFF;
   color: black;
   font: 14px/30px 宋体;
}
#contentul li
   {
   float: left;
   height: 100%;
}
/*LinkButton 的样式设置*/
.mylinkbtns
{
   color:black
}
```

12 在 news_manage.aspx 页面 ListView 控件的 LayoutTemplate 模板中设置分页模板对齐方式为居中显示，并设置按钮 CSS 样式为 mybtn，代码如下：

```
<LayoutTemplate>
   <ul id="itemPlaceholderContainer" runat="server" style="">
      <li runat="server" id="itemPlaceholder" />
   </ul>
   <div style="text-align:center">
```

```
        <asp:DataPager ID="DataPager1" runat="server">
            <Fields>
                <asp:NextPreviousPagerField ButtonType="Button"
                ShowFirstPageButton="True" ShowLastPageButton="True"
                ButtonCssClass="mybtn"/>
            </Fields>
        </asp:DataPager>
    </div>
</LayoutTemplate>
```

13 打开 CSS 文件夹中的外部样式表 index.css，并添加 mybtn 的样式代码，代码如下：

```
/*设置页脚按钮的样式*/
.mybtn
{
      background-color:#0080FF;
      border:1px solid blue;
      color:white;
      width:60px;
      text-align:center;
      height:25px;
}
```

14 打开网站 App_Code 文件夹中的类文件 co.cs，添加函数 runsql()、alertRW()，代码如下：

```
public static int runsql(string sql, params OleDbParameter[] p)
  {
      using (OleDbConnection conn = new OleDbConnection(constr))
      {
         using (OleDbCommand cmd = new OleDbCommand(sql, conn))
         {
            if (p != null)
            {
               cmd.Parameters.AddRange(p);
            }
            conn.Open();
            /*执行 sql 命令的 OleDbCommand 对象
            return cmd.ExecuteNonQuery();
         }
      }
  }
```

```
public static void alertRW (string msg, string url)
  {
/*弹出提示对话框后并跳转到另外一个页面*/
     HttpContext.Current.Response.Write(string.Format("<script>
     alert('{0}');location.href='{1}'</script>", msg, url));
  }
```

15 双击打开 news_manage.aspx.cs 进入其代码视图，引入以下两个命名空间：

```
using System.Data;
using System.Data.OleDb;
```

16 在 news_manage.aspx.cs 的代码编辑视图中，对 xg_function()和 sc_function()进行定义，实现单击“修改”和“删除”超链接的功能，代码如下：

```
protected void xg_function(object sender, EventArgs e)
  {   /*获取 Linkbutton 的 CommandArgument 属性值，即 ID 值*/
    string id = ((LinkButton)sender).CommandArgument;
   /*将 ID 值作为链接参数传递到页面 news_edit.aspx 中*/
    Response.Redirect("news_edit.aspx?id=" + id + "");
  }
protected void sc_function(object sender, EventArgs e)
  {
     string id = ((LinkButton)sender).CommandArgument;
    string sql = "delete from tb_news where id=@ID";
    /*调用定义在 co 类文件中的 runsql()方法*/
    co.runsql(sql, new OleDbParameter("@ID", id));
    co.alertRW("删除成功！", Request.Path);
  }
```

17 在浏览器中预览 news_manage.aspx，如图 5.1 所示。

18 套用 admin.master 母版页新建 news_edit.aspx 页面，并根据图 5.2 所示，在该页面的 ContentPlaceHolder 占位符拖入 TextBox 控件和 Button 控件。在页面的代码视图中设置页面样式，代码如下：

> **提示**
>
> 样式 list1 类、mybtn 类在外部样式表 index.css 中已定义。

```
 <asp:Content ID="Content2" ContentPlaceHolderID="ContentPlaceHolder1"
Runat="Server">
     <h3 style="text-align:center;padding:20px;">新闻管理</h3>
```

```
<div class="list1" style="text-align:center">
    新闻标题：<asp:TextBox ID="TextBox1" runat="server" Width="375px">
    </asp:TextBox>
    <br />
    文章内容：<asp:TextBox ID="TextBox2" runat="server" Width="373px"
    Height="262px" TextMode="MultiLine"></asp:TextBox>
    <br />
     <br />
</div>
   <p style="text-align:center"><asp:Button ID="Button1" runat="server"
   Text="修改"
          CssClass="mybtn"/></p>
    </asp:Content>
```

19 进入 news_edit.asxp.cs 的代码视图，引入命名空间“using System.Data.OleDb;”后，在 Page_Load(){}的大括内输入如下代码：

```
protected void Page_Load(object sender, EventArgs e)
  {
      if (!IsPostBack)
      {
          try
          {
            //将需要修改的记录的标题和内容显示在文本框
              OleDbDataReader reader = co.getdr("select * from tb_news
              where id=@id", new OleDbParameter("@id", Request["id"]));
              reader.Read();
              TextBox1.Text = reader["title"].ToString();
              TextBox2.Text = reader["content"].ToString();
          }
          catch
          {
              co.alertRW("找不到相关内容", "news_manage.aspx");
          }
      }
  }
```

20 在 news_edit.aspx 页面的设计视图中，双击“修改”超链接，进入其单击事件代码编辑视图，写入如下代码：

```
protected void Button1_Click(object sender, EventArgs e)
    {
        string sql = "update tb_news set title=@title,content=@content
```

```
    where ID=" + Request["id"];
   OleDbParameter[] p = { new OleDbParameter("@title",TextBox1.Text ),
   new OleDbParameter("@content", TextBox2.Text) };
   //调用 co.runsql()方法执行更新操作
     co.runsql(sql, p);
   co.alertRW("修改成功", "news_manage.aspx");
}
```

21 在浏览器中预览 news_manage.aspx 页面，单击第 1 条新闻的“修改”超链接，即跳转到 news_edit.aspx 页面。

> **提示**
>
> 为了避免 news_eidt.aspx 页面出现错误，ASP.NET 在请求中检测到包含潜在危险的数据后，因为其可能包括 HTML 标记或脚本，所以需要在 news_edit.aspx 的 <%@%> 标签内添加属性 validateRequest="False"。

相关知识

LinkButton 控件用于创建超链接样式的按钮，单击按钮执行客户端脚本或与 Command 事件相关的命令。其中执行客户端脚本可通过设置 OnClientClick，当执行 Command 事件需要附加信息时，需要借助 CommandArgument 属性传值。当多个控件使用相同的 Command 命令，需要通过设置 CommandName 属性用于区分哪个控件执行 Command 命令。

1）CommandArgument 属性：获取与 CommandName 和 CommandArguments 相关的属性值，并传递到 Command 事件处理程序的可选参数。当 Command 事件被触发时，往服务器端传递 CommandName、CommandArgument 属性值。

2）CommandName 属性：获取或设置与 LinkButton 控件关联的命令名。此值与 CommandArgument 属性一起传递到 Command 事件处理程序。在 ASP.NET 中为数据控件提供了预定义命令名，如 Delete、Update、Edit、Cancel，即设置 CommandName 的值为预定义命令名，可执行删除、更新、编辑、撤销等操作。

在本任务的步骤 **09** 和步骤 **10** 中，将 tb_news 表中字段 ID 绑定在 CommandArgument 属性值，再在步骤 **16** xg_function() 和 sc_function() 的定义中用“string id = ((LinkButton)sender).Command- Argument;”获取字段 ID 的值，从而借助 CommandArgugment 传递参数值。

上机练习

1）在单元 4 上机练习基础上，根据本任务步骤，创建 admin.master 后台母版页，并增加“用户权限管理”导航菜单。

2）完成本任务的公司新闻管理后台页面及功能，并套用母版页新建用户权限管理页面，用于完成修改用户表内容的操作，如图 5.3 所示。在该页面中单击“修改”超链接，效果如图 5.4 所示。

图 5.3 用户权限管理页面

图 5.4 单击“修改”超链接显示效果

提示

可通过修改 ListView 控件的 EditItemTemplate 模板完成用户表内容的修改。

任务 2　制作商品展示管理页

任务目标

在商品展示管理页面中显示所有商品的 ID、产品名称和产品图片，并且提供修改和删除操作的入口，如图 5.5 所示，单击“编辑”超链接可跳转到图 5.6 所示的页面完成对商品的修改操作，单击“删除”超链接，可删除该商品相应的信息。

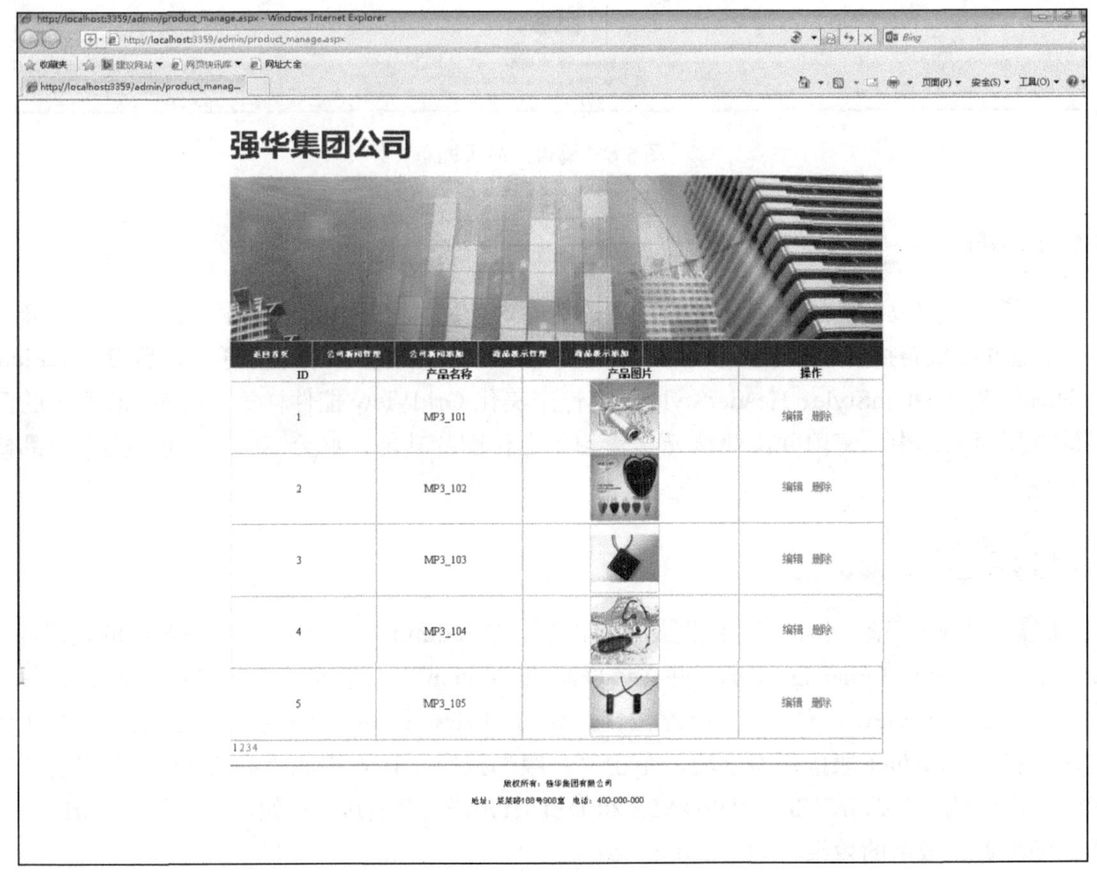

图 5.5　商品展示管理页面

图 5.6　编辑产品页面

任务说明

本任务将完成商品展示管理页面，在该页面中使用了 GridView 数据控件用于显示商品信息，通过模板转换并编辑模板实现图片在 GridView 控件中的显示，并通过设置 BoundField 的 HeaderText、ItemStyle、HeaderStyle 等属性来美化 GridView 控件样式。在图 5.6 所示的商品编辑页面制作中，复习并深化单元 2 学习的上传图片功能，结合 SQL 语句，实现商品修改功能。

实现步骤

01 打开本单元任务 1 完成的网站“U4U5”，在 admin 文件夹中双击进入本单元任务 1 新建的页面 product_manage.aspx，并在该页面的 ContentPlaceHolder 占位符中拖入 GridView 控件。单击 GridView 控件右上角的▷按钮，为 GridView 控件新建数据源，在配置 Select 语句时选择 tb_product 表的所有字段，单击“高级”按钮，在弹出的“高级 SQL 生成选项”对话框中勾选“生成 INSERT、UPDATE 和 DELETE 语句”复选框，如图 5.7 所示。GridView 数据源配置完成后的效果，如图 5.8 所示。

02 单击 GridView 控件右上角的▷按钮，打开“GridView 任务”菜单勾选“启用分页”“启用编辑”“启用删除”复选框。

图 5.7　高级 SQL 生成选项设置

SqlDataSource - SqlDataSource1

ID	name	pic
数据绑定	数据绑定	数据绑定
数据绑定	数据绑定	数据绑定
数据绑定	数据绑定	数据绑定
数据绑定	数据绑定	数据绑定
数据绑定	数据绑定	数据绑定

图 5.8　步骤 1 的 GridView 效果图

03 打开“GridView 任务”菜单，选择“编辑列”选项，弹出“字段”对话框，利用按钮⬇将 CommandField 字段调整位置到 pic 字段的后面，依次将字段 ID、name、pic、CommandField 的 HeaderText 更改为“ID”“产品名称”“产品图片”“操作”，样式中 ItemStyle 样式的 Width 分别设置为 200px、200px、300px、200px，并将它们的 HeaderStyle 和 ItemStyle 样式的 CssClass 均设置为“foot”，如图 5.9 所示，单击“确定”按钮保存设置。

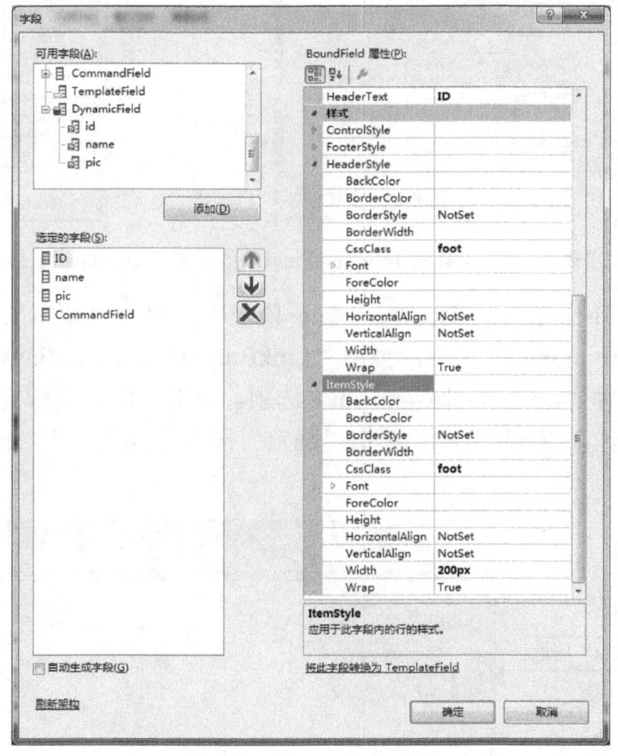

图 5.9　设置 GridView1 的属性

提示

单元 4 已在 index.css 中设置好 foot 样式，在此可直接使用。

04 在 product_manage.aspx 设计视图中，单击 Gridview 控件，打开 Gridview 控件的“属

性”窗口，将 Width 属性设置为“960px”，PageSize 属性设置为“5”。

05 重新打开 Gridview 控件的“字段”对话框中，在“选定的字段”列表框中，选择“产品图片”选项，单击对话框右下角的“将此字段转换为 TemplateField”超链接，将“产品图片”字段转换为模板列。重复以上步骤，将“操作”列也转换为模板列，单击“确定”按钮保存设置，如图 5.10 所示。

06 单击 GridView 控件右上角的⊡按钮，打开“GridView 任务”菜单，选择“编辑模板”超链接，在打开的“GridView 任务模板编辑模式”菜单中，选择“Column[3]-操作”选项组的“ItemTemplate”选项，如图 5.11 所示。

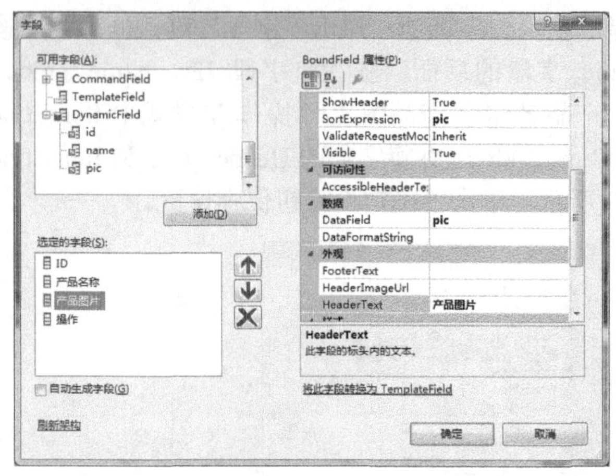

图 5.10　将“产品图片”“操作”列转换为 TemplateField

图 5.11　GridView 控件的模板编辑模式

07 在“Column[3]-操作”的 ItemTemplate 模板中，单击“编辑”超链接，在其任务菜单中选择“编辑 DataBingings”选项，弹出“LinkButton1 DataBindings”对话框，在“可绑定属性”列表框中选择“CommandArgument”选项，点选“自定义绑定”单选按钮，在“代码表达式”文本框中输入 Eval("ID")，单击“确定”按钮完成“编辑”超链接的 ID 绑定，如图 5.12 所示。

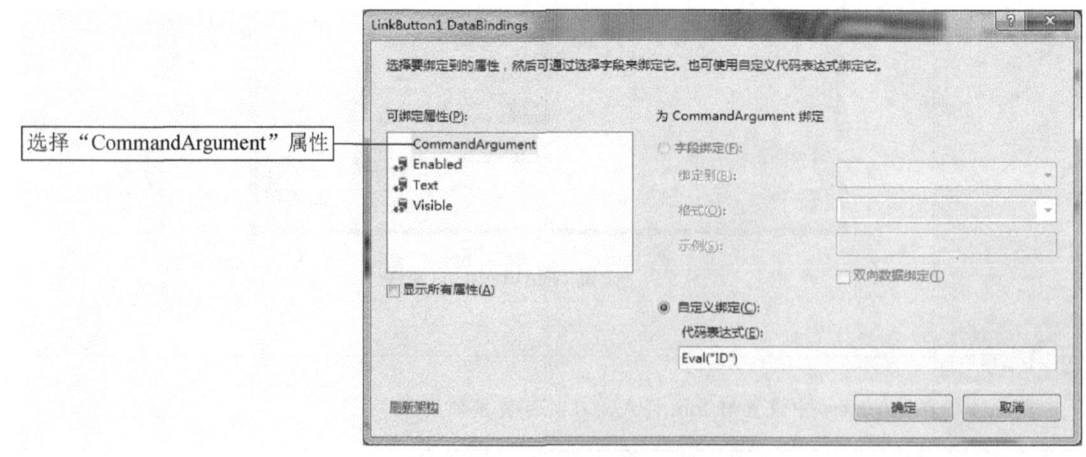

图 5.12　“编辑”超链接绑定 ID 字段

08 在“Column[3]-操作”的 ItemTemplate 模板中双击“编辑”超链接，进入其单击事件代码编辑模式，输入代码实现保存编辑记录 ID 并传值跳转页面的功能，代码如下：

```
protected void LinkButton1_Click(object sender, EventArgs e)
    {
        //将 linkbutton 的 commandArgument 的值赋值给 session["id"]
        Session["id"] = ((LinkButton)sender).CommandArgument;
        //跳转到 product_edit.aspx
        Response.Redirect("product_edit.aspx");
    }
```

09 返回 product_manage.aspx 页面的设计视图，在“Column[3]-操作”的 ItemTemplate 模板中选中“删除”超链接，打开其“属性”窗口进行属性设置，将 OnClientClick 属性设置为“return confirm('确定删除？')”，如图 5.13 所示。

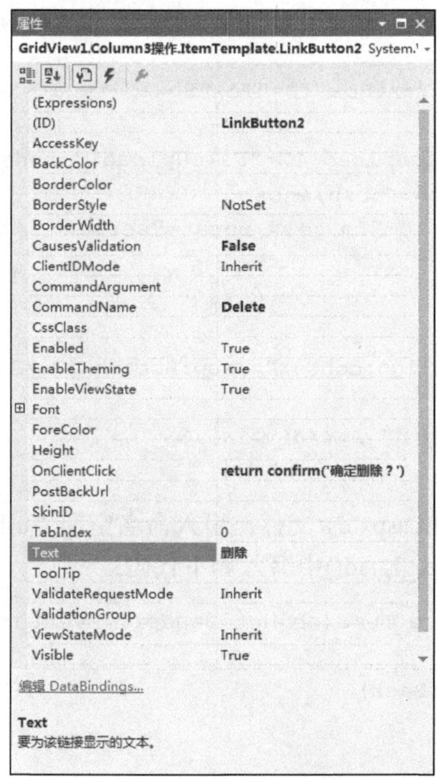

图 5.13　“删除”超链接属性设置

10 根据步骤 **05**，在“GridView 任务模板编辑模式”菜单中，选择“Columm[2]-产品图片”选项组的“ItemTemplate”选项，在该模板中，将默认的 Label1 删除。在“GridView 任务”菜单中选择“结束模板编辑”选项。

11 在 product_manage.aspx 页面源编辑窗口产品图片的 ItemTemplate 模板中，加入<img>标签，设置其 URL，绑定 pic 字段，使产品图片在页面中显示，具体设置代码如下：

```
<ItemTemplate>
    <img src="../product/<%#Eval("pic") %>" style="height:100px;
    width:100px;border:1px solid #ccc" />
</ItemTemplate>
```

12 使用 admin.master 母版页在 admin 文件夹中新建 product_edit.aspx 页面，并根据图 5.6 所示在该页面的 ContentPlaceHolder 占位符中拖入 TextBox、FileUpload、Image、Button 控件。在页面的代码视图中设置页面样式，代码如下：

提示

单元 4 已在 index.css 外部样式表中对 mybtn 样式进行定义，在此可直接使用。

```
  <asp:Content ID="Content2" ContentPlaceHolderID="ContentPlaceHolder1"
  Runat="Server">
    <div class="list" style="padding-left:300px;padding-top:50px;
    line-height:3">
     产品名称：<asp:TextBox ID="TextBox1" runat="server"></asp:TextBox>
  <br />
  产品图片：<asp:FileUpload ID="FileUpload1" runat="server" />  <br />
       
  图片：<asp:Image ID="Image1" runat="server"  Height="145px" Width
  ="145px"/>
  <br />
  </div>
<div style="text-align:center"><asp:Button ID="Button1" runat="server"
Text="修改"
     CssClass="mybtn" /></div>
</asp:Content>
```

13 双击打开 product_edit.aspx.cs 文件，引入命名空间“using System.Data;”和“using System.Data.OleDb;”，在 Page_Load()中写入如下代码：

```
protected void Page_Load(object sender, EventArgs e)
    {
        if (!IsPostBack)
        {
            try
            {
           //使用 Session["id"]获取需要编辑的记录,利用类执行查询
              OleDbDataReader dr = co.getdr("select * from tb_product
              where ID=" + Convert.ToInt32(Session["id"]));
              dr.Read();
          //将查询结果记录的字段"name"给文本框
              TextBox1.Text = dr["name"].ToString();
          //将 Image 控件的 URL 指向 product 文件夹下的 dr["pic"]即图片名
```

```
                Image1.ImageUrl = "../product/" + dr["pic"].ToString();
                dr.Close();
            }
            catch
            {
                co.alertRW("找不到相关内容!", "product_manage.aspx");
            }
        }
    }
```

14 进入 product_edit.aspx 页面的设计视图，双击“修改”按钮，在其单击事件代码编辑中输入代码，视图完成产品名称、产品图片修改的功能，代码如下：

```
protected void Button1_Click(object sender, EventArgs e)
   {
   //判断 FileUpload 控件是否已经包含一个文件
      if (FileUpload1.HasFile)
      {
  //得到 FileUpload 中文件的扩展名,并赋值给 ext
          string ext = System.IO.Path.GetExtension(FileUpload1
          .FileName).ToLower();
  //若 FileUpload1 中的文件扩展名为.jpg、.gif、.png、.bmp 的图片格式方可操作
          if (ext == ".jpg" || ext == ".gif" || ext == ".png" || ext
          == ".bmp")
          {
             //获取文件名称
             string name = System.IO.Path.GetFileNameWithoutExtension
             (FileUpload1.FileName);
              //以时间格式重命名
            string filename = DateTime.Now.ToString("yyyyMMddHHmmssff")
            + ext;
              //获取上传文件的绝对路径
              string path = Server.MapPath("~/product/");
              FileUpload1.PostedFile.SaveAs(path + filename);
             //修改图片
             string sql = "update tb_product set name=@name,pic=@pic
             where ID=" + Session["id"];
              OleDbParameter[] p = { new OleDbParameter("@name",
              TextBox1.Text ), new OleDbParameter("@pic", filename) };
              //调用 co.runsql()方法执行更新操作
              co.runsql(sql, p);
              co.alertRW("修改成功", "product_manage.aspx");
          }
          else
```

```
            {
                Response.Write("<script>alert('图片格式错误!图片格式必须为
                jpg gif png bmp');</script>");
            }
        }
        else
        {
           string sql = "update tb_product set name=@name where ID=" +
           Session["id"];
            OleDbParameter[] p = { new OleDbParameter("@name",
            TextBox1.Text) };
            //调用 co.runsql()方法执行更新操作
            co.runsql(sql, p);
            co.alertRW("修改成功", "product_manage.aspx");
        }
    }
```

15 在浏览器中预览 product_mange.aspx 页面，显示效果如图 5.5 所示，单击页面中的"编辑"超链接，即跳转 product_edit.aspx 页面，如图 5.6 所示。

相关知识

GridView 控件的样式设置包括外观设置和列样式设置。

1）外观设置，可通过选中 GridView 控件，打开 GridView 控件的"属性"窗口设置如表 5.1 所示的属性。

表 5.1　GridView 外观设置

属性	描述
ShowFooter	是否显示页脚
ShowHeader	是否显示页眉
GridLines	None-不显示格线，Horizontal-显示水平格线， Virtical-显示竖直格线，Both-显示水平和竖直格线
EmptyDataText	如果数据源中内容为 NULL 时在 GridView 中显示的值
AlternatingRowStyle	交替行的样式
EditRowStyle	编辑项的样式
EmptyDataRowStyle	空数据项的样式
HeaderStyle	页眉样式
FooterStyle	页脚样式
PagerStyle	分页样式
RowStyle	行样式
SelectedRowStyle	选中项样式

2）列样式设置，如本任务中步骤03设置的 HeaderText、HeaderStyle、ItemStyle 等属性，可通过打开 GridView 控件“字段”对话框，选择 GridView 的绑定列（BoundField）进行设置，如表 5.2 所示。

表 5.2　绑定列外观设置

属性	描述
ControlStyle	当前列中控件的样式
FooterStyle	页脚样式
HeaderStyle	页眉样式
ItemStyle	当前列中数据行的样式
ReadOnly	当前列是否为只读列
SortExpression	排序表达式
Visible	当前列是否可见
HeaderText	页眉文本
FooterText	页脚文本
DataField	当前列的数据行要显示哪个字段的数据，填写字段名
DataFormatString	对显示数据进行格式化显示

上机练习

在本单元任务 1 上机练习基础上，根据本任务步骤完成商品展示管理页面，使商品按 ID 倒序排序，并通过设置 GridView 控件的样式美化该页面。效果图可参考图 5.14。

图 5.14　上机练习参考效果图

任务 3 制作公司新闻添加页

任务目标

完成公司新闻添加页面，如图 5.15 所示，在页面文本框中输入新闻标题和内容，单击“添加”按钮，可将新闻标题和文章内容添加到数据库中。添加成功时，弹出对话框提示“添加成功”，并跳转到公司新闻管理页面查看新闻添加结果。

图 5.15 任务 3 效果

任务说明

本任务将调用 co.cs 类的构造函数，结合 SQL 语句中的 Insert 语句高效地完成公司新闻添加的功能。

实现步骤

01 打开任务 2 完成的网站“U4U5”，在 admin 文件夹中双击进入任务 1 新建的页面

news_insert.aspx，并在该页面的 ContentPlaceHolder 占位符中根据图 5.15 所示的效果设计添加控件。

提示

由于 news_insert.aspx 页面与任务 1 中 news_edit.aspx 页面相似，可将 news_edit.aspx 页面中可编辑区域内容复制到 news_insert.aspx 页面可编辑区域中，将文本“新闻管理”改为“新闻添加”，将“修改”按钮的 Text 属性修改为“添加”即可。

02 双击打开 news_insert.aspx.cs 文件进入其代码编辑视图，引入命名空间“using System.Data;”和“using System.Data.OleDb;”。

03 进入 news_insert.aspx 的设计视图，双击“添加”按钮，进入其单击事件代码编辑视图，写入如下代码：

```
protected void Button1_Click(object sender, EventArgs e)
    {
        if (TextBox1.Text.Trim() == "" || TextBox2.Text.Trim() == "")
        {
            co.alertRW("请输入标题和内容!", Request.Path);
        }
        else
        {
            string sql = "insert into tb_news (title,content) values
            (@title,@content)";
          //定义 OleDbParameter 数据,用于传递参数对 SQL 语句,注意符号
            OleDbParameter[] p = { new OleDbParameter("@title",
            TextBox1.Text),
            new OleDbParameter("@content",TextBox2.Text)};
            //调用 runsql()方法执行写入操作
            co.runsql(sql, p);
            co.alertRW("添加成功! ", " news_manage.aspx ");
        }
    }
```

提示

tb_news 表中包含 id、title、content、date 4 个字段，其中 id 字段为自动编号类型，date 字段设置默认值为 Date()，因此以上代码中只需要插入两个字段 title 和 content。

04 运行 news_insert.aspx，如图 5.16 所示。单击“添加”按钮，弹出对话框提示“添加成功”，并跳转到 news_manage.aspx，在首行显示 news_insert.aspx 页面添加的新闻，如图 5.17 所示。

图 5.16 公司新闻添加

图 5.17 显示已添加的新闻

相关知识

Trim()方法用于消除字符串两边的空格，字符串中间的不会被去掉，通常用于获取文本框控件中的字符串时，清除字符串前后的空字符，防止数据读取或在限定的数据库字段中找不到对应的字段。在判断文本框是否为空时，Trim()方法至关重要。例如，在本任务中利用 TextBox1.Text.Trim()和 TextBox3.Text.Trim()清除“标题”和“内容”文本框中前后两边的空格。在将文本框的内容作为字段内容插入数据库中时也应该使用 Trim()方法消除字符串两边的空格，避免后期读取数据库字段时，找不到对应的字段。

上机练习

1）在单元 4 上机练习基础上，修改 admin.master 后台母版页，增加“用户添加”导航菜单。

2）完成本任务的公司新闻添加后台页面及功能，并使用母版页新建用户添加页面，用于添加新用户，参考效果如图 5.18 所示，在页面中单击“添加”按钮，用户信息将被添加到数据库用户表中，并跳转到用户权限管理页面，如图 5.19 所示，注意默认权限为非管理员。

提示

可通过修改 InsertItemTemplate 模板完成 tb_user 表记录的添加。

图 5.18　用户添加页面参考效果

图 5.19 添加用户后跳转到用户权限管理页面

任务 4 制作商品展示添加页

任务目标

完成商品展示添加页面，如图 5.20 所示，在文本框中输入产品名称，单击“浏览”按钮选择需要上传的产品图片后，单击“添加”按钮即可将产品图片复制到 product 文件夹，并将产品名称和产品图片所对应的路径添加到数据库对应的表中。添加成功时，弹出对话框提示“添加成功”，并跳转到商品展示管理页面查看商品添加结果。

图 5.20 任务 4 效果

任务说明

本任务将调用 co.cs 类的构造函数，结合 SQL 语句中的 Insert 语句以及文件上传相关处理代码完成添加产品名称和产品图片的功能。

实现步骤

01 打开任务 3 完成的网站“U4U5”，在 admin 文件夹中双击进入任务 1 新建的页面 product_insert.aspx，并在该页面的 ContentPlaceHolder 占位符中根据 5.20 所示的效果设计添加公司商品展示的界面。

> **提示**
>
> 由于 product_insert.aspx 页面与任务 2 中 product_edit.aspx 页面相似，可将 product_edit.aspx 页面中可编辑区域内容复制到 product_insert.aspx 页面可编辑区域中，删除文中“图片”及 Image 控件相关内容并将“修改”按钮的 Text 属性修改为“添加”即可。

02 双击打开 product_insert.aspx.cs 文件进入其代码编辑视图，引入命名空间“using System.Data;”和“using System.Data.OleDb;”。

03 进入 product_insert.aspx 的设计视图，双击“添加”按钮，进入其单击事件代码编辑视图，写入如下代码：

```
protected void Button1_Click(object sender, EventArgs e)
   {  //判断 FileUpload 控件是否已经包含一个文件
       if (FileUpload1.HasFile)
       {
       //得到 FileUpload 中文件的扩展名，并赋值给 ext
       string ext = System.IO.Path.GetExtension
       (FileUpload1.FileName).ToLower();
       //若 FileUpload1 中的文件扩展名为 jpg、gif、png、bmp 的图片格式方可操作
       if (ext == ".jpg" || ext == ".gif" || ext == ".png" || ext == ".bmp")
       {
           //获取文件名称 string name = System.IO.Path
           //.GetFileNameWithoutExtension(FileUpload1.FileName);
           //获取文件名称
           string filename = DateTime.Now.ToString("yyyyMMddHHmmssff") + ext;
           //获取上传文件的绝对路径
           string path = Server.MapPath("~/product/");
           FileUpload1.PostedFile.SaveAs(path + filename);
            //使用 runsql 进行插入图片操作
```

```
            string sql = "Insert into tb_product (name,pic) values
            (@name,@pic)";
            //定义 OleDbParameter 数据，用于传递参数对 SQL 语句，注意符号
            OleDbParameter[] p = { new OleDbParameter("@name",
            TextBox1.Text), new OleDbParameter("@pic",filename)};
            //调用 runsql()方法执行写入操作
            co.runsql(sql, p);
            co.alertRW("添加成功！", " product_manage.aspx ");
        }
        else
        {
            Response.Write("<script>alert('图片格式错误!图片格式必须为jpg
            gif png bmp');</script>");
        }
    }
    else
    {
        Response.Write("<script>alert('请选择文件！');</script>");
    }
}
```

04 在浏览器中预览 product_insert.aspx 页面，如图 5.21 所示。

图 5.21 商品添加页

相关知识

数据显示控件默认用于显示数据，但是同时还支持编辑数据，在编辑状态下可加入编辑控件如 RadioButton、TextBox、DropDownList 控件等，还可以配置 Delete 按钮，用户可单击该按钮，实现删除记录的功能。

在本单元中使用了数据显示控件 ListView 和 GridView。GridView 控件可对关联数据源自动执行编辑、删除、更新、排序、分页操作，无须任何代码即可启动编辑、删除、更新行为。ListView 控件是一个灵活的 GridView 控件，使用用户定义的模板而不是行字段来显示数据，它同 GridView 控件一样可以无须编写代码，只需要设置 ComandName 属性值为 Edit、Delete、Update、Cancel，就可实现编辑、删除、更新、取消的操作。该控件不具有默认的格式呈现，所有格式需要进行模板设计实现，可在页面上自定义多条记录的显示布局。

上机练习

1）完成本任务的商品展示添加后台页面及功能。

2）使用母版页制作后台管理首页，在网站首页的“用户登录”模块单击“登录”按钮后，判断该用户若是管理员则跳转到后台首页面，在页面中显示登录的用户名，如图 5.22 所示。若直接运行后台管理首页面或登录用户为非管理员，则弹出对话框提示“请不要到后台来！”，并跳转到网站首页。

图 5.22　后台管理首页效果图

单元 6

项目实训

实训 1　创建 Bingo 公司网站

Bingo 公司是一家从事计算机 USB 产品外部设备的企业，随着 Internet 技术的应用及电子商务的发展，商业运作的电子化、网络化也凸显出来，本网站设计的目的是以网络为载体，建立 Bingo 公司与世界沟通的桥梁，公司产品通过 Internet 技术得到充分的展示。

根据本网站的设计思路，需要实现的需求功能如下。

1. 网站前台功能模块

网站前台功能模块，如图 6.1 所示。

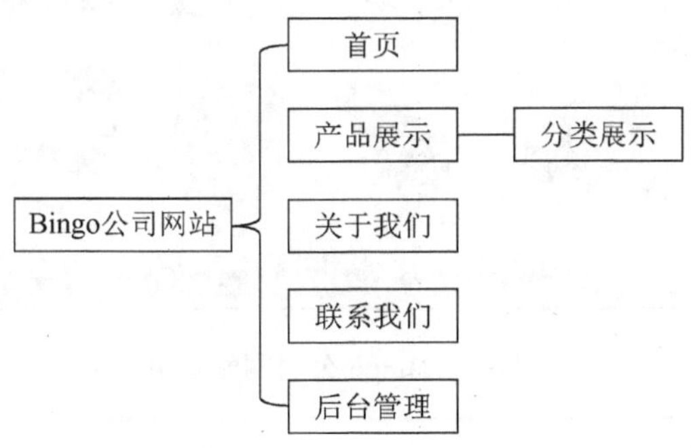

图 6.1　前台功能模块展示

根据以上功能模块要求，对各模块具体要求如下。

（1）首页

用户通过首页查看本网站的基本概况，为了让用户更高效地了解产品，首页同时具有展示最新上架产品及展示产品分类的功能，用户通过单击产品缩略图可打开产品大图页面，通过单击首页产品分类导航可进入相应的产品展示页面，如图 6.2 所示。

（2）产品展示

用户通过选择“产品展示”选项卡可浏览 Bingo 公司生产和销售的各种产品，如图 6.3 所示。本页面是公司的产品展示平台，每页可展示 15 个产品，用户通过单击不同的分类及子分类可以有效地浏览不同分类下的产品，通过单击产品缩略图可打开产品大图页面。管理员可以通过后台增加、编辑、删除产品分类及子分类，并可以上传产品和增加、编辑、删除产品信息。

（3）关于我们

用户通过“关于我们”页面可查看 Bingo 公司的简介，如图 6.4 所示。此页面是公司对外传达其企业文化的窗口，管理员可以通过后台对该模块进行编辑。

（4）联系我们

用户通过单击“联系我们”选项卡可以获取公司的电话、传真、邮箱、地址等联系信息，如图 6.5 所示。管理员可以通过后台编辑联系我们页面的信息。

图 6.2 Bingo 公司网站首页

图 6.3 Bingo 公司网站产品展示页面

图 6.4　Bingo 公司网站关于我们页面

图 6.5　Bingo 公司网站联系我们页面

（5）后台管理

“后台管理”页面是管理员后台管理的入口，输入正确的用户名和密码后，管理员可登录到后台页面进行后台管理。后台管理页面如图 6.6 所示。

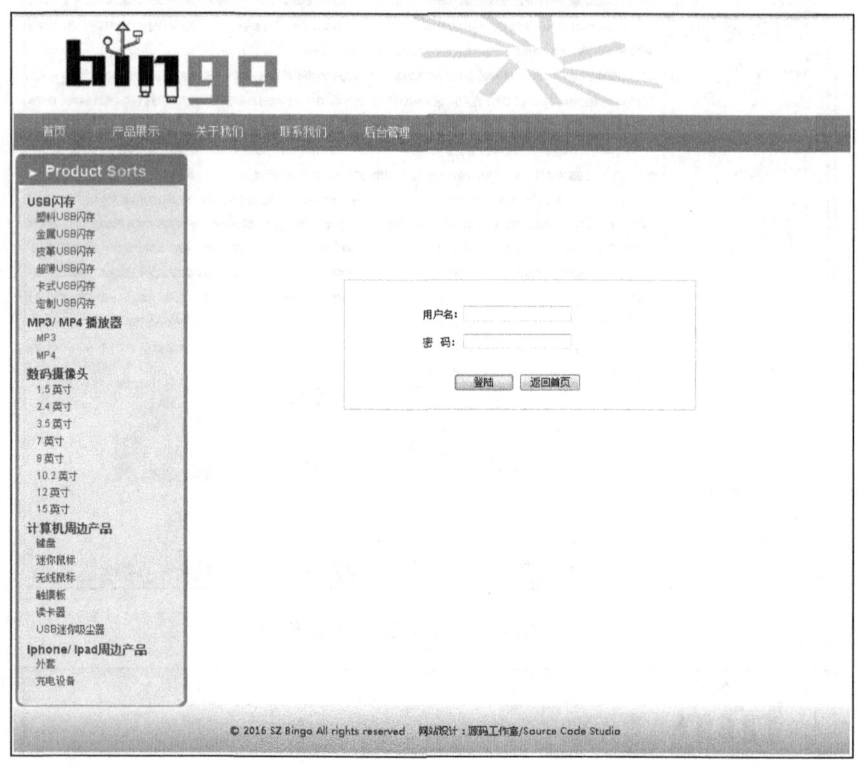

图 6.6　Bingo 公司网站后台管理页面

2. 网站后台管理功能

后台数据管理功能主要用于网站内容的维护，包括对网站数据的增加、编辑、删除等功能，具体功能模块，如图 6.7 所示。

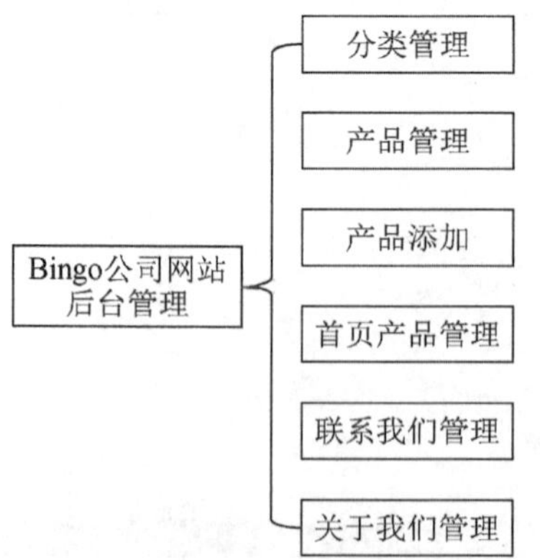

图 6.7　后台功能模块展示

根据以上功能模块要求，对各模块具体要求如下。

（1）分类管理

分类管理页面是管理员在后台对产品分类进行增加、编辑、删除操作的页面，由于产品分类有两级，因此分类管理也分一级分类管理和二级分类管理，二级分类在管理时，应先选择所对应的一级分类后再进行增加、编辑、删除操作，如图 6.8 所示。

图 6.8 后台分类管理页面

（2）产品管理

产品管理页面是管理员在后台对产品分类、产品名称、产品图片等产品信息进行编辑、删除操作的页面，如图 6.9 所示。

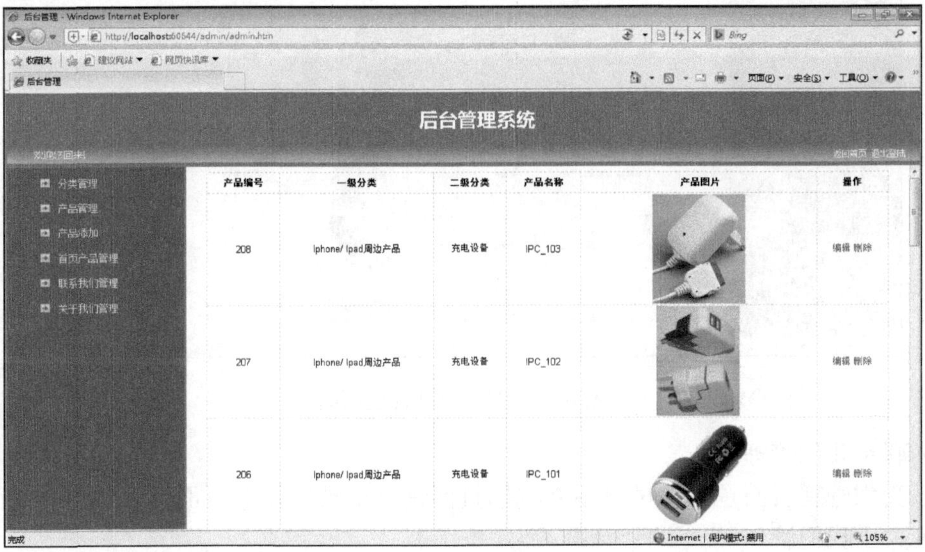

图 6.9 后台产品管理页面

（3）产品添加

产品添加页面是管理员在后台对产品分类、产品名称、产品图片等产品信息进行增加操作的页面，如图 6.10 所示。

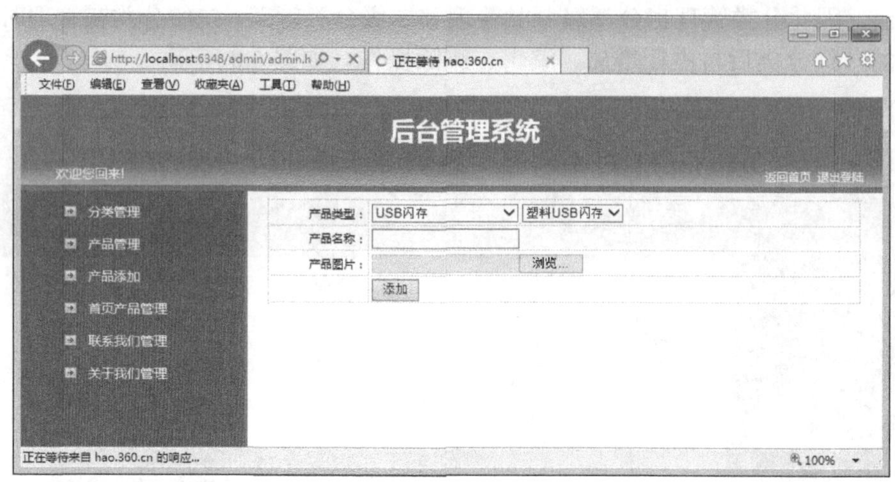

图 6.10　后台产品添加页面

（4）首页产品管理

首页产品管理页面是管理员对显示在首页的“最新上架”产品进行设置和删除操作的页面，如图 6.11 所示。

图 6.11　首页产品管理页面

（5）联系我们管理

联系我们管理页面是管理员对联系我们页面进行编辑操作的页面，如图 6.12 所示。

（6）关于我们管理

关于我们管理页面是管理员对关于我们页面进行编辑操作的页面，如图 6.13 所示。

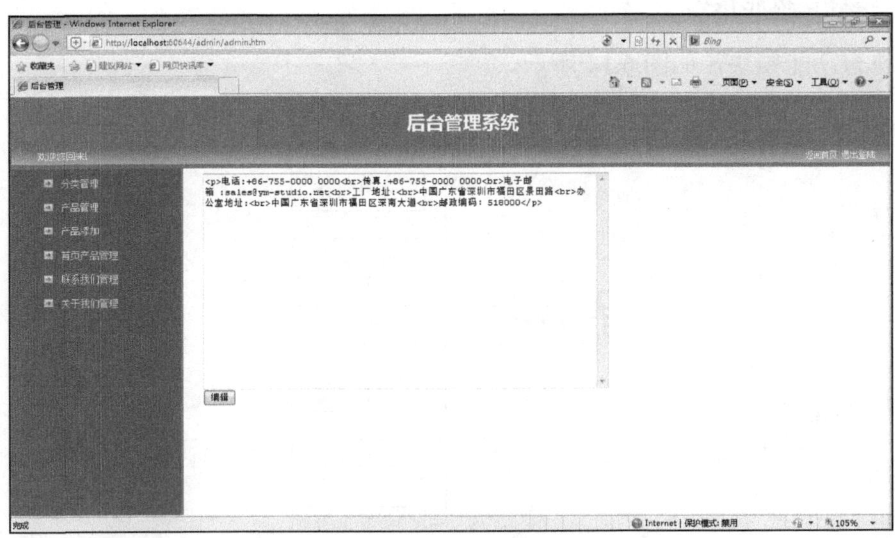

图 6.12 联系我们管理页面

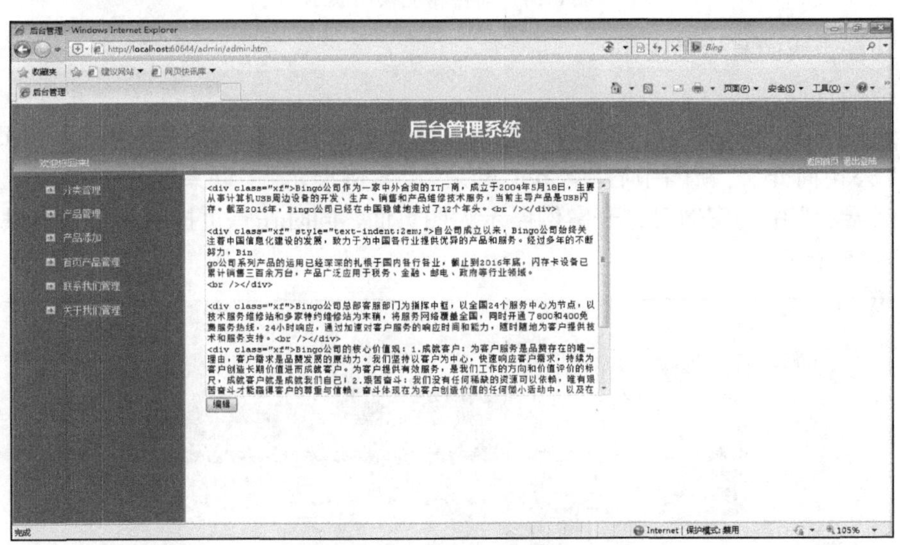

图 6.13 关于我们管理页面

实训 2 创建简欧装饰公司网站

简欧装饰公司是一家集装饰设计与材料销售为一体的装饰装修企业。21 世纪是互联网飞速发展的时期，互联网带给企业的商机也越来越大，本网站既是该企业对外宣传展示的平台，也起到为该企业获取商机、吸引客户的作用。

根据本网站的设计思路，需要实现的需求功能如下。

1. 网站前台功能模块

网站前台功能模块，如图 6.14 所示。

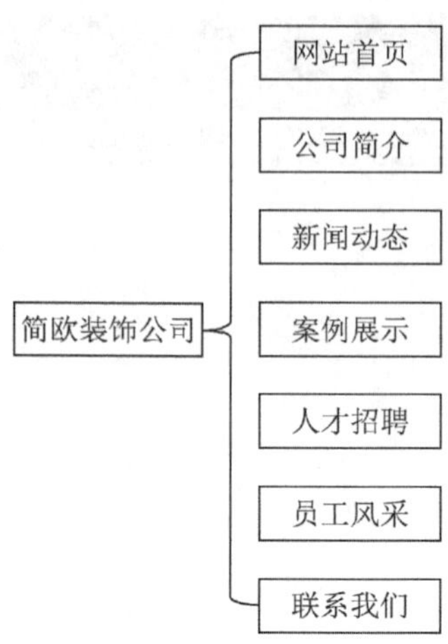

图 6.14 前台功能模块展示

以上功能模块的具体要求如下。

（1）网站首页

用户通过单击“网站首页”选项卡，打开网站首页查看该网站的基本概况，首页具有“网站公告”“公司简介”“新闻中心”“员工风采”“案例展示”“联系我们”模块，用户通过单击“案例展示”中的案例可打开案例展示大图页面，同时在首页提供后台入口供管理员登录，如图 6.15 所示。

图 6.15 简欧装饰公司网站首页

（2）公司简介

用户通过单击“公司简介”选项卡，打开公司简介页面，可查看该公司的简介及发展历程，如图 6.16 所示。管理员可以通过后台对公司简介页面进行编辑。

图 6.16　公司简介页面

（3）新闻动态

用户通过单击“新闻动态”选项卡，打开新闻动态页面，可查看该网站的新闻动态，如图 6.17 所示，单击每条新闻动态标题可进入新闻动态详细页，如图 6.18 所示。在页面的搜索框中输入关键字可以根据关键字搜索新闻动态，如图 6.19 所示。

图 6.17　新闻动态页面

图 6.18　新闻动态详细页

图 6.19　搜索结果页

（4）案例展示

用户通过单击“案例展示”选项卡，打开案例展示页面，可浏览该公司的设计案例，每页可展示 12 个案例，如图 6.20 所示。用户通过单击案例可打开案例展示大图页面，如图 6.21 所示。管理员可以通过后台增加、编辑、删除案例信息。

图 6.20　案例展示页面

图 6.21　案例展示大图页面

（5）人才招聘

用户通过单击“人才招聘”选项卡，打开人才招聘页面，可浏览该公司的人才招聘信息，如图 6.22 所示，管理员可以通过后台编辑该信息。

图 6.22　人才招聘页面

（6）员工风采

用户通过单击“员工风采”选项卡，打开员工风采页面，可以浏览公司员工的活动照片，如图 6.23 所示，管理员可以通过后台添加、编辑和删除本页面的信息，单击缩略图可查看大图，如图 6.24 所示。

图 6.23　员工风采页面

图 6.24 员工风采大图展示页面

（7）联系我们

用户通过单击“联系我们”选项卡，打开联系我们页面，可获取公司的电话、传真、邮箱、地址等联系信息，如图 6.25 所示。管理员可以通过后台编辑本页面的信息。

图 6.25 联系我们页面

2. 网站后台管理功能

后台数据管理功能主要用于网站内容的维护，包括对网站数据的增加、编辑、删除等功能，具体功能模块如图 6.26 所示。

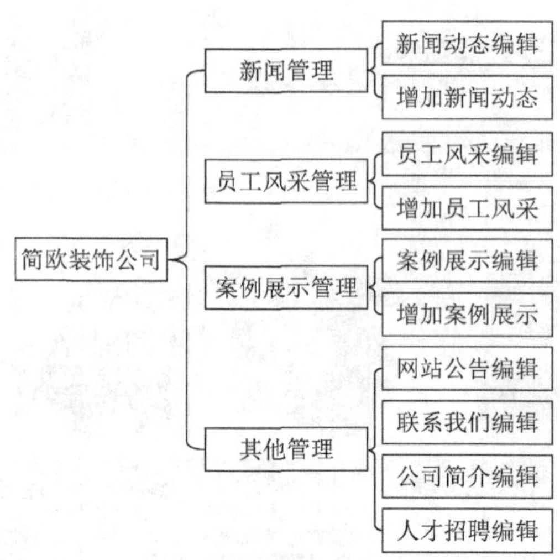

图 6.26　后台功能模块展示

根据以上功能模块要求，对各模块具体要求如下。

（1）新闻管理

新闻管理分为“新闻动态编辑”和“增加新闻动态”两个模块，“新闻动态管理”是管理员在后台对新闻标题、新闻内容进行修改、删除操作的模块，同时有设置新闻置顶的功能，如图 6.27 所示，设置置顶的新闻可显示在网站首页。为了更方便管理新闻，此模块还提供了新闻搜索，通过输入标题内容可搜索相关的新闻。“增加新闻动态”则是管理员在后台增加新闻标题和内容，以及设置是否置顶等相关信息，如图 6.28 所示。

图 6.27　后台新闻动态管理页面

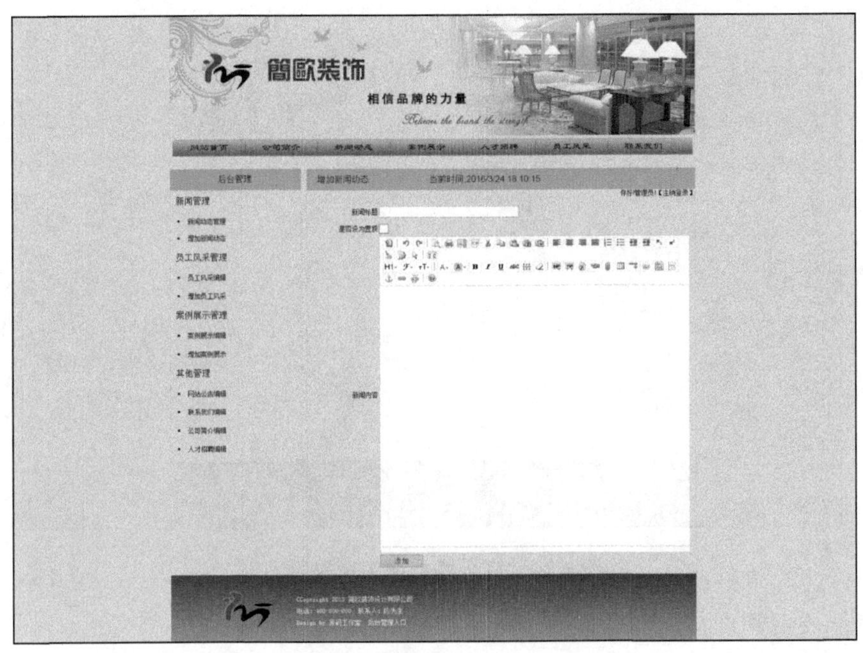

图 6.28 后台增加新闻动态页面

（2）员工风采管理

员工风采管理分为“员工风采编辑”和“增加员工风采”两个模块，“员工风采编辑”是管理员在后台对员工风采标题、图片等信息进行编辑、删除操作的模块，如图 6.29 所示。为了更方便管理员工风采，此模块还提供了搜索功能，通过输入名称可搜索相关的员工风采信息。“增加员工风采”则是管理员通过后台操作在员工风采页面增加员工风采图片标题及上传图片的模块，如图 6.30 所示。

图 6.29 后台员工风采编辑页面

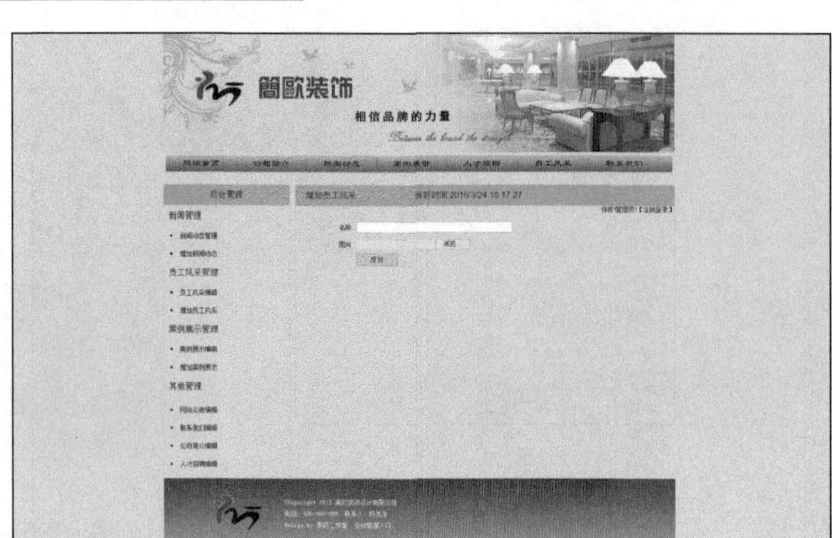

图 6.30　后台增加员工风采页面

（3）案例展示管理

案例展示管理分为“案例展示编辑”和“增加案例展示”两个模块，“案例展示编辑”是管理员在后台对案例名称、图片等案例信息进行修改、删除操作的模块，如图 6.31 所示。

图 6.31　后台案例展示管理页面

为了更方便管理案例，此模块还提供了搜索案例功能，通过输入案例名称可搜索相关的案例。“增加案例展示”则是管理员通过后台操作在案例展示页面增加案例名称及上传案例图片的模块，如图 6.32 所示。

图 6.32　后台增加案例展示页面

（4）其他管理

其他管理分为“网站公告编辑”“联系我们编辑”“公司简介编辑”“人才招聘编辑”4 个模块的管理，后台管理员可以对网站公告、联系我们、公司简介、人才招聘这 4 个页面的内容进行修改操作，如图 6.33～图 6.36 所示。

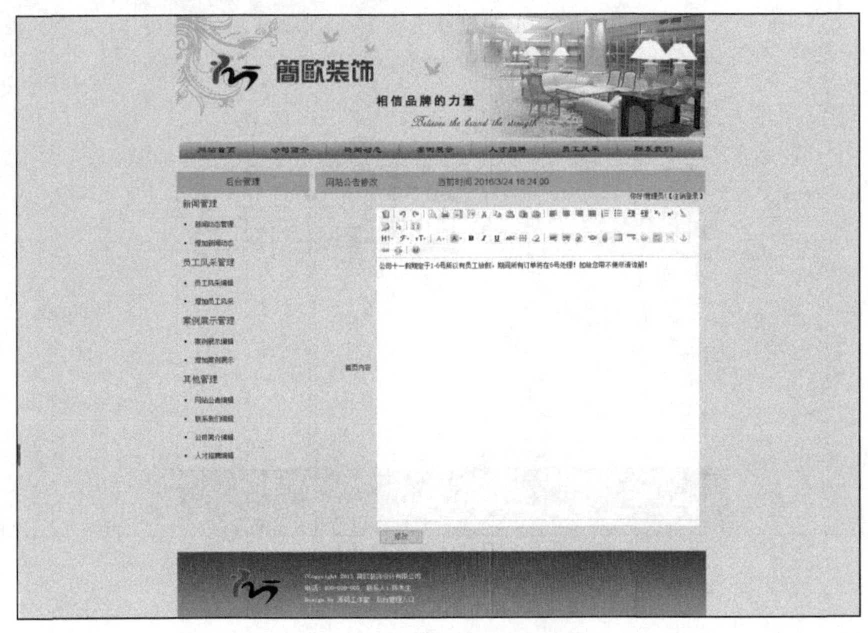

图 6.33　网站公告修改页面

图 6.34　联系我们修改页面

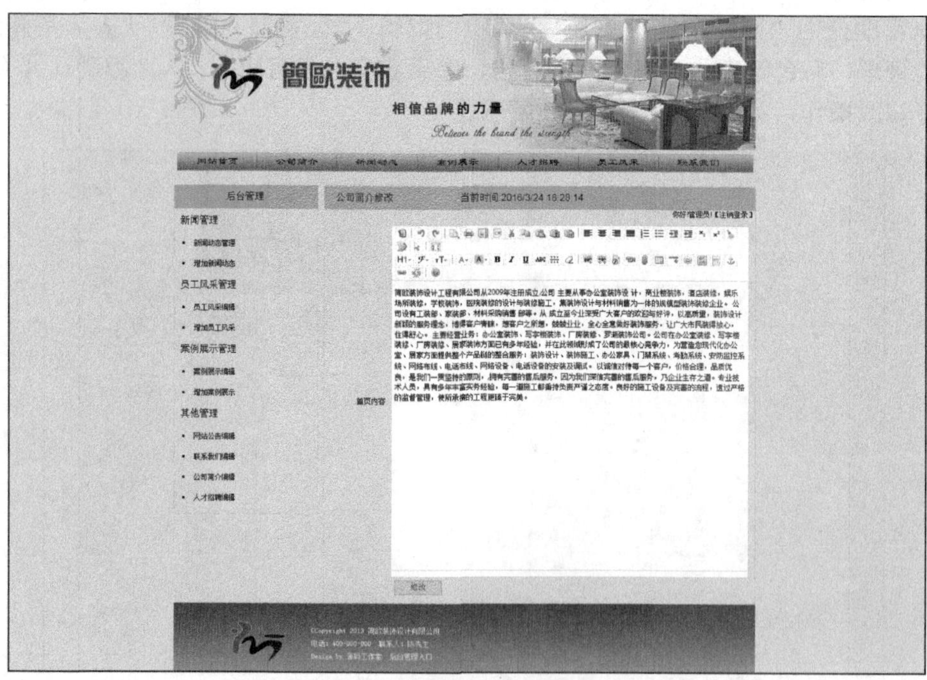

图 6.35　公司简介修改页面

图 6.36 人才招聘修改页面

实训 3 创建五星精品设计公司网站

五星精品设计公司是一家从事设计、制造和销售礼品的企业。本网站除了起到展示企业文化、宣传公司产品的功能外，还起到与客户交流互动的目的。

根据本网站的设计思路，需要实现的需求功能如下。

1. 网站前台功能模块

网站前台功能模块，如图 6.37 所示。各模块具体要求如下。

（1）网站首页

用户通过网站首页查看该网站的基本概况，为了更好地展示企业形象和企业产品，首页具有“新闻中心”“关于我们”“产品中心”“联系我们”“在线留言”模

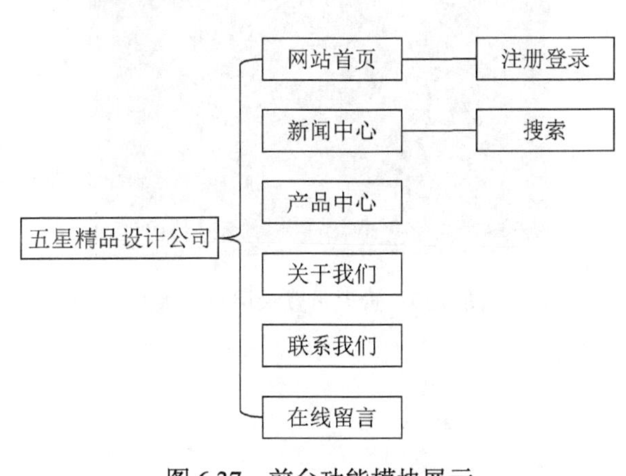

图 6.37 前台功能模块展示

块，如图 6.38 所示，用户通过单击首页产品展示缩略图可打开产品大图页面。同时，网站首页还提供了用户面板供用户注册及登录，用户类型分为管理员和普通用户，当用户正确输入用户名、密码和随机验证码时登录，用户登录模块将根据用户类型显示，如图 6.39 和图 6.40 所示的界面。用户注册页面如图 6.41 所示，当用户名与数据库中用户名不重复、密码与输入密码一致时，将注册新用户，用户类型默认为普通用户。

图 6.38　五星精品设计公司网站首页

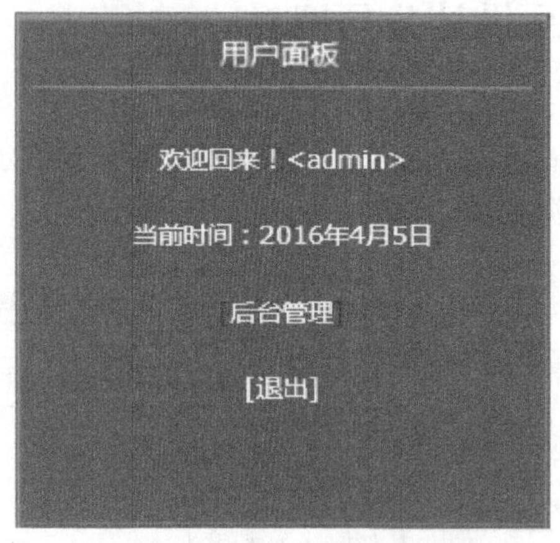

图 6.39　管理员登录用户面板

图 6.40　普通用户登录用户面板

图 6.41 用户注册页面

（2）新闻中心

用户通过单击“新闻中心”选项卡，打开新闻中心页面查看该网站的新闻，单击每条新闻标题可进入新闻详细页，如图 6.42 和图 6.43 所示。同时，为了更高效率地检索，还提供了新闻搜索的功能，搜索结果以红色字体显示关键词，如图 6.44 所示。管理员可以通过后台增加、编辑、删除新闻。

图 6.42 新闻中心页面

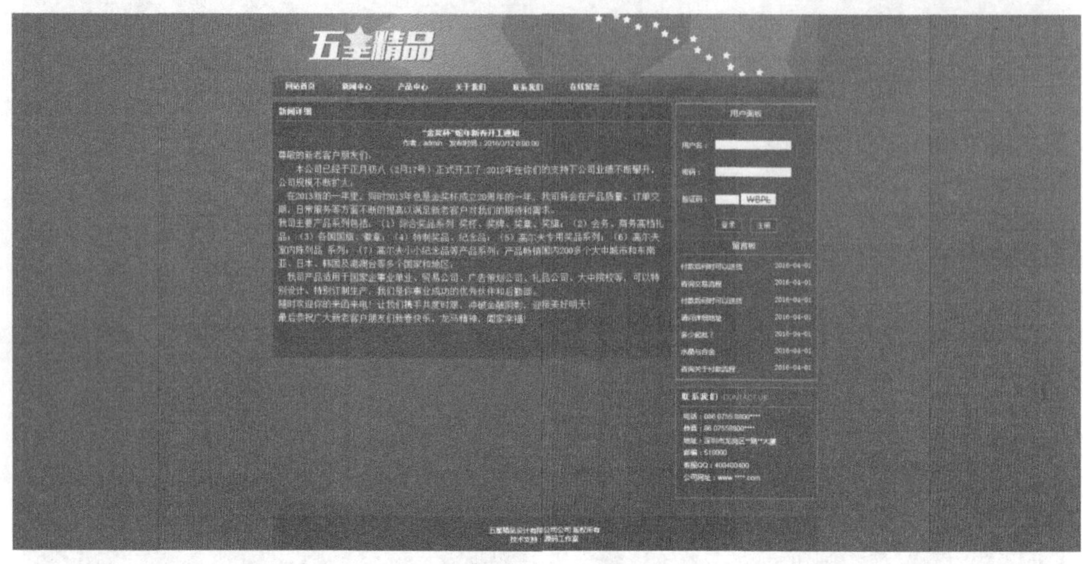

图 6.43　新闻详细页

图 6.44　搜索结果

（3）产品中心

用户通过单击“产品中心”选项卡，打开产品中心页面可浏览该公司生产和销售的各种产品，每页可展示 20 个产品，如图 6.45 所示，用户通过单击产品缩略图可打开产品大图页面。管理员可以通过后台上传产品和编辑、删除产品信息。

（4）关于我们

用户通过单击“关于我们”选项卡，打开关于我们页面可查看该公司的简介，如图 6.46 所示，管理员可以对该模块进行查看、编辑操作。

图 6.45 产品中心页面

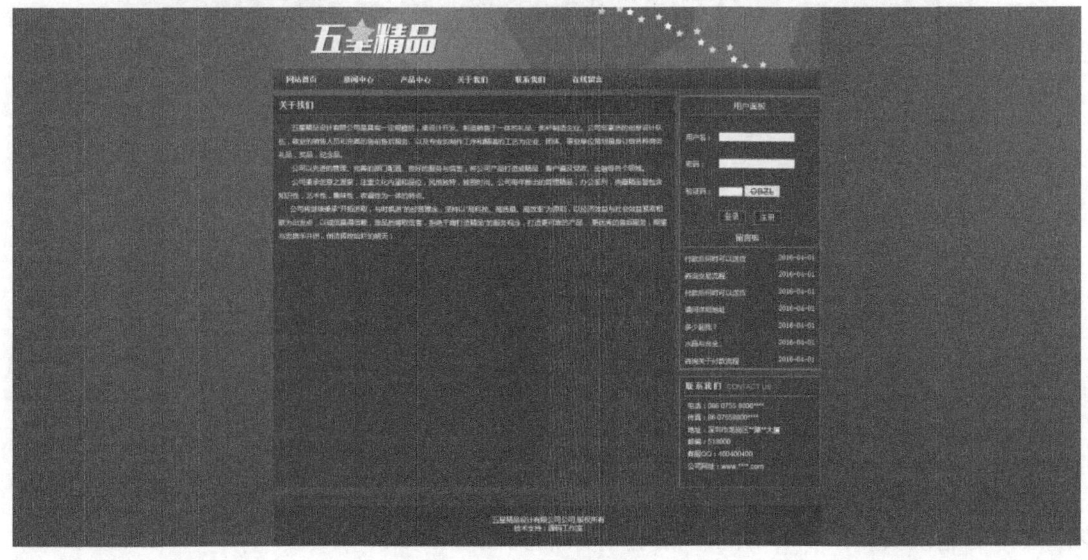

图 6.46 关于我们页面

（5）联系我们

用户通过单击“联系我们”选项卡，打开联系我们页面，可以获取公司的电话、传真、邮箱、地址等联系信息，如图 6.47 所示。管理员可以通过后台编辑本页面的信息。

（6）在线留言

在线留言页面是公司与客户交流互动的平台，客户可以在该页面留言，登录用户留言时将在用户名（游客 IP）处显示用户名，而未登录用户留言时将显示该游客的 IP 地址，如图 6.48 所示，管理员可以在后台对留言进行回复。

图 6.47　联系我们页面

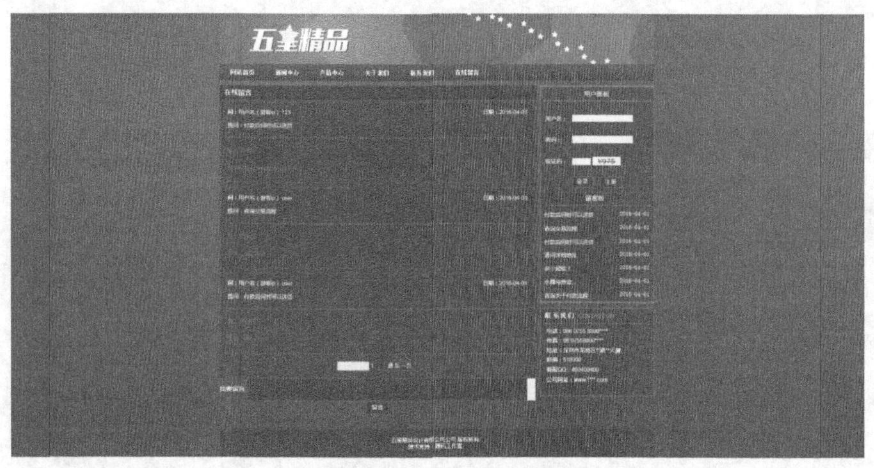

图 6.48　在线留言页面

2. 网站后台管理功能

后台数据管理功能主要用于网站内容的维护，包括对网站数据的增加、编辑、删除等功能，具体功能模块如图 6.49 所示，后台登录后页面如图 6.50 所示。

根据以上功能模块要求，对各模块具体要求如下。

（1）返回首页

管理员在后台管理操作后通过单击“返回首页”选项卡返回前台首页，以查看后台增加、编辑或删除信息后的效果。

（2）首页管理

首页管理分为“联系我们”和“关于我们”两个模块的管理，鼠标指针放置在“首页管理”选项卡上可出现下拉菜单，选项下拉菜单的“联系我们”或“关于我们”选项分别可以对联系我们页面和关于我们页面内容进行修改操作，如图 6.51 和图 6.52 所示。

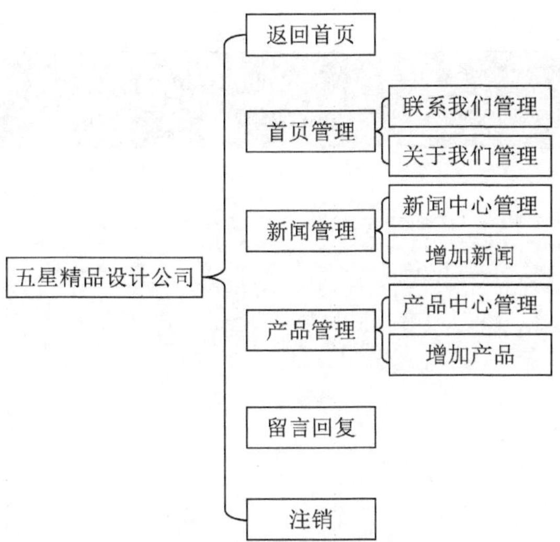

图 6.49 后台功能模块展示

图 6.50 后台管理模块

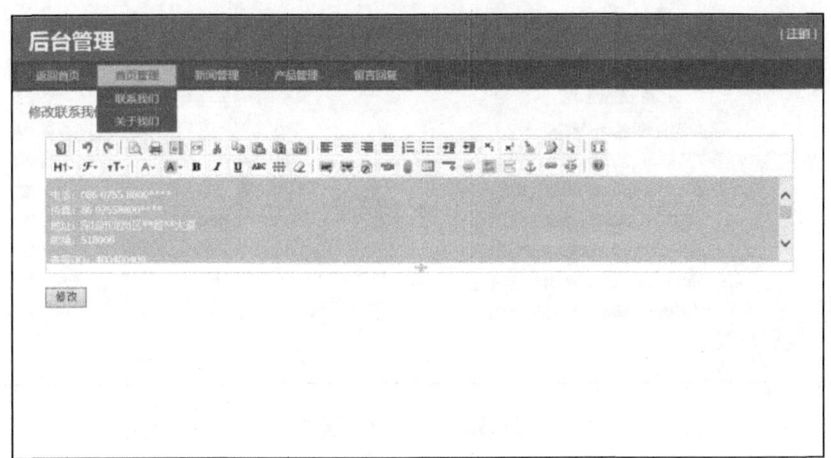

图 6.51 联系我们

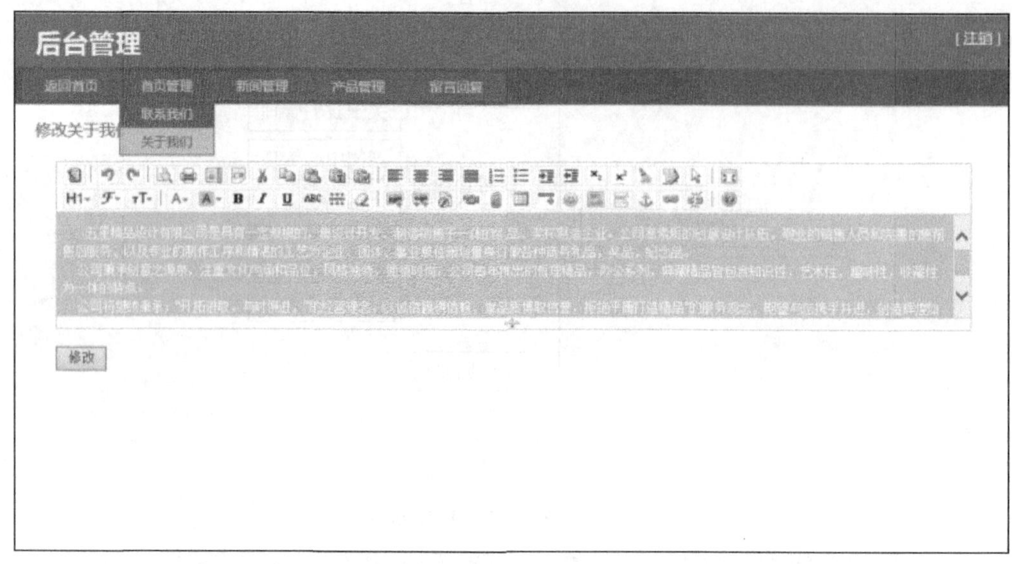

图 6.52　关于我们

（3）新闻管理

新闻管理分为“新闻中心管理”和“增加新闻”两个模块，鼠标指针放置在“新闻管理”选项卡上可出现“新闻中心管理”和“增加新闻”下拉菜单。新闻中心管理页面如图 6.53 所示，单击“修改”超链接管理员可对新闻标题、新闻内容进行编辑操作，如图 6.54 所示，单击“删除”超链接则可弹出图 6.55 所示的确认对话框，单击“确定”按钮后可删除该条新闻。“增加新闻”则是管理员在后台增加新闻标题和内容等相关信息，如图 6.56 所示。

后台管理　[注销]

返回首页　首页管理　新闻管理　产品管理　留言回复

新闻中心管理
增加新闻

新闻管理

标题	时间	操作
金属奖杯/人物奖杯/奖杯生产/奖杯定做/...	2016/3/12 0:00:00	修改 删除
“金奖杯”蛇年新春开工通知	2016/3/12 0:00:00	修改 删除
4万多元买个水晶瓶	2016/3/12 0:00:00	修改 删除
5点方法帮您搞定金属奖杯奖牌的保养	2016/3/12 0:00:00	修改 删除
池炳文老人花50年收藏2000枚奖章	2016/3/12 0:00:00	修改 删除
大号足球杯、金属奖杯、金属足球杯、金银铜...	2016/3/12 0:00:00	修改 删除
关注水晶与您的身体健康	2016/3/12 0:00:00	修改 删除
奖杯、皇冠杯、高档奖杯、概念奖杯、奖牌、...	2016/3/12 0:00:00	修改 删除
奖杯奖牌的十大制作工艺，您知道多少呢？	2016/3/12 0:00:00	修改 删除
奖杯奖牌网教您天然水晶和改色水晶最简单的...	2016/3/12 0:00:00	修改 删除

1　2　3

图 6.53　新闻中心管理

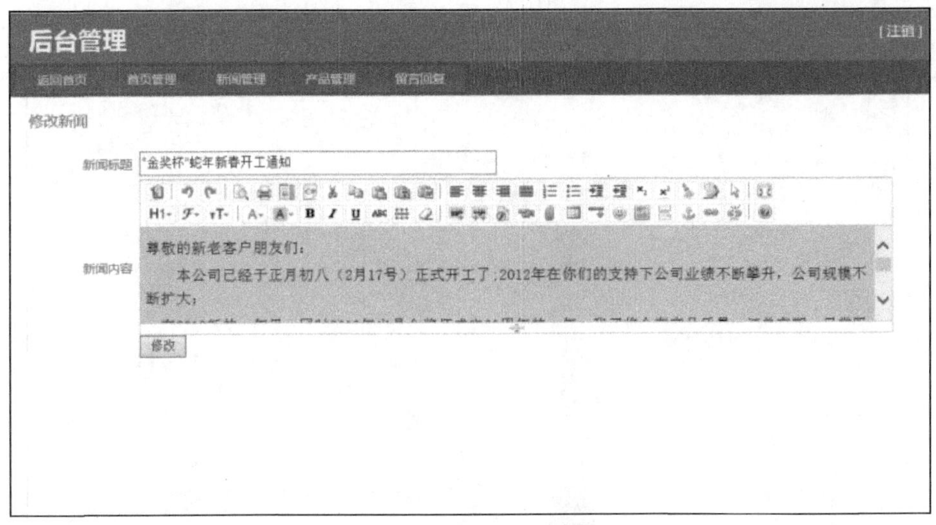

图 6.54 修改新闻页面

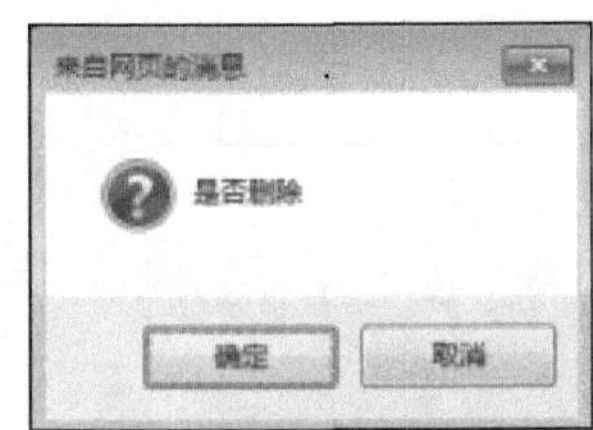

图 6.55 确认对话框

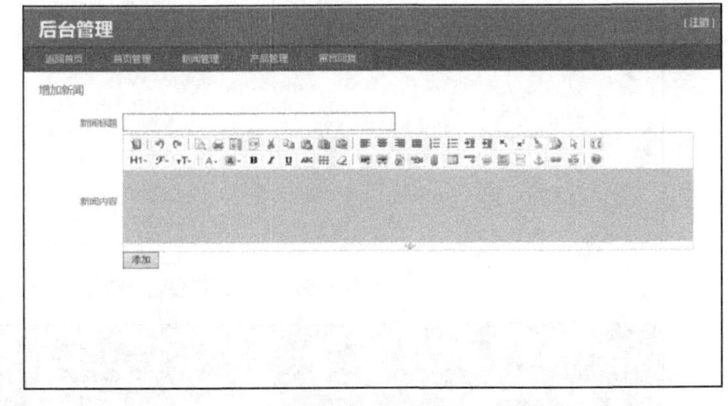

图 6.56 增加新闻

（4）产品管理

产品管理分为“产品中心管理”和“增加产品”两个模块，鼠标指针放置在“产品管理”选项卡上可出现“产品中心管理”和“增加产品”下拉菜单。产品中心管理页面如图 6.57 所示，单击“修改”超链接管理员可对产品名称、产品图片等产品信息进行编辑操作，如图 6.58 所示，单击“删除”超链接则可弹出确认对话框，确认后可删除该产品。增加产品页面则是管理员通过后台操作在产品中心页面增加产品名称及上传产品图片的页面，如图 6.59 所示。

（5）留言回复

留言回复页面是管理员对“在线留言”栏目中用户的留言进行回复及删除操作的页面，如图 6.60 所示。单击“回复”按钮管理员可在文本框中回复用户留言，如图 6.61 所示，单击“删除”按钮则可弹出图 6.62 所示的确认对话框，确认后则可删除该条留言。

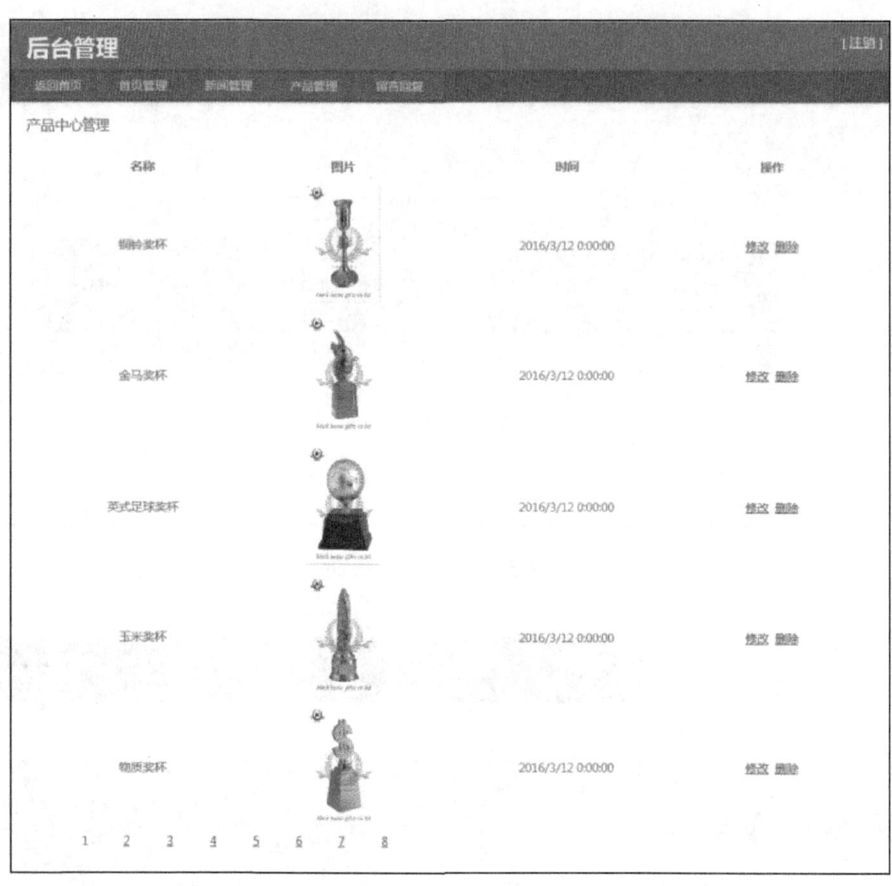

图 6.57　产品中心管理页面

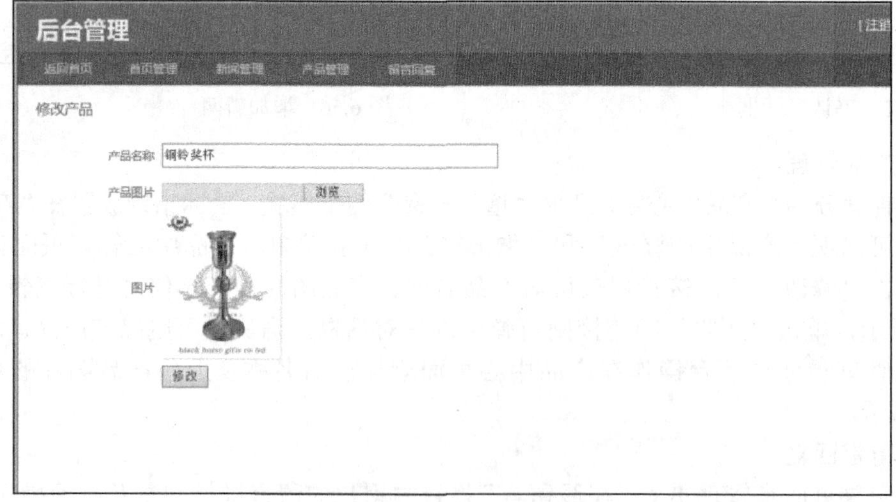

图 6.58　修改产品页面

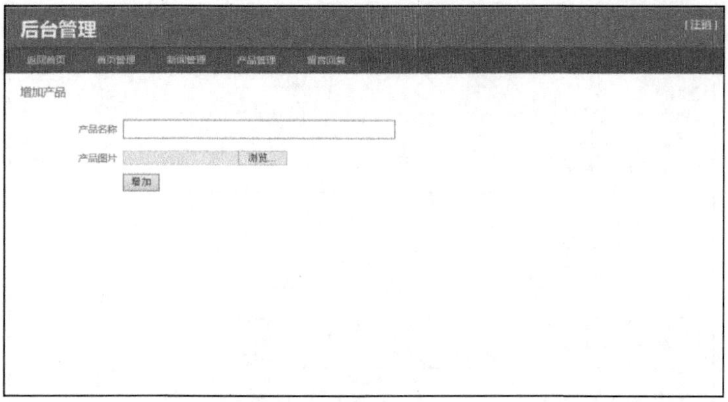

图 6.59　增加产品页面

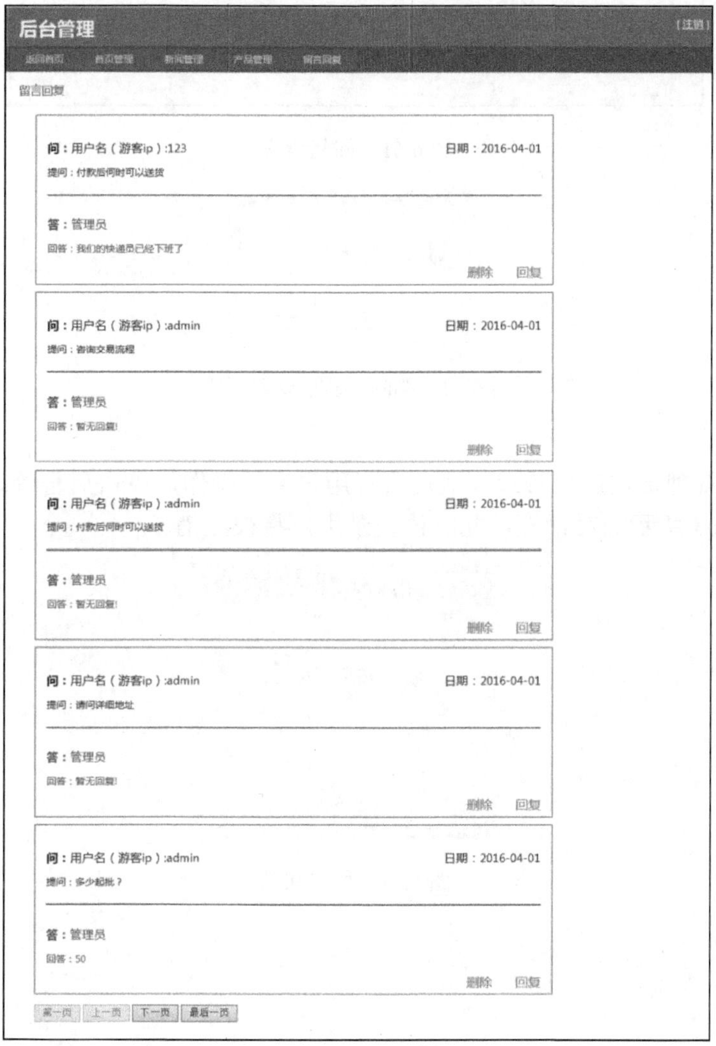

图 6.60　留言回复页面

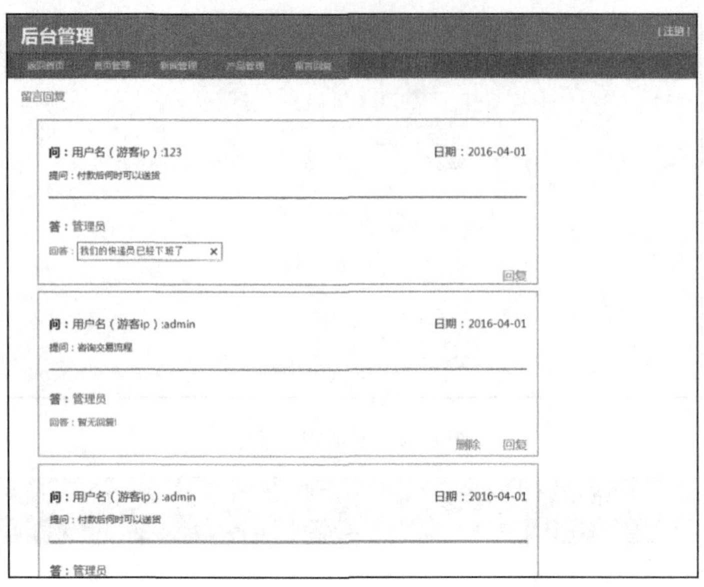

图 6.61 回复留言

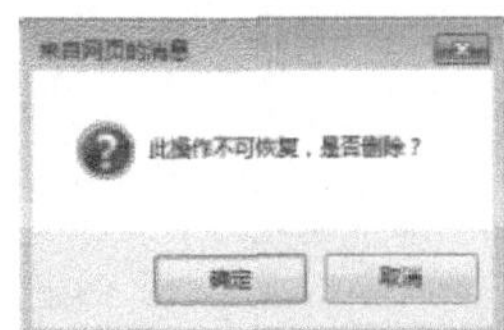

图 6.62 删除留言确认对话框

（6）注销

注销模块供管理员在后台管理完成后进行用户注销操作，单击后台管理右上角“注销”按钮可弹出图 6.63 所示的对话框，此时该登录用户将被注销。

图 6.63 用户注销

参考文献

陈佳玉，邹贵财．2011．Web 程序设计：Visual Web Developer 2008+ASP.NET[M]．北京：中国铁道出版社．

陈伟，卫琳．2009．ASP.NET 3.5 网站开发实例教程[M]．北京：清华大学出版社．

传智播客高教产品研发部．2015．ASP.NET 就业实例教程[M]．北京：人民邮电出版社．

冯涛，梅成才．2008．ASP.NET 动态网页设计案例教程（C#版）[M]．北京：北京大学出版社．

林菲，孙勇．2009．ASP.NET 案例教程[M]．北京：清华大学出版社．

刘艳丽，张恒．2012．ASP.NET 4.0 Web 程序设计[M]．北京：人民邮电出版社．